机器人技术创新导论

马　洁　编著

清華大学出版社
北　京

内容简介

本书为高等学校开设的创新创业通识课程而编写，获得了北京市教学名师项目资助。机器人技术涉及机械、电子、自动控制、计算机、人工智能、传感器、通信与网络等多个学科和领域，多学科交叉融合，行业和领域交叉融合，自然科学和人文社会科学交叉融合正是第四次工业革命的特点。本书的特色是系统地介绍了 TRIZ 创新方法，收录整理了 TRIZ 创新方法在机器人技术中的应用实例。

全书共 8 章，第 1～3 章分别介绍了工程技术、机器人技术及技术创新的基本概念；传统的创新思维方法及 TRIZ 的创新思维方法；第 4、5 章以 TRIZ 创新工具体系为主线，详细介绍了 40 个创新原理、技术矛盾与矛盾矩阵、物理矛盾与分离方法、物场模型与标准解法系统、"How to"模型与知识库；第 6 章介绍了 TRIZ 技术系统进化八大法则；第 7 章介绍了知识产权的基本知识，创新活动与知识产权的关系；第 8 章介绍了创新通识教育的内涵、目标及实施途径。

本书配有大量的机器人应用案例和图片，各章还配有测试题，增加了趣味性和可读性。本书可作为高职高专、本科生和研究生等层次大学生创新创业类通识课程的教材，也可作为培养大学生创新思维、创新能力和指导大学生科技竞赛活动的辅导资料或课外读物。

图书在版编目（CIP）数据

机器人技术创新导论/马洁编著. —北京：清华大学出版社，2023.1
ISBN 978-7-302-60424-2

Ⅰ. ①机… Ⅱ. ①马… Ⅲ. ①机器人技术－高等学校－教材 Ⅳ. ①TP24

中国版本图书馆 CIP 数据核字(2022)第 052805 号

责任编辑：王一玲
封面设计：常雪影
责任校对：郝美丽
责任印制：沈 露

出版发行：清华大学出版社
网 址：http://www.tup.com.cn，http://www.wqbook.com
地 址：北京清华大学学研大厦 A 座 **邮 编**：100084
社 总 机：010-83470000 **邮 购**：010-62786544
投稿与读者服务：010-62776969，c-service@tup.tsinghua.edu.cn
质量反馈：010-62772015，zhiliang@tup.tsinghua.edu.cn
课件下载：http://www.tup.com.cn，010-83470236
印 装 者：三河市龙大印装有限公司
经 销：全国新华书店
开 本：185mm×260mm **印 张**：17.25 **字 数**：423 千字
版 次：2023 年 1 月第 1 版 **印 次**：2023 年 1 月第1 次印刷
印 数：1～1500
定 价：59.00 元

产品编号：091696-01

前言

PREFACE

创新创业,方法先行,创新方法是自主创新的根本之源。人的创新能力是可以通过学习和训练提高的。为使大学生将来面对各种工程任务时,能够发现问题,并且有正确的思维方法和解决问题的途径,“授人以鱼,不如授人以渔”。在创新能力培养方面,向学生传授并使之掌握一套相对系统科学的创新理论,对开阔学生视野、提高创新能力将大有裨益。

创新已经成为当今时代的重要特征且有规律可循。据统计,现有的创新方法有360多种。相对于传统的创新方法,当前欧美创新理论的研究热点是TRIZ创新方法。TRIZ是俄语“发明问题解决理论”首字母的缩写,其研究始于1946年,苏联著名发明家阿奇舒勒领导的研究机构分析了全球近250万件高水平的发明专利,总结各种技术进化遵循的规律模式,以及解决各种技术矛盾和物理矛盾的创新原理和法则,形成了指导人们进行发明创新、解决工程问题的系统化的方法学体系。当时,美国、德国等西方国家惊异于苏联在军事、工业等方面的创造能力,并将其称为创新的“点金术”。

国外多所大学为本科生和研究生开设了基于TRIZ创新方法的有关课程,创新教育非常普及。例如,美国斯坦福大学教授、科技创业计划执行长和全国工科创新中心主任蒂娜·齐莉格编写的《斯坦福大学最受学生欢迎的创意课》成为了畅销书。多年来,我国高校积极推进“大类招生、分流培养”的教育教学综合改革,在培养“宽口径、厚基础、强实践、重创新”的高级专门人才方面做出了可贵的探索,创新创业通识教育已成为本科教育的重要组成部分。我国高校开展的TRIZ创新方法相关教育主要有两种形式:一种是开设通识选修课或与高校开设的设计类课程相结合;另一种是指导大学生利用TRIZ计算机辅助创新工具CAI软件进行毕业设计或在大学生科技竞赛活动中辅助学生进行创新设计及申请专利。

在创新创业通识教育的大背景下,编者尝试为本科生开设了“工程技术创新导论”通识选修课程,在自编讲义的基础上,结合编者对TRIZ创新方法的研究和教学实践经验,编写完成了本书,建议学时为32～40。

本书主要内容包括以下几方面:

1. 工程技术、机器人技术及技术创新的基本概念

第1章为绪论,概括地介绍了工程技术、机器人技术及技术创新的基本概念,介绍了工程技术的历史阶段和发展趋势;还介绍了机器人技术的起源、分类与组成机构等;通过本章的讲授,使学生能够了解工程技术、特别是机器人技术的产生和发展趋势,掌握第四次工业革命的特点,激发学生热爱科学、热爱创新的情怀。

2. 创新思维的方法

第2章结合大量的案例,介绍了传统创新思维最常见的思维方式以及TRIZ的创新思维方法。

3. TRIZ 创新工具体系

第 3～5 章为本教材的核心内容，系统地阐述了 TRIZ 理论支持创新活动的创新原理以及 TRIZ 创新工具体系。主要包括 40 个创新原理；39 个工程技术参数；技术矛盾与矛盾矩阵；物理矛盾与分离方法；物场模型与标准解法系统；"How to"模型与知识库等。

4. 技术系统进化八大法则

第 6 章介绍了 TRIZ 技术系统进化八大法则，包括完备性法则、能量传递法则、提高理想度法则、子系统不均衡进化法则、向超系统进化法则、向微观级进化法则、协调性法则和动态性进化法则。

5. 创新与知识产权保护制度概述

第 7 章概况地介绍了与创新活动关系密切、不可缺少的知识产权保护的基础知识，讲授利用包括专利、著作权、商标、防止不正当竞争等知识产权法律法规有效保护创新成果的各种方法。

6. 高校创新教育工程

第 8 章介绍了我国高校开展创新创业通识教育的内涵、目标和实施途径等。

为增加趣味性和可读性，本教材还收集整理了 TRIZ 创新方法在机器人技术中的应用实例，并配有大量的图片、图表、人物照片和绘图等，各章测试题部分来源于国际 TRIZ 认证考试题。

本教材在编写过程中，参考了国内外大量的书籍、期刊和网站上的资料，并部分引用了其中的一些内容，在此对有关作者表示衷心的感谢。

由于编者水平有限，书中难免出现疏漏和不足之处，恳请各位读者批评指正。

编　者

2022 年 11 月 10 日

于北京

目录
CONTENTS

第1章 绪　　论

CHAPTER 1

1.1 工程技术概述

1.1.1 工程技术发展的历史阶段

工程技术的一般含义就是“造物”。工程技术是一种将自然的材料和物质，通过创造性的思想和技术性的行为，形成具有独创性和有用性的器具的活动。因此，工程技术活动就是使用工具、制造工具和制造器物的活动。工程技术的历史与人类的历史一样长久。工程技术和人类有着“合二为一”的起源。目前，考古发现的最早的工具的化石经检测距今已有200万年～250万年。可以说工程技术和人类是在250万年前同时诞生的。

1万年前，钻木取火使人类迈出了从野蛮走向文明的第一步；5000年前，文字的发明使人类文明得以传承与发展；300年前，蒸汽机的出现将人类带入了工业时代；100年前，飞机的发明实现了人类飞翔的梦想；50年前，载人宇宙飞船把人类送入了太空。

回望人类历史，工程技术活动经历了一个漫长、曲折、复杂的发展历程。工程技术的历史可分为原始工程时期、古代工程时期、近代工程时期和现代工程时期。

1. 原始工程时期（人类起源—1万年前）

从人类的诞生，尤其是从可以制造石器工具时算起，到1万年前农业出现，这段时期通常被称为人类历史上的原始时代或旧石器时代。

在这个时期，人类已经学会了人工取火，这是石器时代的一个划时代的成就，从此人类结束了“茹毛饮血”的时代，是人类从野蛮走向文明的第一步。

从工程技术造物活动上看，这个时期人类开始收集石头砸制石器，用于特殊的目的，中期出现了骨器和木器，甚至少量的牛角、鹿角和象牙等。随着人类逐渐缓慢地变成工具的制造者，人类已经可以制造简单的组合工具，例如，弓箭、投矛器等。那时，有一些工程技术活动的“工序”也是相当复杂的，例如在中国广西百色发现的80万年前打制的石器——手斧，甚至需要50多道制作工序才能完成。

在这个时期，采集、狩猎和捕鱼是人类食物的全部来源。由于四季的植物不同和动物的迁移，原始人最早居无定所，后来逐渐出现了粗糙简陋的人造居所、村庄和城市的雏形。

制造工具、用火、建筑居所、迁移是这个时代的主要工程技术内容，其特征是技术简单，但还不够精致，也没有什么大的发展。

2. 古代工程时期(1万年前—15世纪)

距今5000多年至2000多年间,人类进入新石器时代。这个时期人类开始饲养家畜,农业与畜牧的经营使人类定居下来,有时间和精力制作陶器及纺织。

陶器的出现标志着新石器时代的开端。陶器制作的工程技术过程包括使用黏土、纤维等工程技术原料,通过混合、成型、用火加热等工程技术活动,制成陶器、砖等人造物。人们逐渐掌握了高温加工技术,人类进入融化铜和铁的金属时代。

金属时代使得工程技术形式和内容更加复杂和丰富,它以石头、金属、木、黏土、火为自然原料,需要进行探矿、采矿、冶炼、铸造和锻造等工程技术活动,并且还需要直觉、技艺、独创等思维活动,最后制成工具、武器等人造物。其中的技术成分也导致从事产业生产的金属工匠(专业人员)的出现。

公元前4000—公元前3000年,人们从铜矿石中提炼铜,然后是铜锡的合金,制造青铜工具、武器、生活用具、货币、装饰品等器物,由此标志人类进入青铜时代。

继青铜时代之后来临的是铁器时代,铁的普遍使用将人类的工程技术活动提高到一个新的水平。因为铁分布广泛且容易获得,铁制工具比青铜工具更为便宜有效,这使得砍伐森林的规模扩大,沼泽排水以及耕作水平都得到了提高。

铁制工具的使用一方面提高了社会生产力,导致食物生产以外的更多剩余劳动力的出现,另一方面大量的铁制工具还为大规模的、艰巨的施工提供了最重要的手段,使得大型水利工程开始出现。例如,始建于公元214年的万里长城,迄今仍是世界历史上最伟大的工程之一;公元3世纪中叶建成的都江堰作为中国最古老的水利工程,至今仍在发挥灌溉效益,造福社会;此外,还有大运河、宏伟的历代皇城建筑等,这些都体现了中国古代工程技术的非凡成就。

生产力的发展使得社会的需求更加多元化,服务于宗教目的或政治目的的大型建筑结构开始出现,这个时代建筑工程从一般的居所发展到礼仪建筑、露天剧场、青铜雕塑、公共广场等,使工程技术造物的社会内涵更加丰富。例如公元前2500年埃及的金字塔工程。

这个时代的主要工程技术内容和活动方式已演变为在农业、金属和城市建设等领域的工程技术活动。

3. 近代工程时期(15世纪—19世纪末)

人们将文艺复兴时期(15世纪)视为近代工程时期,瓦特发明的蒸汽机被认为是点燃第一次工业革命的导火索。蒸汽机为工业生产提供了强大的动力,使得人类社会的生产力得到突飞猛进的发展。蒸汽机的广泛使用将人类社会带入了"蒸汽时代"。

蒸汽机成为工程技术、社会乃至整个世界产生重要变化的催化剂,并陆续导致以下工程技术的出现和发展。

(1) 机械工程(1650年起)

18世纪的蒸汽机、19世纪的水轮机、内燃机和汽轮机、20世纪的燃气轮机被称为五大新的原动力机,机器的出现和使用标志着第一次工业革命的开始。

以机器为代表的机械工程的出现,使得用生产能力大和产品质量高的大机器取代了人和牲畜的肌肉动力;用大型的集中的工厂生产系统取代了分散的手工作坊。在此期间,机械工程理论也获得了飞速的发展。

(2) 采矿工程(1700 年起)

由于采用机器抽水,采矿规模不断地扩大,相应的岩石机械、煤炭运输等工程技术得以推动。

(3) 纺织工程(1730 年起)

蒸汽机的使用使整个纺织工业发生了革命性的变化,导致纺织工程的出现。

(4) 结构工程(1770 年起)

结构材料从古代的木、砖、泥发展到现代的铁,使得工程师用它来设计新的结构物,例如,60m 跨度的桥梁于 1779 年在英国建成,成为后来钢铁结构的先驱,并且至今仍在使用。

(5) 海洋工程(1830 年起)

蒸汽机用于交通运输,出现了蒸汽机车、蒸汽轮船等,汽轮机、内燃机和各种机床也都相继出现。

文艺复兴时代是冒险的时代,好奇心引发人们去航海探险,进行海上扩张,由此,在 1830 年左右兴起了海洋工程。

4. 现代工程时期(19 世纪末—今)

工程技术的迅速扩展促进了科学的发展,而科学的发展又导致新的工程技术时代的出现。基于电学理论而引发的电力革命使人类在 19 世纪末、20 世纪初迎来了“电气时代”,电力的广泛应用是第二次工业革命的基本标志。

(1) 19 世纪末、20 世纪初阶段

炼钢技术由转炉、平炉再到电炉的演化,以冶金工程为代表的“重工业”得到了较大的发展,导致更多的工业产物,出现了铁路、军事、工具制造和机器等,它还导致结构工程中出现了大屋顶、大跨度桥梁、地铁和隧道工程、大坝、集装箱货轮、输油管等。一些标志性的结构工程,例如,苏伊士运河、巴拿马运河、埃菲尔铁塔和帝国大厦等。飞机制造和空中运输业也在这个时代涌现出来。

(2) 20 世纪中叶阶段

第三次工业革命的标志是电子计算机的发明和使用。1946 年,第一台电子计算机 ENIAC 问世,电子计算机的发明与普及彻底改变了人类的生活方式,人类也因此跨入了“信息时代”。

在这个时代,先后出现了核能的释放和利用(1945—1955 年);人造地球卫星的成功发射(1955—1965 年);第一艘载人宇宙飞船“东方”号在苏联发射升空(1961 年);重组脱氧核糖核酸实验的成功(1965—1975 年);微处理机的大量生产和广泛使用(1975—1985 年);软件开发和大规模产业化(1985—1995 年)等。由此形成了当代社会以高科技为支撑的核工程、航天工程、生物工程、微电子工程、软件工程、新材料工程等。

(3) 第四次工业革命

“绿色工业革命”是人类历史上的第四次工业革命,人们将以新能源为首的绿色产业从现阶段开始到未来的崛起,称为“第四次工业革命”。

第一次工业革命,煤炭的大量使用替代了木材。第二次工业革命,石油、电力等开始大批量使用。第三次工业革命是 IT 革命,典型能源代表是核能,但核能始终没有成为世界主力能源。现在的第四次工业革命,目标直指新能源,目的就是大量使用风能,太阳能、水资源这些取不尽用不竭的可再生能源。

5. 工程技术的发展特征

(1) 从科学与工程技术的关系上，工程技术的发展呈现出一个由古代的经验型工程技术到现代，尤其是当代的科学型工程技术大演化。因此现代工程师不仅要有丰富的实践经验，而且要有科学理论的指导和武装。

(2) 从工程技术与产业的关系上，人类经历了采集与渔猎时代、农业时代、工业时代、信息化时代，新兴工程和新兴产业成为新时代文明的主要象征。

(3) 从工程技术与工具技术手段上，人类经历了手工工程、机械工程、自动工程和智能工程时代。

(4) 从工程技术所使用的材料上，人类经历了石器时代、青铜时代、钢铁时代、高分子时代和硅器时代。

(5) 从工程技术所使用的动力上，历史路径为：体力→畜力→水力→蒸汽动力→电力→核能。

(6) 从工程技术所及空间范围上，地面工程→地下工程→海洋工程→航空航天工程。

(7) 从工程技术的社会性考察，可以勾画出：个体工程→简单协作工程→系统工程→大系统工程与超大系统工程。

(8) 从工程技术的思想演变上考察，古代的敬畏自然→近代和现代的征服自然→当代人们普遍接受的人与自然和谐共存的理念。

工程技术发展的历史阶段及特征，见表 1-1。

表 1-1 工程技术发展的历史阶段及特征

阶段	划分方向			
	产业与能源	材料	技术	科学思想
原始工程（人类起源—1 万年前）	渔猎（体力）	石器时代	手工工程（个体）	敬畏自然（经验的）
古代工程（1 万年前—15 世纪）	农业（畜力/水力）	铜/铁器时代	机械工程（简单协作）	征服自然（科学的）
近代工程（15 世纪—19 世纪末）	工业（蒸汽/电力）	钢铁/高分子时代	自动工程（系统工程）	
现代工程（19 世纪末—今）	信息业（核能等）	硅器时代	智能工程（超大系统工程）	人与自然和谐共存

1.1.2 工程技术未来发展趋势

现代工程技术发展可概括为以下五个特点。这五个特点反映了现代工程技术发展的基本趋势。

1. 信息技术革命在产业化过程中的作用日益增长

人类社会赖以生存和发展的三大要素是物质、能量和信息。在农业社会中，人们对物质的认识比较深刻而对能量的认识较少；在工业社会中，人们又普遍认识到了能量的重要性。以往的产业革命，可以说是在挖掘劳动资料的机械、物理和化学属性的潜力。但是，与以往产业革命不同的是，在推动当代社会进化的能量流、物质流和信息流中，信息流起着越来越重要的作用。

1958年，人们研制出第一块硅集成电路，从此信息技术由电子管、半导体器件跨入以集成电路为基石的阶段而飞速发展。近30年来，信息技术在世界新技术革命中一直处于核心地位，它不仅作为一项独立的技术而存在，还广泛渗透于其他各个技术领域，成为它们发展的基本依据和重要手段。电子信息技术能优化现代生产过程的控制、物质流动过程的控制和金融资本流通过程的控制，使得计算机乃至更小的信息处理装置能够嵌入控制生产过程的装置或设备之中，从而大大提高能源和基本物质的利用率，从根本上促使工程技术与生产力更为紧密地结合在一起。

2. 微观尺度生产领域制造技术的演进与革命方兴未艾

微观尺度指微米、纳米数量级。在微电子技术成就的基础上，微观尺度生产领域制造技术正在向微机械技术和纳米级制造技术推进。例如，海湾战争中使用的先进武器，其重要元件的制造误差在微米、零点几微米级甚至更小，没有先进制造技术就不可能制造出先进的武器装备。

3. 材料技术成为不同工程领域产业化的共性关键技术

当代每一项重大新技术的出现都有赖于新材料的发展。材料技术的发展趋势归纳起来主要体现在以下方面：

(1) 功能材料的小型化、信息化

信息材料中敏感材料、光导纤维材料、信息记录材料等分别是信息探测传感器、信息传输和信息存取必不可少的材料，在民用和军用方面都大有可为。

新能源材料中的光电转换材料、超导材料、高密度储氢材料和高温结构陶瓷材料等均为开发新能源而研制成的。

(2) 结构材料的复合化

通过复合工艺组合而成的新型材料，既能保留原组成材料的主要特色，又能通过复合效应获得原组分所不具备的性能，还可以通过材料设计使各组分的性能互相补充，从而获得优越的性能。例如，波音777客机的结构重量中，9%是由复合材料制作的，相当于波音757和767客机的3倍。今后10年内，飞机结构设计师将与材料科学家共同研制铝锂合金材料，与铝合金相比，其密度更低，其强度更高，因此，欧洲空中客车公司的A330和A340客机就采用了铝锂合金，以降低机身和机翼的重量。

(3) 高温氧化物超导体的发现和进展

1986年，伯诺兹和缪勒发现临界温度为35K的镧钡铜氧化物超导体，在科技界引起巨大反响。随后短短几年内共找到100多种氧化物超导体，其中临界温度最高的已达135K。现在已可以制造长度超过1km的氧化物高温超导体长线，其临界电流密度超过$10^4 A/cm^2$。预期这种高温超导材料可在输电和磁悬浮等技术方面得到应用。

(4) 纳米材料是前沿领域

纳米材料，即晶粒尺寸一般为10～100nm(10^{-9}m)的材料。用纳米材料制造的成品具有一系列优异性能。例如，由纳米晶粒制成的铜，强度比通常的铜制品高5倍。纳米陶瓷制品与通常的陶瓷相比，更能抗破裂。

4. 生物技术为农业、医药、化工、环保和国防的发展带来重大变革

生物技术是应用于有生命物质的技术，可分为传统生物技术和现代生物技术两大类。人类几千年来使用的酿酒、制酱、育种等是传统生物技术。

现代生物技术中有两项尤为引人注目，即基因工程技术(也叫DNA重组技术)和蛋白质工程技术。前者是随着生物学特别是分子生物学理论的发展和当代各种尖端技术在生物领域的运用而诞生的一种具有划时代意义和战略价值的高新技术。它的产生彻底改变了传统生物技术的被动状态，使得人们能够按照自己的意愿改造生物种属。

5. 综合集成在工程技术最终转化为生产力过程中发挥着关键作用

综合集成包括：系统工程、软件集成、综合集成演示和科学的计划管理。例如，柔性制造系统（FMS）可以把若干台数控加工系统、物件搬运系统、上下工件系统（回转式转盘和工业机器人）、立体仓库、优化调度（信息控制）系统综合集成在一起，形成较完整的生产体系。它能自动完成加工、装卸、运输、管理，具有监视、诊断、修复、自动转换加工产品品种的功能，并具有一定的柔性和灵活性，适合于多品种小批量生产。

20 世纪 80 年代开始出现的计算机集成制造系统（CIMS），又进一步将计算机辅助设计（CAD）与计算机辅助制造（CAM）、柔性制造单元与系统（EMS）和管理信息系统（MIS）综合集成起来，以适应市场竞争中多变化的需求，获得多品种、中小批量产品生产的高效益。

20 世纪 90 年代又出现了并行工程工作模式，对产品及其制造过程和支持过程进行并行、一体化设计、运行与管理。这种工作模式力图使开发者们从一开始就考虑到产品全生命周期中的所有因素，包括质量、成本、进度和用户需求。它是一种新的系统工程管理方法，要求在产品开发的全过程中加强各部门之间的协同与合作，按并行方式而不是串联方式进行。

20 世纪 90 年代末以来，国外许多大企业在研发（R&D）领域与其他企业结成技术联盟，分工协作，风险同当，利益共享，走共同技术创新的道路。例如，在“信息高速公路”技术方面，日本电气、东芝、日立和索尼等与美国太阳微系统公司、米普斯计算机公司、惠普公司等结成几十个技术联盟。在汽车生产领域，德国奔驰公司与日本三菱公司，日本丰田、铃木公司与美国通用汽车公司结成技术联盟等。

1.1.3 工程技术的定义与特点

1. 工程哲学中有关概念

工程哲学中认为，科学、技术、工程与产业是既有密切联系又有本质区别的活动。

（1）科学的特征

科学（science）是研究自然界和社会事物的构成、本质及其运行规律的系统性、规律性的知识体系。科学活动的特征是探索发现。

（2）技术的特征

技术（technology）是运用科学的原理、科学方法，特别是运用和结合某些巧妙的构思和经验，开发出的工艺方法、生产装备、仪器仪表、信息处理（自动控制系统）等“工具性”手段，这是一类经过“开发加工”的方法和技能体系。技术活动的特征是发明与创新。

钱学森的导师冯·卡门曾说：“Scientists discover the world that exists; Engineers create the world that never was。”

例如，一个玻璃茶杯倒进一半水，把一根筷子放进去，人们就发现筷子在水里的部分与在水面上的一部分，不成一条直线。通过研究，得出光的折射原理，这是科学。利用光的折射原理造出潜望镜，就是技术。科学是技术的支撑，技术能促进科学的发展。

（3）工程的特征

工程（engineering）是指人类创造和构建实物的一种有组织的社会实践活动过程及其结

果。例如，建造工厂、修造铁路、开发新产品等。工程活动特征是集成与建构。

从“活动主体”和“社会角色”上看，科学活动的主角是科学家，技术活动的主角是发明家，工程活动的主角是企业家、工程师和工人。

(4) 产业的特征

产业(industry)是社会生产力发展到相当的水平后，建立在各种专业技术、各类工程系统基础上的各种行业性的专业生产、社会服务系统。例如，各类制造业、交通运输业、农林业、水利业、通信业、医疗服务业等。产业的目标主要在于经济效益或公众利益，产业的特征是标准化和可重复性。只有实行标准化生产，才能提高生产效率和经济效益，只有可重复性生产，才能持续不断地提供和满足日益增长的社会需求，发挥产业生产的社会经济功能。

2. 工程哲学中的知识链

工程哲学认为：“科学—工程技术—产业—经济—社会”是一种相关的知识链，如图 1-1 所示。工程技术位于这个知识链的中间位置，工程技术既有与科学的关联性，又有与产业、经济的关联性。工程技术是知识转化为现实生产力过程中的关键环节。对于科学来说，工程技术发挥着集成的作用，而这种集成还有赖于科学的指导和支撑。因此，科学是工程技术的理论基础。对于产业和经济来说，工程技术是构成单元，各类相关工程技术的关联、集聚就形成了各种不同的产业。因此，工程技术是产业发展的物质基础。

3. 工程技术定义

所谓工程技术就是在工业生产中实际应用的技术，即人们将科学知识或利用技术发展的研究成果应用于工业生产过程，以达到改造自然的预定目的的手段和方法。

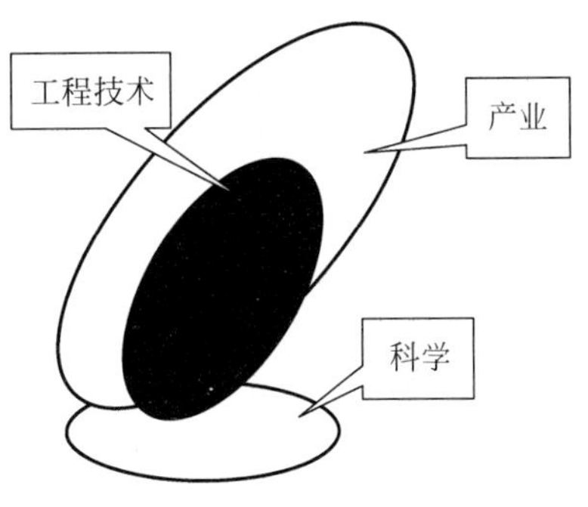

图 1-1　科学、工程技术与产业之间的关系

历史最悠久的工程技术是建筑工程技术，它的理论依据是理论力学。随着人类改造自然界所采用的手段和方法以及所达到的目的不同，形成了工程技术的各种形态。例如，研究矿床开采的工具设备和方法的采矿工程；研究金属冶炼设备和工艺的冶金工程；研究电厂和电力网的设备及运行的电力工程；研究材料的组成、结构、功能的材料工程等。近几十年来，随着科学与技术的综合发展，工程技术的概念、手段和方法已渗透到现代科学技术和社会生活的各个方面，从而出现了生物遗传工程、医学工程、教育工程、管理工程、军事工程、系统工程等。工程技术已经突破了工业生产技术的范围，展现出广阔的前景。

工程技术一词指的是工程实用技术。而科学技术一词更多地指的是科学理论技术。人们也常常称工程技术为工科，而称科学技术为理科。因此，技术研究的组织系统也采用工程技术和科学技术两个系统，属于工程技术系统的有中国工程院、国家工程技术研究中心等；属于科学技术系统的有中国科学院、中国科技大学等。

4. 工程技术的基本特点

(1) 科学性

工程技术是科学理论在改造物质世界中的具体应用。任何一门工程技术学科都是由多门基础学科充当其理论基础的。很难想象一个缺乏基础理论知识的人能顺利地从事工程技术工作，且有所作为。一个工程师应善于抽象工程技术系统的理论模型，善于用数学、物理、化学基础知识分析工程技术系统的工作原理，只有这样，他（她）才具有较强的认识能力和适应能力。

与此同时，工程技术必须在现代思维科学理论的指导下进行。工程技术人员应自觉地将辩证唯物论、系统论、信息论和控制论的有关理论与方法应用于解决工程技术的实际问题。

工程技术的科学性还体现在工程技术人员需要具备严肃的科学态度和科学精神。

（2）经济性

工程技术必须把促进经济、社会发展作为首要任务，并要有好的经济效果，从而达到技术先进和经济效益的统一。工程技术人员仅懂专业技术是远远不够的，他们必须深入系统地认识社会和经济环境，必须善于对工程项目或技术方案进行经济分析、评判、预测和审核。例如，机械工业产品是现代化生产的重要物质技术装备。近二十年来，机械产品也日新月异，国民经济各部门要求不断提供效率高、质量好、性能完善、操作方便、经久耐用的新产品，尤其要求产品必须具有特定的功能。设计机械工业产品时，就要运用科学的方法进行周密的、细致的技术经济的功能分析。通过功能分析，可以发现哪些功能必要，哪些功能过剩，哪些功能不足。在改进方案中，就可以去掉不必要的功能，削弱过剩的功能，补充不足的功能，使产品有个合理的功能结构。在保证实现产品功能的条件下，最大限度地降低成本，或在成本不变的情况下，提高功能，使成本与功能得到最佳结合，这样才能为社会提供物美价廉、经久耐用的先进技术装备。

（3）实践性

工程技术活动是解决实际问题的实践活动，它不仅需要知识，还需要技能，如测试技能、调整技能、操作技能、维修技能等，而这些技能只能通过实践获得。由于一些相关因素是复杂多变且难以测控的，工程技术工作的具体环境常常有很大的差异，所以工程技术的理论无法将实践活动中所有问题及其解决办法无一遗漏地介绍给工程技术人员，很大一部分实际问题是由工程技术人员在实践中探索并获得正确认识后予以解决的。现场经验和技术秘诀都是人们在长期的实践中不断积累形成的。工程技术方案的构思、评估和前景预测，工程技术问题的解决，都离不开实践经验。工程技术系统的一些技术特点也是人们在实践中发现和归纳出来的。工程技术实践活动同时也是技术理论具体运用和综合运用的过程。所谓“具体运用”，是指这个过程要解决理论的一般性与具体工程环境的特殊性之间的矛盾，不可生搬硬套；所谓“综合运用”，是指这个过程要用上多方面的理论知识，而且它们之间是一个有机的整体。

（4）复杂性

工程技术的复杂性首先表现在其相关因素的不确定性。工程技术活动往往是在信息不全或条件不太明确的情况下着手进行的，一些条件与参数是在工作过程中逐步弄清和确定的。

工程技术的复杂性其次表现在技术方案的多元性。由于一个问题不是只有唯一解，平常人们讲的最佳方案，其实就是优点较多或缺点较少的方案，如果时间和条件允许，还可能得到更好的方案。工程技术方案的选择和实施，往往受到社会、经济、技术设施、相关人员技术水平、市场需求和法律等因素的约束限制，工程技术人员在充分发挥自身创造力的同时，必须正确认识这些制约因素，自觉地将思维限制在此范围内，不可胡思乱想和随意发挥。

随着工程技术的发展和进步，它的综合性越来越显著。现代工程技术都综合运用多种技术和技术手段。现代大的工程项目是复杂的综合系统。即使是单项工程技术，不仅它本身往往是综合的，而且也要着眼在整个系统中进行综合的考虑和评价。

(5) 创新性

工程技术重在创新，在市场竞争激烈的形势下尤其是这样。工程技术的创新首先是采用新技术对产品、工艺和设备予以改进或更新。采用新技术改进设计制造手段或实验测试手段等是创新，采用新的技术思想或管理理论对工程技术系统或其要素进行优化重组或革新仍是创新。

工程技术是直接生产力，工程技术创新是创新活动的主战场。工程技术架起了科学发现、技术发明与产业发展之间的桥梁，是促进产业革命、经济发展和社会进步的强大“杠杆”。各种类型的创新成果、知识成果的转化，归根结底都需要在工程技术活动中“实现”，并据此检验其有效性与可靠性。另外，工程创新的状况往往直接决定着国家、地区、产业、企业和有关单位的发展水平和发展进程。

工程技术人才和科学技术人才是两种不同类型的人才，他们各有其自身的特点和教育、成材的规律，因此，绝不能简单地按照培养科学技术人才的思路和方法去培养工程技术人才，应该深刻地认识和掌握工程教育的特点和规律，提高我国工程教育的质量和水平。

1.1.4 工程技术的分类

古代的工程大体上可分为民用和军用两大类。长城是军事工程，而都江堰是民用工程。随着生产和生活的逐步发展，人们开始制造一些简单的工具和机械，从而出现了机械工程，后来又发明了电，有了电气工程等，现代工程体系就逐渐建立起来了。上述这些划分都是按照工程的专业内容、性质来划分的。按照客观物质在工程中的流向，工程技术可分为资源、采集加工和制造三个方面。

1. 资源

自然界的资源大体可分为材料、能量、信息三大类。

(1) 材料

材料是物质生产的基础，按其来源划分，可分为天然材料和人造材料；按性质划分，可分为金属材料(黑色金属、有色金属、合金)和非金属材料(有机材料和无机材料)；从用途划分，有结构材料和功能材料；从发展的角度划分，有传统材料和新型材料。新型材料大多是功能材料，都有新的制造和加工方法。

当前，传统材料(钢、水泥、木材等)在我国经济建设中起着重要的作用，比重占95%以上。传统材料存在不少问题：较长的加工过程中原料和能源消耗大，资源浪费严重，生产过程的污染严重，材料的再生或再循环利用率低等。世界各国都把发展新材料列为21世纪优先发展的领域之一，目前，新材料的品种正以5%的速度在快速增长。

(2) 能量

能量的主要载体有煤、油、气、水和核五种形式。这些能量(能源)在工程化的过程中都有大量的工程技术问题需要解决。例如，煤的综合开采、清洁燃烧及提高使用效率；油的开采、炼油技术的提高、生产流程的改进、油品质量的提高和品种增加；气的开采和利用；水资源的充分利用；核能的开发利用等。

目前，我国在能源方面，宏观上存在着结构、环境和节能等问题。在微观上，从人们目前能直接利用的能量形式（主要电能、热能和机械能）的产生、传递、变换使用过程，到未来的新能源（如太阳能、风能、地热、海洋潮汐等）所产生的能量的直接利用，都存在着大量的工程技术问题需要进一步加强研究和开发。

（3）信息

信息包括载体和信息本身两部分。信息技术一般是指实现信息的获取、传递、加工存储和使用等功能的技术，它是由感测、通信、计算机（包括计算机硬件、软件与人工智能）和控制四个基本单元组成。

目前，信息技术已广泛渗透于各个工程领域以及生产、经营、管理等过程中，成为它们发展的基本依据和重要手段。

信息是一种资源，开发、利用信息和信息技术，使之更好地为国民经济服务，是现代工程技术中的一项重要任务。

2. 采集加工

发现和开发自然界所蕴藏的资源，使之更好地为人类服务，这是工程的重要任务。资源在工程化的过程中都存在着探测、采集、运输和加工这几个过程。

（1）探测

探测是资源工程化的基础。具体说，资源（材料、能量和信息）必须经过勘探、查找及检测，才能为人们采集和获取资源提供依据。

工程资源的探测主要由地质部门承担。

（2）采集

诸如采煤、采油、采矿等行业属于这一门类。采集是资源工程化的重要环节，如信息的采集，如何把分散在各个地方的信息采集起来，变成有用的信息，是信息系统里一个十分重要的问题。

工程资源的采集主要由各类矿业部门承担。

（3）运输

运输是国民经济中的基础产业。物资交流需要运输，这种运输主要依靠公路、铁路、航空、水运等。铁路运输一直在我国占主导地位，近年来却发生了变化，短距离（特别是客运）被汽车所取代，长途被航运所取代。目前世界上发达国家都有了综合运输系统。

能量的运输比较复杂，载体的运输和一般运输相同，但能量本身的运输是个传递问题。例如，我国电的运输基本上是就地消费，远距离的传递只起到互相调剂余缺，保证不中断，提高可靠性等作用。

信息的运输就是传输，信息的传输（通信）是一个庞大的工程技术领域，包括交换、运输终端等。对通信来说，信息远距离消费是其本质的问题，因此，通信网络是通信的本质问题。没有网络就没有通信，网络是通信中非常突出的问题，通信网在全世界来说是规模最大、技术最复杂、要求最高的一个网络。因此，网络技术在通信中占有非常重要的地位。

（4）加工

无论是材料、能源，还是信息，一般不可能被人类直接利用，都需要进行加工，如要把铁矿变成铁，炼成钢，做成各种各样的钢材都需要加工。能源也是如此，当然也有可以直接利用的，如煤可以拿来直接燃烧。但如果加工成蜂窝煤就比直接燃烧能减少污染，提高效率。信息同样需要加工，不经过加工的信息很难被利用。作为国家管理来讲，要把上万个单位的信息联合起来，加工成为一个有用的信息系统，其中含有许多技术问题。

3. 制造（建造）

制造不同于前述的一般加工。制造是用多种材料，经过复杂的加工过程做成一种新的产品或装置。制造可分为离散制造和连续制造两大类。离散制造，即单件制造，例如，制造电视机。它是一部一部地制造，每一部电视机单独成一个整体，能够独立地使用；另一类是连续制造，例如，制造水泥，水泥不能一粒粒地制造，从原材料进去，到最后成品水泥出来，它需要经过一个连续完整的化学过程。化工产品都是连续制造。因此，这两类制造是性质不同的两个领域，其生产特点也不同。连续制造是封闭型的，过程要控制好；离散制造一般是开放型的。

第二方面就是建造，建造和制造不一样。制造是制造一个设备，建造是建造一个建筑，建造包括房屋建造、道路建造、大坝建造等。

制造（建造）业是我国工业体系最主要的组成部分。

1.1.5 工程技术活动的全过程

工程技术活动的全过程由一系列环节构成，分别是应用研究、技术开发、工程设计、工程系统建造、生产运行、技术服务等。

1. 应用研究

应用研究是指运用基础研究所取得的成果，为获取新产品、新工艺、新材料、新方法等的技术基础和技术原理所进行的研究。应用研究的展开一般有两种情形，一是在基础研究取得成果的基础上，探索把这种成果应用于某个领域的可能和途径；二是为了实现某种特定的和事先确定的实际目的，探索新的方法或途径。在应用研究阶段，往往要对现有的科学知识和技术知识进行新的组合和综合。应用研究成果主要表现为发明、学术论文、著作、原理性模型或实验性模型。发明是最高水平的工程技术研究成果，具有新颖性、实用性和先进性三个特点。新颖性是指成果在国内外未曾公开发表和公开使用，先进性指成果比同一领域的现有技术水平先进，实用性是指能够在生产和生活中得到有效应用。

2. 技术开发

技术开发是指为适应生产经营的需要，利用从研究和实际经验中获得的现有知识，旨在生产新的材料、产品和装置，建立新的工艺系统和服务，以及对上述各项做实质性改进等而展开的系统性工程技术工作。技术开发的成果一般是样品、样机、装置原形及相应的图纸与其他技术文件。

技术开发是应用研究的进一步发展，是技术发明的推广和应用。技术开发同样具有新颖性、先进性和实用性的要求，但与应用研究相比，对其新颖性和先进性的要求稍低一些，它不必是前所未有或达到原理性的发展，只要实现局部性改良就行。对技术开发的实用性要求则高一些，它目的更明确，工作规定也更为具体。

3. 工程设计

工程设计是为生产和建设而进行的一种独立的构思活动，是以综合利用各类现代技术因素来满足人们某种需要为特定目的的工程技术工作。工程设计以具体产品或过程为对象，包括新的产品或过程的设计、试制和试验工作，加工工艺系统设计，设备动力系统设计。它要落实从样机或原型到生产之间的全部技术与工艺问题，其成果要满足正式生产的全部技术需要。

4. 工程系统建造

所谓工程系统建造就是指生产运行系统的组织与建立。这里所指的系统，可以是整个工厂或车间，可以是一条生产线，也可以是具有独立生产功能的单台设备及其辅助设施。系统建造即包括从头开始新建一个系统，也包括根据需要对原系统作一些局部的调整与改进。

系统建造阶段的工作内容相当广泛，主要是：厂房的建设，交通通信设施的建设，能源介质系统和电力系统的建设，设备的制造、选购、安装与调试，原材料与备件的准备，工艺装备和工位器具的准备；经营管理规章制度的建立，生产计划的编制，工艺、设备、质量技术标准规范的制定；生产技术组织机构的确立，以及人力资源的配置与培训等。

5. 生产运行

生产系统建造完成以后，便转入生产运行阶段。在这个阶段，工程技术人员仍有大量工作要做，它们分别是：产品的改进与完善、生产过程的组织管理、生产计划管理、质量管理与控制、工艺开发与管理、设备管理与维修以及现场管理等。其主要目标是降低消耗和生产成本、提高生产效率、维护生产秩序、改进产品质量、改进操作维修条件和创建文明工作环境等。

在这个阶段，工程技术人员的主要作用是：直接处理现场技术问题，尤其是处理关键的重大和疑难的技术问题；对现场生产操作人员及其工作过程实施监督和指导；通过对生产过程的考察，及时地发现各类潜在的工程技术问题（如工艺问题、质量问题、设备问题等），并采取有效措施解决问题、消除缺陷；积极采用新技术，通过挖潜、革新与改造，不断优化和改进生产工艺系统。

6. 技术服务

在市场竞争的条件下，技术服务是工程技术活动的一个重要组成部分。技术服务包括售前服务和售后服务。售前服务的主要内容是向用户介绍产品的优点、特点和使用方法等。售后服务包括安装调试指导、操作使用技术培训、技术咨询、供应、维修服务和技术改进等，其基本要求是及时、有效和周到。技术服务的目标是让用户正确认识产品，保证用户用好产品，使其充分发挥技术优势、体现使用价值，由此更好地赢得广大用户和占领市场。技术服务也是一个了解用户需求动态、收集用户意见和产品实际应用信息的过程，这对进一步改进产品性能与提高质量、更好地满足社会需求是十分重要的。

1.2 机器人技术概述

机器人技术自20世纪60年代初问世以来，经历40多年的发展已取得长足的进步。在制造业中，工业机器人甚至已成为不可缺少的核心装备，世界上有近百万台工业机器人正与工人们并肩战斗在各条战线上。特种机器人作为机器人家族的后起之秀，由于其用途广泛而大有后来居上之势，核工业机器人、军用机器人、医疗机器人、农业机器人、娱乐机器人等各种用途的特种机器人纷纷面世，而且正以飞快的速度向实用化迈进。

机器人技术是将机械、电子、自动控制、计算机等技术有机地融合而形成的一门综合性的应用技术，具有多学科交叉融合，自然科学和人文社会科学交叉融合的特点，这就是第四次工业革命的特点。第四次工业革命将使人类进入机器人时代。

1.2.1 机器人的起源与发展

1. 机器人的起源

机器人技术是20世纪人类最伟大的发明之一。1921年，机器人(robot)一词和机器人的形象，首次出现在捷克作家卡雷尔·查培克(Karel Capek)所写的科学幻想戏剧《罗素姆的万能劳工》(Universal Robot)中，如图1-2所示。这个故事描写了一家公司发明并制造了一大批能听命于人，能劳动而且形状像人的机器，公司驱使这些人造劳动者进行各种日常劳动，甚至取代了世界各国工人的工作，而进一步的研究竟能使这些机器富有感情，于是导致了它们反抗主人的暴乱。

图1-2 捷克作家卡雷尔·查培克(1890—1938年)

针对人类社会对即将问世机器人的不安，1950年，美国著名科学幻想小说家阿西莫夫(图1-3)在他的小说《我是机器人》中，提出了"机器人三原则"。

图1-3 美国科学幻想小说家阿西莫夫(1920—1992年)

第一条，机器人不得危害人类，此外，不可因为疏忽危险的存在而使人类受害；

第二条，机器人必须服从人类的命令，但命令违反第一条内容时，则不在此限；

第三条，在不违反第一条和第二条的情况下，机器人必须保护自己。

这三条守则，给机器人社会赋以新的伦理性，并使机器人概念通俗化，更易于为人类社会所接受。机器人不能伤害人类而应服务于人类，是定义机器人最重要的一个条件，机器人学术界一直将这三原则作为机器人开发的准则。

2. 机器人的发展历史

机器人是人造的机械电子装置，它的发明也是一种工程技术活动。从人类对机器人的想象、到机器人的概念，再到机器人制造，从历史角度看来，机器人的发展史大概分为三个阶段：古代机器人、现代机器人和未来机器人。

（1）第一阶段，古代机器人

世界上最早的机器人诞生在中国。《列子·汤问》中记载西周穆王时期，洛阳偃师有位能工巧匠制作了一个"能歌善舞"的木质机关人；春秋战国时期，被称为木匠祖师爷的鲁班利用竹子和木料制造出一个木鸟，它能在空中飞行，"三日不下"，这件事在古书《墨经》中有所记载，这可称得上世界第一个空中机器人。

例 1-1 诸葛亮发明的木牛流马

三国时期，诸葛亮既是一位军事家，又是一位发明家，他成功地创造出"木牛流马"，可以运送军用物资，可认为是最早的陆地军用机器人，如图 1-4 所示。

图 1-4 诸葛亮发明的木牛流马（照片源自百度）

例 1-2 张衡发明的记里鼓车

东汉时的大科学家张衡，发明了一种叫作"记里鼓车"的机器人，它能为人们报告所走的里程，车每行驶一里，车上的小人就击一下鼓，每行十里，它就敲一下钟。无须人手工测量计程，如图 1-5 所示。

例 1-3 瑞士的写字偶人

"写字偶人"由瑞士钟表匠德罗斯父子合作制作完成，它是一种靠弹簧驱动，凸轮控制的自动机器，至今还作为国宝保存在瑞士的历史博物馆内，如图 1-6 所示。

古代机器人更像是一种"机械玩偶"，并不符合现代对于机器人的定义。它们大多不具

图 1-5 张衡发明的记里鼓车(照片源自百度)

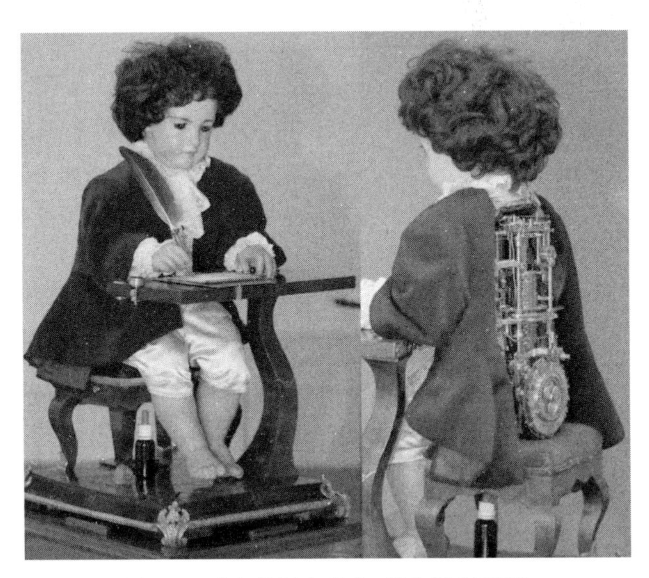

图 1-6 瑞士的写字偶人(照片源自百度)

备自主能力,也不能辨识外部的信号,更多的是娱乐性成分。它们通过齿轮、齿条等简单的机械结构,组合出有一定复杂程度的运动,在材料上也大多使用木头、布料、金属等很常见材料。

(2) 第二阶段,现代机器人

现代机器人的研究始于 20 世纪中期,正值第三次工业革命时期。机器人技术是机械工程、电子工程、自动控制和计算机技术有机结合的产物。机器人从科幻世界真正走向现实世界,其技术背景是计算机和自动化的发展,以及原子能的开发利用。大批量生产的迫切需求推动了自动化技术的进展,其结果之一便是 1952 年数控机床的诞生。与数控机床相关的控制、机械零件的研究又为机器人的开发奠定了基础;另一方面,原子能实验室的恶劣环境要求某些操作机械代替人处理放射性物质。在这一需求背景下,美国原子能委员会的阿尔贡研究所于 1947 年开发了遥控机械手,1948 年又开发了机械式的主从机械手。

现代机器人的发展可以分为可编程机器人、感知机器人和智能机器人三个时期。

可编程机器人,属于示教再现型机器人,示教方法有两种:一种是由操作员手把手进行,如图 1-7(a)所示;另一种是由操作者通过示教器完成,如图 1-7(b)所示。这种机器人被应用在机床、熔炉、焊机生产线上,只能完成一些简单的重复性操作,不具备自主性。这种机器人的控制方式与数控机床大致相似,但外形特征迥异,主要由类似人的手和臂组成。

例 1-4 示教再现型机器人

手把手示教型可编程机器人,由操作员手把手进行示教,如图 1-7(a)所示;示教器示教型可编程机器人,由操作者通过示教器完成示教,如图 1-7(b)所示。

(a) 手把手示教机器人

(b) 示教器示教机器人

图 1-7 示教再现型机器人

感知机器人,也称自适应机器人,这种机器人配备有相应的传感器,具有触觉、听觉、视觉和嗅觉等不同程度的"感知能力",具有对某些外界信息进行反馈调整的能力。

例 1-5 管道机器人

管道机器人是一种可沿细小管道内部或外部自动行走、携带一种或多种传感器及操作机械,在工作人员的遥控操作或计算机自动控制下,进行一系列管道作业的机电仪一体化系统。管道机器人可以识别不同的管道路线或口径从而调整自己的履带来适应工作环境。目前这种机器人已经有了一些商品化的产品,进入应用阶段,如图 1-8 所示。

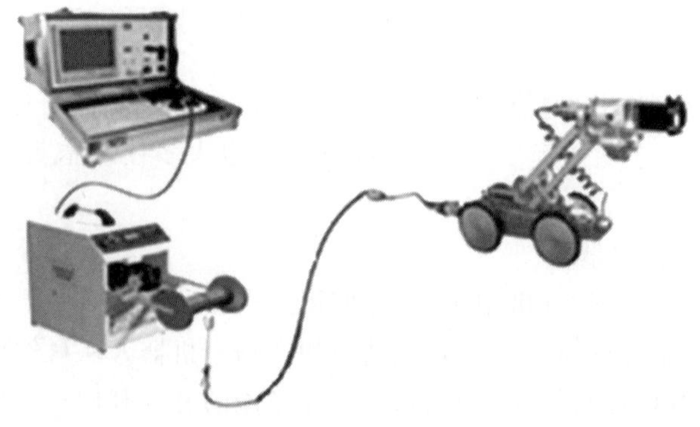

图 1-8 管道机器人

智能机器人，这种机器人装备有高灵敏度传感器，具有超过一般人的视觉、听觉、嗅觉、触觉的“感知能力”，具有识别、推理、规划和学习的智能机制，能自主地解决问题。然而，目前研制的智能机器人大都只具有部分的智能，和真正的意义上的智能机器人还差得很远。总的来说，智能机器人仍处在不断探索的过程中。

例 1-6　智能足球机器人

智能足球机器人就是制造和训练机器人代替人类或与人类进行足球比赛，通过这种形式来提高人工智能的研究水平。智能足球机器人比赛的目标是实现 2050 年的人机大战，即智能足球机器人冠军队和那时的人类世界冠军队进行比赛，并要赢得比赛。如图 1-9 所示。

图 1-9　智能足球机器人

(3) 第三阶段，未来机器人

未来机器人将会更具人性化，与人交流时将具有更高的智力，会愈加接近人们的理想状态。未来的机器人也将会越来越趋于专业化，将会更加细致全面地渗透到人们的生活，在一些精细度较高或操作环境较为特殊的环境下还有替代人类的趋势。在未来的生产生活中，各行各业都有可能在机器人技术的推动下发生翻天覆地的变化，例如，机器人将会在家庭中担任保姆角色，全面地照顾老人和小孩；医疗机器人将会出现在更多门类的手术上；无人驾驶的汽车；可以随天气变化而变化的衣物；全由机器人担任其中工作的无人工厂等，这些都将步入现实，机器人将会使人们的生活更为便捷。

例 1-7　有皮肤的机器人

ATR 智能机器人研究所正在开发的有皮肤的机器人“Soft Robovie”，如图 1-10 所示。

图 1-10　有皮肤的机器人

1.2.2 机器人的基本组成结构

机器人一般由三大部分和六个子系统组成，如图 1-11 所示。三大部分分别是机械部分、传感部分和控制部分；六个子系统分别是机械结构系统、驱动系统、感受系统、机器人-环境交互系统、人机交互系统和控制系统。

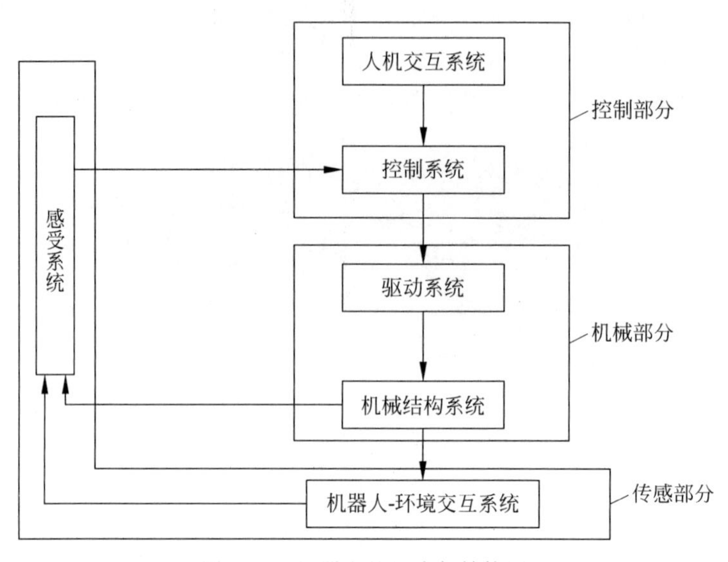

图 1-11 机器人的组成与结构图

机械结构系统的功能是实现机器人的运动机能，完成规定的各种操作。工业机器人的机械结构系统包括机座、手臂、末端操作器，它们都有若干个自由度，构成一个多自由度的机械系统。机器人按机械结构划分可分为直角坐标型机器人、圆柱坐标型机器人、极坐标型机器人、关节型机器人、具有选择顺应性机器人手臂（selective compliance assembly robot arm, SCARA）以及移动型机器人。机座是机器人的基础部分，起支撑作用，可分为固定式和移动式两种；手臂一般由上臂、下臂和手腕组成，手臂的各种运动通常由驱动机构和各种传动机构来实现；末端操作器是直接装在手腕上的一个重要部件，具有模仿人手动作的功能，它可以是二手指或多手指的手抓，也可以是喷漆枪、焊具等作业工具。

驱动系统是向机械结构系统提供动力的装置。驱动系统的传动方式主要有三种：液压式、气压式和电气式。电力驱动是目前使用最多的一种驱动方式，其特点是电源取用方便，响应快，驱动力大，信号检测、传递、处理方便，并可以采用多种灵活的控制方式，驱动电机一般采用步进电机或伺服电机。其实这种机器人之所以能够实现这么流畅的动作，不仅仅是微型计算机的控制技术，也是与伺服电动机的飞速发展息息相关的。机器人的伺服电机系统，设备在感知外界信息后会快速传递给控制器，然后控制器会发出控制信号驱动伺服电机系统快速进行姿势调整。伺服电机系统在这里就是利用各种电机产生的力矩和力，直接或间接地驱动机器人本体来获得机器人的各种运动。

感受系统由一个或多个传感器组成。机器人传感器分为两大类，用于检测机器人自身状态的内部传感器和用于检测机器人相关环境参数的外部传感器。内部传感器多为检测位置和角度的传感器；外部传感器具体有物体识别传感器、物体探伤传感器、听觉传感器、力觉传感器和距离传感器等。

机器人-环境交互系统是现代工业机器人与外部环境中的设备互相联系和协调的系统。

人机交互系统是操作人员控制机器人，并与机器人联系的装置。例如，示教系统是一种工业机器人与人的交互接口。

控制系统的任务是根据机器人的作业指令程序以及传感器反馈回来的信号支配机器人的执行机构去完成规定的运动和功能。根据控制原理可分为程序控制系统、适应性控制系统和人工智能控制系统。根据控制运动的形式可分为点位型和连续轨迹型，例如，点位型机器人只控制执行机构由一点到另一点的准确定位，适用于机床上下料、点焊和一般搬运、装卸等作业；连续轨迹型机器人可控制执行机构按给定的轨迹运动，适用于连续焊接和涂装等作业。

1.2.3　机器人的主要类型及应用

国际上机器人学者从应用环境出发，将机器人分为两大类：制造环境下的工业机器人和非制造环境下的特种机器人。

1. 工业机器人

(1) 工业机器人的产生

工业机器人是面向工业领域的多关节机械手或多自由度的机器人。它是自动执行工作的机器装置，是靠自身动力和控制能力来实现各种功能的一种机器。它可以接受人类指挥，也可以按照预先编排的程序运行，现代的工业机器人还可以根据人工智能技术制定的原则纲领行动。

1959年，美国发明家英格伯格和德沃尔联手制造出第一台用于汽车生产线上的工业机器人，这是第一款示教再现型机器人，如图1-12所示。1962年，他们成立了世界上第一家机器人公司，公司取名为Unimation。Unimation来自于两个单词“universal”和“animation”的缩写，意为通用自动化。由于英格伯格对工业机器人的贡献，他也被称为“工业机器人之父”。

图1-12　世界上第一台工业机器人

随后，工业机器人在日本得到迅速的发展，目前，日本已成为世界上工业机器人产量和拥有量最多的国家，也因此而赢得了“机器人王国”的美称。

德国工业机器人的数量占世界第三，仅次于美国和日本，德国库卡(KUKA Roboter Gmbh)公司是世界上最大的工业机器人制造商之一，所生产的工业机器人广泛应用在焊接、装配铸造、密封涂胶、材料处理、包装、喷漆、水切割等领域。

早期，工业机器人被四大家族垄断，被称为工业机器人四大家族的有：德国 KUKA、瑞典 ABB、日本 FANUC 和安川电机。

我国工业机器人研究工作起步较晚，我国于 1972 年开始研制自己的工业机器人。从"七五"开始国家投入资金，对工业机器人及其零部件进行攻关，完成了示教再现式工业机器人成套技术的开发。1986 年国家高技术研究发展计划(863 计划)开始实施，智能机器人主题跟踪世界机器人技术的前沿，经过几年的研究，取得了一大批科研成果，成功地研制出了一批特种机器人。从 90 年代初期起，我国的国民经济进入实现两个根本转变时期，掀起了新一轮的经济体制改革和技术进步热潮，我国的工业机器人又在实践中迈进一大步，先后研制出了点焊、弧焊、装配、喷漆、切割、搬运、包装码垛等各种用途的工业机器人，并实施了一批机器人应用工程，形成了一批机器人产业化基地，为我国机器人产业的腾飞奠定了基础。

(2) 工业机器人的发展的三个阶段

迄今为止，世界上对于工业机器人的研究、开发及应用已经经历了 60 年的历程。工业机器人的发展经历了以下三个阶段：

① 第一代工业机器人(20 世纪 50—60 年代)

这个阶段的工业机器人属于示教再现型机器人，又称为可编程的工业机器人。即为了让工业机器人完成某项作业，首先由操作者将完成该作业所需要的各种知识(如运动轨迹、作业条件、作业顺序和作业时间等)，通过直接或间接手段对工业机器人进行"示教"，工业机器人在一定的精度范围内，重复"再现"各种被示教的动作。这个阶段的工业机器人只具有记忆和存储能力，可按照相应的程序重复作业，对周围环境基本没有感知和反馈控制能力。

② 第二代工业机器人(20 世纪 60—80 年代)

在这个阶段，美国斯坦福研究所成功研制了世界上第一台能实现移动的机器人 Shakey，它带有视觉传感器，能根据人的指令发现并抓取积木，不过控制它的计算机有一个房间那么大。进入 20 世纪 80 年代，随着传感技术及信息处理技术的发展，出现了有感觉的工业机器人。通过传感器，工业机器人可以获得作业环境和作业对象的相关信息，并可将得到的触觉、力觉和视觉等信息经过计算机处理后，用于控制机器人完成相应操作。

③ 第三代工业机器人(20 世纪 80 年代至今)

20 世纪 80 年代至今，智能机器人的研究一直在继续。第三代机器人为自治机器人，它不仅具有比第二代机器人更加完善的环境感知能力，还具有逻辑思维、判断和决策能力，可根据作业要求与环境信息自主地进行工作。从整个市场情况看，第一代、第二代工业机器人是共存的，第三代工业机器人更多还处于概念阶段。

(3) 工业机器人的应用

目前，工业机器人在工业生产中的应用，主要沿着两个路径在发展：一是模仿人的手臂，实现多维运动，典型应用为焊接机器人；二是模仿人的下肢运动，实现物料输送、传递等搬运功能，如搬运机器人。

例 1-8 焊接机器人

焊接机器人是从事焊接(包括切割与喷涂)的工业机器人。为了适应不同的用途，机器人最后一个轴的机械接口，通常是一个连接法兰，可接装不同工具或称末端执行器。焊接机器人就是在工业机器人的末轴法兰装接焊钳或焊(割)枪的，使之能进行焊接，切割或热喷涂。如图 1-13 所示。焊接机器人目前已广泛应用在汽车制造业，尤其在汽车底盘焊接生产中得到了广泛的应用，使用机器人进行焊接，可以保证焊接的一致性和稳定性，提高了产品质量；另外，工人可以远离焊接场地，减少了有害烟尘，改善了劳动条件，减轻了劳动强度。

图 1-13 焊接机器人

例 1-9 搬运机器人

搬运机器人(包括码垛机器人)不仅能够自主作业，还能保持很高的定位精度，被广泛应用于机床上下料、冲压机自动化生产线、自动装配流水线、码垛搬运、集装箱等自动搬运，如图 1-14 所示。

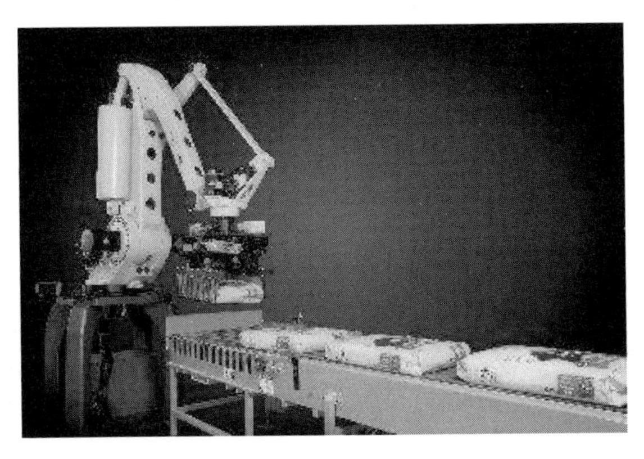

图 1-14 搬运机器人

2. 特种机器人

特种机器人是用于非制造业并服务于人类的各种机器人，包括核工业机器人、军用机器人和医疗机器人等。

(1) 核工业机器人

核工业机器人是应用在辐射环境下的特种机器人。为了维护工作人员的健康与安全，核工业最早应用遥控机械手来操作和搬运放射性材料。机器人在核工业中的应用是广泛的，目前，核电机器人大致可分为观察型和作业型。第一类“观察型”，指携带摄像头、温度和压力传感器以及辐射强度检测仪等进入现场后传回现场数据，这在应急情况下尤其必要；第二类“作业型”，工作内容包括切割、搬运放射物质、关阀门、喷水等。

图 1-15 美国耐辐射水下机器人

例 1-10 美国核工业机器人

美国 SeaBotix 公司生产的耐辐射水下机器人，如图 1-15 所示，曾用于中国台湾某座核电站反应堆冷却池的检测，发现水池存在泄露与裂纹的地方。该款机器人长 530mm，宽 245mm，高 254mm，空气中重量 11kg，最高航速可达 1.54m/s。

例 1-11 日本核工业机器人

2009 年，日本日立公司研制了游进式核电检测水下机器人，如图 1-16 所示，该机器人外形近似于正方体，机体长度约为 1.2m，携带 360°全景观测 CCD 摄像机，LED 照明装置等多款观测设备，并配有 4 个推进器以实现机体位置和姿态的调节。

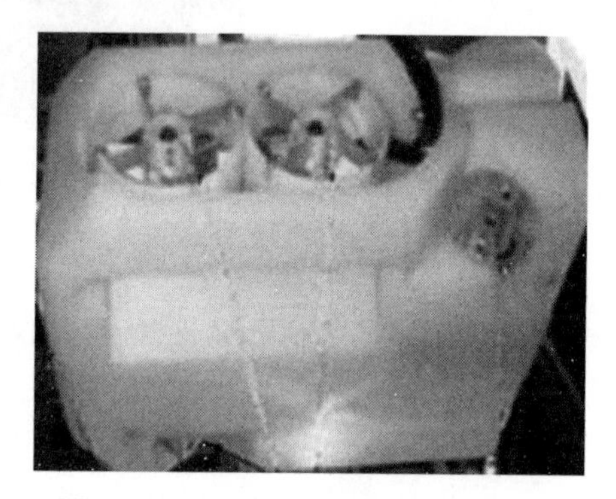

图 1-16 游进式核电检测水下机器人

针对日本福岛核电站事故反应堆内部检查，东芝公司与国际核退役研究所共同研发了水下机器人 Mini-Manbo。它是一种装有辐射硬化材料和传感器的水下机器人。Mini-Manbo 避开了残骸及过度辐射，成功找到了福岛核电站内的高危险铀燃料。机器人本体长 30cm，直径约 13cm，主要通过有线电缆控制，依靠后部螺旋桨在水中行进，前后均配有摄像头和 LED 灯，并配备有剂量计辐射探测器收集数据，技术人员通过遥控杆控制远程机器人运动和作业。如图 1-17 所示。

图 1-17 Mini-Manbo 水下机器人

日本东北大学等组成的团队开发出一款蛇形机器人，如图 1-18 所示，可通过喷射空气抬高配备摄像头的前端部分，穿越较高障碍物在废墟内部展开搜索。机器人为直径约 5cm 的软管状，全长约 8m，重约 3kg，因其采用了新型机动方式，可实现 100mm/s 的高速移动。该款机器人主要通过远程遥控器进行控制，可以穿过反应堆内部的残骸，而它身上携带的介子成像设备可以穿透大多数阻挡物体。

图 1-18 日本蛇形机器人

例 1-12 国产核工业机器人

北京航空航天大学研制出核电站微小型水下机器人，如图 1-19 所示。该机器人整体采用防辐射设计，水平方向及垂直方向各安装两组螺旋推进器，通过直流伺服电机带动螺旋推进器控制机器人的前后运动与沉浮运动，机器人前后均安装摄像机，方便采集核电站反应堆水池、堆芯、乏燃料水池或一回路管道等水下图像，安装的机械手便于打捞水中悬浮的异物。

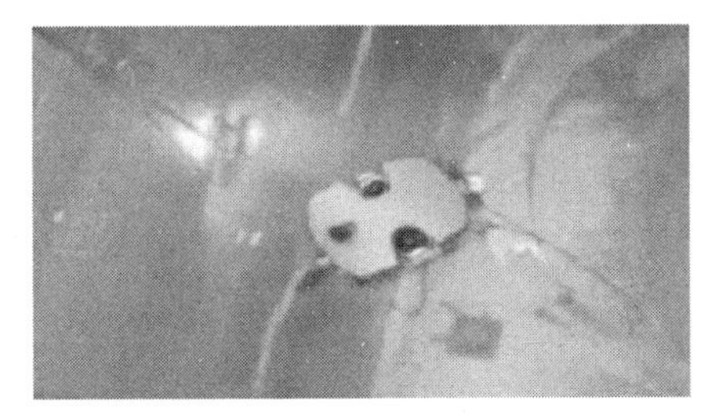

图 1-19 北京航空航天大学核电站微小型水下机器人

上海交通大学水下工程研究所研制了一款核反应堆内构件无损检测机器人，如图 1-20 所示。该款机器人具有 2 个水平推进器和 2 个垂直推进器，可以自由调节位置与姿态，并配有旋转云台、LED 照明灯、摄像头等观测设备，可将核反应堆内环境信息反馈到操作台，其最大下潜深度可达 50m。

2017 年，哈尔滨工业大学研制了一款水池内检测机器人样机，如图 1-21 所示。该款机器人长 1.06m，宽 0.66m，高 0.665m，自重 117kg。具有 4 个水平推进器和 4 个垂直推进器，可以自由调节位置与姿态，位置定位精度为 0.1m，角度定位精度为 1°，其最大耐辐照强度为 1sv/h。配置有照明灯、摄像头等观测设备，可将水池内的信息反馈到操作台。

2015 年，河北工业大学研制了一款耐辐射水下异物打捞机器人，如图 1-22 所示。该机器人自重 45.5kg，装备有高分别率摄像头，夹持能力为 2kg，爬坡能力为 25°，工作水深为 20m，耐辐射强度为 100sv/h。

上海交通大学机械与动力学院重装所研制出核辐射环境下救援机器人“六爪章鱼”，如图 1-23 所示。该机器人高约 1m，最大伸展尺寸可达 2m×2m，特殊的腿部并联机构设计配

图 1-20　堆内构件无损检测机器人

图 1-21　哈尔滨工业大学研制的耐辐射水下机器人

图 1-22　耐辐射水下异物打捞机器人

合 18 个驱动单元，能显著提高机器人的承载能力，通过远程遥控使用，速度可达 1.2km/h，负重达 200kg。该机器人采用对称设计，能够灵活地向任意方向快速运动，拥有很强的机动性、避障能力和较强的抗干扰能力，能够准确地执行操作者的指令，可在核环境中完成拧动阀门、清理事故现场等工作。

图 1-23 六爪章鱼机器人

北京航空航天大学与中国原子能科学研究院共同研制出核辐射检测与应急机器人，如图 1-24 所示。该机器人整体采用履带式移动平台加装机械手结构设计，前进速度最高可达 24m/min，能爬上倾角为 30°的斜坡，机械手夹持能力 10kg，机器人总重量 80kg。该机器人内置放射性污染源测量成像装置，可以清晰地生成放射性污染分布图。

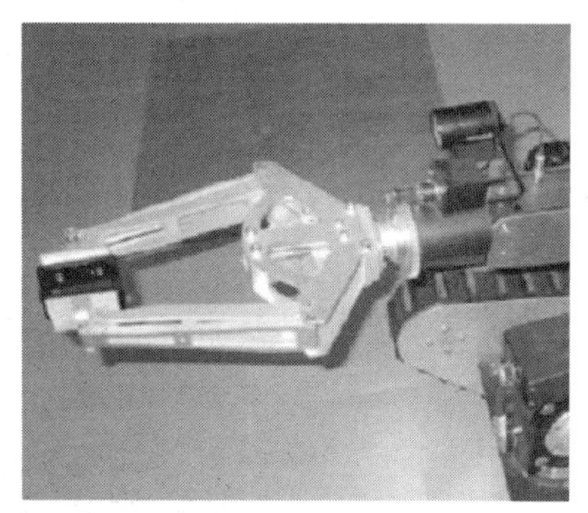

图 1-24 核辐射检测与应急机器人

(2) 军用机器人

军用机器人是指为了军事目的而研制的自动机器人，在未来战争中，自动机器人士兵将成为对敌作战军事行动的绝对主力。主要包括地面机器人、空中机器人、无人潜水器和太空机器人等多种。

① 地面机器人

地面机器人主要是指智能或遥控的轮式和履带式车辆，以及腿式机器人等，腿式机器人能够在山地丛林等地域运行。地面机器人不仅在和平时期可以帮助民警排除炸弹、完成保安任务，而且在战时还可以代替士兵执行扫雷、侦查和攻击等各种任务。目前，美、英、德、法、日等国均已研制出多种型号的地面军用机器人，例如，美军在伊拉克和阿富汗战争中大量使用了排爆机器人。

例 1-13 国产双臂排爆机器人

国产名叫 KV150 的双臂排爆机器人，如图 1-25 所示。其具有轻质机械臂，单臂自重 7.5kg，末端最大负载达到 6kg，负载自重比是国内最高的；双臂举升负载可达到 10kg，拖动负载 20kg，机器人载重 50kg。单臂具有 6 个自由度，双臂具有 12 个自由度，可协作进行搜爆排爆工作，机械臂操作精度可达到 0.1mm，仅次于医疗手术机器人；机器人本体及机械臂安装有多组摄像头和传感器，可将排爆现场高清图像传送至远程监视操控系统，在 200m 外进行人工操控或遥控，最远可达到 1km，极大地保障了排爆人员的安全。

图 1-25 国产双臂排爆机器人

例 1-14 国产遥控扫雷机器人

国产遥控扫雷机器人 JY905-S，如图 1-26 所示。其可由操作人员在较远的距离上对其进行遥控操作，并利用其车体前方自带的打击式扫雷器快速地清除并引爆前方的地雷，该型无线遥控扫雷机器人的作业效率可达 $2000m^2/h$，因此相比传统的人工扫雷作业而言，不仅安全也更加高效。

图 1-26 国产遥控扫雷机器人

② 空中机器人

空中机器人主要指无人机，是无人驾驶的飞机的简称。它是利用无线电遥控设备和自备的程序控制装置操纵的不载人的飞机，或者由机载计算机完成或间歇地自主操作。无人机可以低成本来完成空中侦察任务，并能以激光制导，精确地进行空中对地面的攻击任务。

例 1-15 轻型察打一体无人直升机

AV500W是我国研制的一款轻型察打一体无人直升机，如图1-27所示。其最大起飞重量500kg，实用升限5000m，有效载荷175kg，最大平飞速度170km/h，续航时间可达5h。可挂载小型激光制导导弹或机枪，具有机动性强、隐蔽性好、突袭性强等特点，具有良好的侦察能力和快速反应能力，能够精确打击地面固定和移动目标，在打击恐怖组织据点和活动、武装缉毒缉私等领域具有广泛应用。

图1-27 轻型察打一体无人直升机(照片源自百度)

③ 无人潜水器

无人潜水器是一种专门在河流、湖泊、水库、海洋等水域执行水下作业的机器人装备。其中以用于海洋的水下机器人的发展最受关注，应用也最为广泛。不同于陆上机器人，电波无法在海中传送，水下机器人可分为有缆、无缆和自主三种类型。

有缆水下机器人，习惯称为遥控潜器(remote operated vehicle，ROV)，连接电缆，利用有线通信进行远距离操纵，目前活跃于全世界的深海中。电缆虽然能够传送电力，让操纵者与潜水器之间保持通信，但也存在许多机械问题，而且非常棘手，又长又重的电缆会限制它的行动范围，而且为了避免船只在摇晃时对电缆造成过大的拉力，还必须装配大型绞盘。

无缆水下机器人(unmanned underwater vehicle，UUV)，使用音波进行无线远距离操纵。由于水中的音速约为1500m/s，加上衰减的关系，使用的频率在100kHz左右，因此，在海水中，不但依靠音波传输数据的速率很低，而且在6000m的深度还会产生来回8s以上的时间差，在这种情况下无法进行准确、实时的远距离操纵，只能将远距离操纵控制在必要的最小限度内，让水下机器人自主完成大多数行动。

自主水下机器人(autonomous underwater vehicle，AUV)，放弃通信，实现全自主水下作业。主要有三种类型：在中层海域长距离行驶的航行式自主水下机器人，在海底处徘徊、观测狭缝的盘旋式自主水下机器人和利用浮力差实现升降，并利用作用于机翼上的流体力来实现水平移动的滑翔机式自主水下机器人。

例 1-16 中国深潜“三龙”：蛟龙、海龙和潜龙

中国深潜“三龙”：“蛟龙号”载人潜水器、“海龙号”无人有缆潜水器(ROV)和“潜龙二号”无人无缆潜水器(AUV)，是我国进入深海、探测深海、开发深海的利器。也是我国自行设计、自主集成、具有自主知识产权、在深海勘察领域应用最广泛的深海运载器，如图1-28所示。

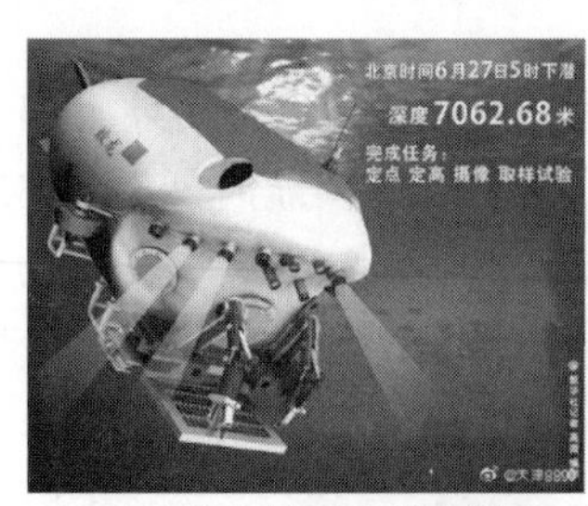

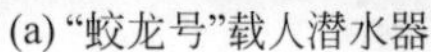
(a)“蛟龙号”载人潜水器

(b)“海龙号”ROV

(c)“潜龙二号”AUV

图 1-28　中国深潜“三龙”

④ 太空机器人

太空机器人主要是指用于行星探测和在地球轨道上工作的各种太空飞船，它能够将收集和应用到的科学数据发回地球，是一种专门用于执行太空作业的太空智能机器人，也包括在飞船内部执行任务或在外行星表面工作的移动机器人或仿人机器人。

例 1-17　“勇气号”火星探测机器人

2004 年，美国研制的“勇气号”火星探测机器人开展火星考察计划，如图 1-29 所示。

图 1-29　“勇气号”火星探测机器人

例 1-18　“嫦娥四号”月球探测机器人

2019 年，中国“嫦娥四号”月球探测机器人成功登陆月球表面，如图 1-30 所示。

图 1-30　“嫦娥四号”月球探测机器人

例 1-19 人形太空机器人

2010 年，美国将人形太空机器人发送到国际空间站，协助宇航员完成部分工作，它的外形结构十分接近人类，拥有类人的躯干、头部和臂部，两条手臂的末端连接着人手一般的机器人手掌，而头部则装有视觉装置，如图 1-31 所示。

图 1-31 人形太空机器人

(3) 医疗机器人

医疗机器人包括手术机器人，医用配送机器人，康复机器人，护理机器人等。

例 1-20 抽血机器人

美国初创公司 VascuLogic 研制了一款抽血机器人 Veebot，一般抽血的方式是在手臂绑上止血带，限制静脉血液回流，偶尔医护人员会在静脉上轻压几次，以确认静脉路径，接着擦拭酒精，然后将针筒插入血管中。而 Veebot 装有超声波彩色多普勒成像，采用红外线和超声波成像技术，使采血过程稳、准。如图 1-32 所示。

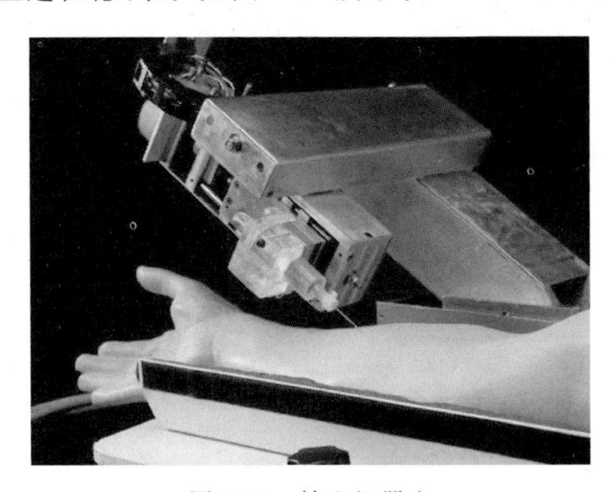

图 1-32 抽血机器人

例 1-21 达芬奇手术机器人

达芬奇手术机器人是目前全球最成功及应用最广泛的手术机器人，广泛适用于普通外科、泌尿科、心血管外科、胸外科、妇科、五官科、小儿外科等。达芬奇手术机器人在前列腺切除手术上应用最多，现在也已越来越多地应用于心脏瓣膜修复和妇科手术中。达芬奇机器人由三部分组成：外科医生控制台、床旁机械臂系统、成像系统，如图 1-33 所示。

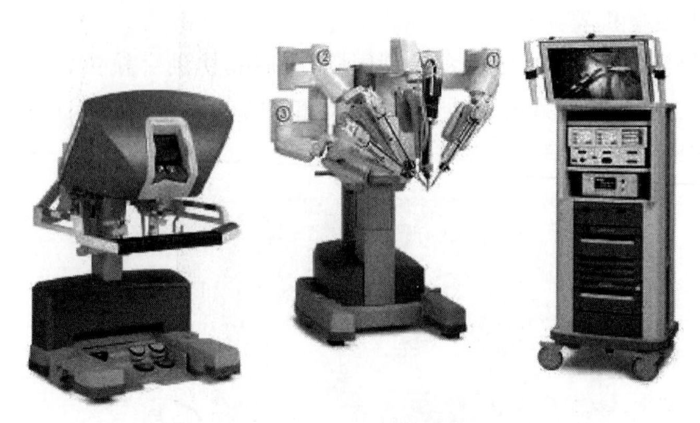

图 1-33 达芬奇手术机器人

医用纳米机器人的概念早在1959年就被诺贝尔奖得主理查德·费曼提出。他曾经设想，将来会有一种微型机器人就好比一个“外科医生”，只要人们通过口服或注射到人体，就能对人们进行诊断以及治疗。纳米机器人目前还处在试验阶段，大到长几毫米，小到直径几微米；但可以肯定的是，未来几年内，纳米机器人将会带来一场医学革命。

医用纳米机器人通常是指按照分子水平的生物学原理设计制造的可对纳米空间进行操作的“功能分子器件”。由于纳米机器人是根据分子生物学原理为设计原型，其研发也属于“分子仿生学”的范畴，所以纳米机器人也可称为“分子机器人”。如图1-34所示。

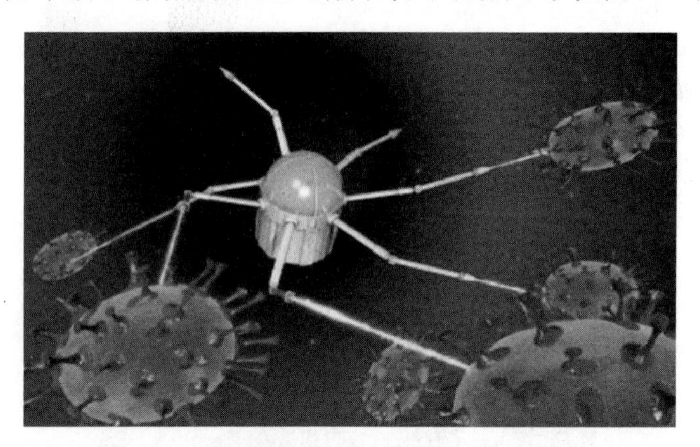

图 1-34 医用纳米机器人

1.3 技术创新的概念

1.3.1 创新的定义

创新的概念源于1912年美籍奥地利经济学家约瑟夫·熊彼特的著作《经济发展理论》。创新是指第一次应用的事物或方法把发明和创造实用化与商业化，或把新的方法运用于经济活动的过程。

创新既包括一切从无到有的创造，也包括一切比以前既有的东西具有新形式、新内容的新东西。它既可以是一个以技术为内涵的创新(产品创新、工艺创新、市场创新、原料创新、管理创新),也可以是一个非技术内涵的创新(制度创新、政策创新、组织创新、文化创新、观念创新等)。

创新就是一种人类社会活动,是其他动物所不具有的一种特有的社会活动,也就是人第一次产生崭新的精神成果或物质成果的思维或行为。它的特征就是具有明显的新颖性、价值性和可行性。

1.3.2 创新能力的构成

1. 创新能力的构成公式

创新能力是指创造者进行创新活动的能力,也就是产生新的想法和新的事物或新理论的能力。创新能力的两个构成公式:

创新能力＝智力＋创造性

创造性＝创新精神＋创新思维＋创新方法

(1) 智力是创新能力的必要条件

创新能力由智力和创造性构成。智力是一种建立在一定知识、经验基础上的认知能力,也就是人们认识世界的能力。智力的核心能力是记忆力,还包括注意力和观察力。

创新能力是一种改造世界的能力。要改造这个世界,首先要认识这个世界,因此创新能力包括智力,智力是创新能力的必要条件,是基础。因此,一个成功的创新者必然要掌握大量的相关的知识和技能。当然,这里的知识不仅包括书本上的专业知识,还包括实践中的经验积累。一般说,优秀的人、成功的人都是创新能力出众的人。

(2) 创造性是创新能力的充分条件

创造性由创新精神、创新思维和创新方法构成。创新精神是创新能力的前提,创新思维是创新能力的核心,而灵活运用创新方法能让创新能力快速得到提升。

创造性是创新能力的充分条件,有没有创造性是一个人有没有创新能力的核心。有的人智力好,书读了很多,知识很丰富,学历也很高,但就是缺乏创造性,因此一生中没有多少真正的创造性成果。而有些人学历虽然不高,在开始创新时也没有积累大量的知识,但他们的创造性很好,尤其是在创新精神和创新思维方面超常,最终他们取得了令人羡慕的成绩,也为人类的发展做出了巨大的贡献。

长期以来,传统教育根据记忆能力和考试分数给学生排队,结果使高分学生在创新能力培养方面受到限制,束缚了他们创造力的发展。

什么是教育?西方有一句谚语,“教育的本质,不是把篮子装满,而是把灯点亮”。教育的本质绝对不是把学生的大脑灌输满满,而是打开学生的心智。教师在传授学生知识的同时,一定要培养学生对知识的热情,对成长的信心,对生命的敬畏,对美好生活的向往。

传统教育的最大问题就是把“教育”等同于“知识”。创新人才的教育仅仅靠知识积累是不够的,教育必须超越知识,培养创新能力。

2. 创新能力的培养途径

(1) 实施创新教育

实践证明,实施创新教育是培养创新能力最根本、最有效的途径。由于创新教育是以提高学生的创造性为重要目标的一种教育,因而它对于创新能力的开发具有特殊重要的意义。

（2）创新思维训练

创新思维是创新能力的核心。一个不善于进行创新思维的人，就很难发挥自己的创新能力。创新思维是可以通过训练得到提高的，因而人们的创新能力也可以通过训练而被开发出来。

（3）加强创新方法学习

创新一定要有方法。笛卡儿曾说过“人类历史上最有价值的知识是方法的知识。”只有遵循创新规律，学习创新方法，才能突破创新效率的瓶颈，让创新变得又好又快。

本章小结

1. 工程技术概述

（1）工程技术发展的历史阶段为原始工程时期、古代工程时期、近代工程时期（第一次工业革命）和现代工程时期（第二次和第三次工业革命）。

（2）工程技术未来发展趋势是绿色工业革命（第四次工业革命），目标直指新能源革命。

（3）工程哲学中认为，科学、技术、工程与产业是既有密切联系又有本质区别的活动。“科学-工程技术-产业-经济-社会”是一种相关的知识链。

工程技术的特点：科学性、经济性、实践性、复杂性和创新性。

（4）古代工程技术大体可分民用和军用两大类。现代工程体系按照客观物质在工程中的流向，工程技术可分为资源、采集加工、制造三方面。

（5）工程技术活动的全过程由一系列环节构成，它们分别是应用研究、技术开发、工程设计、系统构建、生产运行和技术服务。

2. 机器人的概念、发展历史和组成结构

（1）机器人技术是20世纪人类最伟大的发明之一，它的发明也是一种工程技术活动。机器人是人造的机电一体化装置，机器人技术集机械工程、电子技术、控制工程、计算机科学、传感器技术和人工智能等学科为一体的综合技术。

（2）机器人的发展历史大概经历了三个阶段：古代机器人、现代机器人和未来机器人。

（3）机器人一般由三大部分六个子系统组成。三大部分为机械部分、传感部分和控制部分；六个子系统分别为机械结构系统、驱动系统、感受系统、机器人-环境交互系统、人机交互系统和控制系统。

（4）机器人主要分为两大类：制造环境下的工业机器人和非制造环境下的特种机器人。

3. 技术创新的概念

（1）创新就是一种人类社会活动，是其他动物所不具有的一种特有的社会活动，也就是人第一次产生崭新的精神成果或物质成果的思维或行为。它的特征就是具有明显的新颖性、价值性和可行性。

（2）创新能力的构成中智力是创新能力的必要条件，是基础。创造性是创新能力的充分条件。创造性包括创新精神、创新思维和创新方法。

第1章测试题

（满分100分，共含四种题型）

一、单项选择题（本题满分30分，共含10道小题，每小题3分）

1. 1959年，第一台工业机器人诞生于（ ）。

A. 美国 B. 英国 C. 德国 D. 日本

2. （ ）被称为“机器人王国”。

A. 日本 B. 美国 C. 英国 D. 中国

3. 工业机器人直接与工件相接触的是（ ）。

A. 手腕 B. 手臂 C. 手指 D. 关节

4. 机器人语言表示的“0”和“1”组成的字串机器码是（ ）。

A. 八进制 B. 二进制 C. 十进制 D. 十六进制

5. 运动学主要是研究机器人的（ ）。

A. 动力源是什么 B. 运动和时间的关系

C. 运动的应用 D. 动力的传递与转换

6. 世界上第一家机器人制造公司Unimation诞生于（ ）年。

A. 1959 B. 1945 C. 1962 D. 1966

7. 在大多数情况下，机器人要获得外部环境状况，需要通过（ ）实现。

A. 键盘和鼠标 B. 发出检测命令

C. 传感器 D. 伺服电

8. 目前应用最多最广的机器人是（ ）。

A. 类人机器人 B. 工业机器人

C. 农业机器 D. 家务机器人

9. 机器人技术发展的最高境界是（ ）。

A. 软机器人技术 B. 仿人和仿生技术

C. 多智能体控制技术 D. 虚拟机器人技术

10. 一般认为，世界上最早的工业机器人产品出自（ ）。

A. 英国 B. 苏联 C. 德国 D. 美国

二、多项选择题（本题满分20分，共含5道小题，每小题4分）

1. 机器人学三原则包括（ ）。

A. 机器人之间应互相帮助，只要这种保护行为不与第一或第二原则相矛盾

B. 机器人应执行人们下达的命令，除非这些命令与第一原则相矛盾

C. 机器人不得伤害人或由于故障而使人遭受不幸

D. 机器人应能保护自己的生存，只要这种保护行为不与第一或第二原则相矛盾

2. 机器人的特点是（ ）。

A. 机器人的动作机构具有类似于人或其他生物体某些器官（肢体、感官等）的功能

B. 机器人具有独立性，完整的机器人系统在工作中可以不依赖于人类的干预

C. 机器人具有不同程度的智能性，如记忆、感知、推理、决策、学习等

D. 机器人具有通用性，工作种类多样，动作程序灵活易变

3. 下面属于平面关节坐标型机器人(SCARA)的特点的有(　　)。

A. 水平面内动作灵活　　B. 占地面积大

C. 垂直方向上刚度　　D. 适于孔轴装配工作

4. 机器人必备的功能是(　　)。

A. 能够实现人机交互　　B. 有完成一定动作的能力

C. 有一定的结构形态　　D. 有自动控制的程序

5. 以下属于工业机器人的典型应用有(　　)。

A. 搬运　　B. 涂胶　　C. 焊接　　D. 切割

三、判断题(本题满分 30 分，共含 10 道小题，每小题 3 分)

1. 弧焊机器人不是工业机器人。

A. 是　　B. 否

2. 电动平衡车是服务机器人。

A. 是　　B. 否

3. 人工智能是指利用机器人动作所具有的智能。

A. 否　　B. 是

4. 所有的机器人都具有智能。

A. 是　　B. 否

5. 机器人若要具有智能，安装传感器是必需的。

A. 是　　B. 否

6. 军用无人机属于机器人。

A. 否　　B. 是

7. 机器人基于大规模生产考虑主要原因是机器人短期使用成本很便宜。

A. 是　　B. 否

8. 科幻电影里想象出来的事物，是永远都不可能实现的。

A. 是　　B. 否

9. 关节全部是转动关节的机器人属于多关节坐标型机器人吗?

A. 是　　B. 否

10. 有三个线性关节组成的机器人是直角坐标机器人；具有一个转动关节、两个滑动关节的机器人是圆柱坐标型机器人；具有一个滑动关节和两个旋转关节的机器人是球坐标型机器人。这些说法正确吗?

A. 否　　B. 是

四、简答题(本题满分 20 分)

请列举历届世博会上 3～4 个创新实例，阐述第一次工业革命、第二次工业革命、第三次工业革命和第四次工业革命的标志成果。

第2章 创新思维

CHAPTER 2

2.1 思维

2.1.1 什么是思维

思维是人脑对客观事物间接的、概括的反映，是一种指向事物本质特性和内部规律的理性认识活动。平时人们常说的"思考""设想""沉思""反省""审度""抽象概括""推理判断""深思熟虑""眉头一皱，计上心来"等都是指人们的思维活动。思维实现着从现象到本质、从感性到理性的转化，使人达到对客观事物的理性认识，从而构成了人类认识的高级阶段。

虽然思维同感知觉一样是人脑对客观现实的反映。但思维不同于感知觉。感知觉所反映的是事物的个别属性、个别事物及其外部的特征和联系，属于感性认识；而思维所反映的是一类事物共同的、本质的属性和事物间内在的、必然的联系，属于理性认识。例如，刮风、下雨，这只是人们对这些自然现象的感知觉，即仅仅是对直接作用于感官的一些事物表面现象的认识；但如果要研究为什么会刮风、下雨，并把这些现象跟吹气、扇扇子、玻璃窗上结水珠、壶盖上滴下水珠等现象联系在一起，发现它们都是"空气对流"的表现或"水蒸气遇冷液化"的结果，这就是深入到事物的本质与把握因果关系的思维了。一般将思维分为常规思维和创造思维两大类。

例 2-1 两个推销员的不同思维

两个推销员到一个岛屿上去推销鞋。一个推销员到了岛屿上之后，他发现这个岛屿上人人都是赤着脚没有穿鞋的。他气馁了，马上发电报回去，鞋不要运来了，这个岛上没有销路的。第二个推销员来了，他看到每一个人都不穿鞋的，高兴得几乎昏过去了，这个岛屿上的鞋的销售市场太大了，若是一个人穿一双鞋，那要销出多少双鞋出去，他马上发电报，让总部赶快空运鞋来。

可见，对同样一个问题，不同的思维得出的结论也是不同的。

2.1.2 常规思维及其特点

1. 什么是常规思维

常规思维是在动力定型驱使下的按照经常实行的规矩或规定进行思维的活动过程。

2. 常规思维的主要特点

常规思维的主要特点是习惯性、单向性和逻辑性。

（1）习惯性

习惯性是一种思维定式。绝大多数人的行为90%以上都是依赖于思维定式思考的结果。具体表现为从众定式、权威定式、经验定式和书本定式。思维定式不利于创新思考，不利于创造。

人类是一种群居性动物，为了维持群体的稳定性，必然要求群体内的个体保持某种程度的一致性。这种“一致性”首先表现在实践行为方面，其次表现在感情和态度方面，最终表现在思想和价值观方面。然而实际情况是，个人与个人之间不可能完全一致，也不可能长久一致。一旦与群体发生了不一致时，在维持群体不破裂的前提下，可以有两种选择，一是整个群体服从某一权威，与权威保持一致；二是群体中的少数人服从多数人，与多数人保持一致。

不论生活在哪种社会、哪个时代，最早提出新观念、发现新事物的，总是极少数人，而对于这极少数人的新观念和新发现，当时的绝大多数人都是不赞同，甚至激烈反对的。因为社会中的大多数人都生活在相对固定化的模式里，他们很难摆脱早已习惯了的思维框架，对于新事物、新观念总有一种天生的抗拒心理。

例 2-2 公安局长的故事

一位公安局长在路边同一位老人谈话，这时跑过来一个小孩，急促地对公安局长说：“你爸爸和我爸爸吵起来了!”老人问：“这孩子是你什么人?”公安局长说：“是我儿子。”请你思考：这两个吵架的人和公安局长是什么关系?

这一问题，在100名被测试者中，只有两人答对。后来，对一个三口之家问这个问题，父母没答对，孩子却很快答了出来：“局长是个女的，吵架的一个是局长的丈夫，即孩子的爸爸；另一个是局长的爸爸，即孩子的外公。”

为什么那么多成年人对如此简单的问题解答反而不如孩子呢？这就是思维定势效应。按照成人的经验，公安局长应该是男的，从男局长这个心理定势去推想，自然找不到答案；而小孩子没有这方面的经验，也就没有心理定势的限制，因而一下子就找到了正确答案。

例 2-3 盲人买剪刀

阿西莫是一个天才。一天，阿西莫碰到他的老朋友，一个鞋匠。鞋匠说要考考他，阿西莫答应着。

鞋匠说：一个聋哑人，到五金店去买钉子，他左手按在柜台上作持钉状，右手对着左手作锤打状，售货员见状，拿来一把锤子，他摇了摇头，再一次重复敲打并用手指了指左手。售货员恍然大悟，于是赶紧拿来了钉子。

鞋匠问，若是一个盲人去买剪刀，他会怎么做呢?

在测试过程中，大部分的人会在第一时间里迫不及待地伸出手作剪刀剪东西状。

鞋匠公布答案说，盲人又不是哑巴，他只需说出来要买剪刀就行了。

（2）单向性

单向性就是人们常说的“一条道走到黑”“一棵树上吊死”，特指思维僵化，不够灵活。

例 2-4 太空的故事

① 在航天飞机即将发射升空去月球工作的时刻，工作人员发现航天飞机上的灯不能抵御发射时所产生的巨大压力，灯罩极容易坏掉，而现在时间紧急并无其他物品可以代替，如何解决?

灯泡为什么要有灯罩？这是为了防止钨丝氧化。但是我们知道在月球上并没有氧气，所以答案就是：根本不需要给灯加上灯罩，直接把灯罩打碎就可以了。

② 为了让太空人能在太空中用笔书写，美国花费了数百万美元成功研制出一种笔杆充压的圆珠笔。在失重的状态下，笔杆末端的压力装置能将油墨压向笔珠，保证笔尖书写流畅。后来，美国太空总署听说苏联的太空人使用的笔有更宽的使用范围，很是吃惊，便命令情报机构全力侦察。最后终于搞清楚了，原来苏联太空人用的是最普通的铅笔。如图 2-1 所示。

图 2-1 苏联太空人用的是铅笔

(3) 逻辑性

逻辑性是指人们遵循着一些固定的常理，按照一定的模式进行思维。纯粹的逻辑思维是引发不了创新的。

例 2-5 蜜蜂与苍蝇

有这样一个著名的试验：把六只蜜蜂和同样多的苍蝇装进一个玻璃瓶中，然后将瓶子平放，让瓶底朝着窗户。结果发生了什么情况？

蜜蜂不停地想在瓶底上找到出口，一直到它们力竭毙命或饿死；而苍蝇则会在不到两分钟之内，穿过另一端的瓶颈逃逸一空。

由于蜜蜂基于出口就在光亮处的思维方式，想当然地设定了出口的方位，并且不停地重复着这种合乎逻辑的行动。可以说，正是由于这种思维定式，它们才没有能走出囚室。而那些苍蝇则对所谓的逻辑毫不留意，全然没有对亮光的思维定式，而是四下乱飞，终于走出了囚室。

例 2-6 哥伦布竖立鸡蛋的故事

鸡蛋能不能在光滑的桌面上站立住呢？许多人一开始都认为这是不可能的奇想。后来哥伦布把煮熟的鸡蛋往桌子上磕几下，鸡蛋壳下端碎了，稳稳地在光滑的桌面上站立住。那些曾故意贬低过哥伦布发现新大陆的人，见到哥伦布这样做后，却表示："这样竖鸡蛋我也会！"哥伦布对他们说："那么我没做以前，你为什么没想到呢？"

思维一旦进入死角，其智力就在常人之下。要具备创新思维，首先是要打破思维定式。

2.1.3 创新思维及其特点

1. 什么是创新思维

创新思维就是以超常规乃至反常规的眼界、视角、方法去观察和思考问题，提出与众不同的解决方案、程序或重新组合已有的知识、技术和经验等，以获取创造性的思维成果，从而实现人的主体创造能力的思维方式。

2. 创新思维的主要特点

创新思维的主要特点是多向性、非定势性和非逻辑性。

(1) 多向性

多向性表现在遇到问题时不是一味地进行单方向探索，而是从多角度、多渠道、多因素方面考虑。

例 2-7 退婚骗局

清朝时期，通山县有个叫谭振兆的人，小时候因为家里比较宽裕，父亲给他定了亲，亲家是同村的乐进士。后来，谭父死了，谭家渐渐衰退，经济条件远不如以前，乐进士便想赖婚。

一天，谭振兆卖菜路过岳父家，就进去拜见岳父。乐进士对他说："我做了两个阄，一个写着'婚'字，另一个写着'罢'字。你若拿到'婚'字，我就把女儿嫁给你；你若拿到'罢'字，咱们就退婚，从此谭乐两家既不沾亲也不带故。不过，两个阄你只看一个就行了。"说完就把阄摆了出来。

谭振兆心想：这两个阄分明都是"罢"字，我不能上他的当。想到这，他立刻拿了一个阄吞到腹中，指着另一个对乐进士说："你把那个阄打开看看，如果是'婚'字，我马上就离开这，咱们退婚；若是'罢'字，那就说明我吞下的是'婚'字，这门亲事算定了。"乐进士煞费苦心制造骗局却被谭振兆识破，没办法只好把女儿嫁给谭振兆。

(2) 非定式性

非定式性则表现了思维的开放性。

例 2-8 篮球篮网的发明

篮球运动刚诞生时，篮板上钉的是真正的篮子。每当球投进时，就有一个专门的人踩在梯子上把球拿出来。为此，比赛不得不断断续续地进行，缺少激烈紧张的气氛。为了让比赛更顺畅地进行，人们想了很多取球方法，都不太理想。有位发明家甚至制造了一种机器，在下面一拉就能把球弹出来，不过这种方法仍不是很方便。

终于有一天，一位父亲带着他的儿子来看球赛。小男孩看到大人们一次次不辞劳苦地取球，不由大惑不解：为什么不把篮筐的底去掉呢？大人们如梦初醒，于是就有了今天的篮网样式。

去掉篮筐的底，就这么简单。生活中许多时候，就需要这样一把剪刀，去剪掉那些缠绕我们思维的"篮筐"。

图 2-2 老式烟囱

例 2-9 清通烟道

国内某单位的锅炉房后面有个老式的烟囱，如图 2-2 所示。这个烟囱体积巨大且年久失修。用时间长了，它里面就被各种废渣和煤灰给堵死了，即有这些东西松散的"搭"在烟筒的内壁上，对出烟造成了阻碍，当这些搭在内壁上的东西足够厚，达到完全阻挡出烟的效果时，烟囱就算是被封死了。

眼看到了冬天，供暖问题迫使单位要对这个烟囱进行维修，故事发生在 20 世纪 80 年代末期，那时，还没有专业的烟囱清洁公司，流行的方式竟然是拆掉重新盖一座。可是，厂子被承包之后，建烟囱的钱就要自己掏了。厂长便悬赏：假如哪个人把烟囱给通了，那么预算中的拆除费和重建费的 10% 就归那个人了。后来有个小伙子把这事儿做成了。他是这样做的：先向领导申请了 200 元，全部买了"二踢脚"爆竹；然后绑在一起在烟囱里面燃放，没等 200 元的爆竹燃完，烟囱里面的灰就全被震下来了。烟囱清了，厂子节省了钱，小伙子也如愿以偿拿到了奖金。

(3) 非逻辑性

非逻辑性是创新思维和常规思维的重要区别。

例 2-10　周恩来总理的机智妙言

（1）有一次，周总理在北京召开记者招待会。他介绍了我国 1949 年 10 月后经济建设的成就及对外方针后，一个西方记者提问：“请问，中国人民银行有多少资金？”周总理听出其弦外之音，风趣地答道：“中国人民银行的货币资金，有十八元八角八分。”全场记者愕然，场内鸦雀无声。接着，周总理解释道：“中国人民银行发行面额为十元、五元、二元、一元、五角、二角、一角、五分、二分、一分的十种主辅人民币，合计为十八元八角八分。”一番妙语，惊动四座，激起全场热烈掌声。

这位记者提出这样的问题，有两种可能性：一种是嘲笑中国穷、实力差，国库空虚；另一种是想刺探中国的经济情报。周总理在高级外交场合，显示出机智过人的幽默风度。

（2）第二位西方记者问周总理：“你们为什么习惯把公路称为马路呢？”周总理不假思索地答道：“我们走的是马克思主义的道路，简称马路。”

这位记者的用意是把中国人比作牛马，与牲口走一样的路。如果你真的从“马路”这种叫法的来源去回答他，即使正确也是没有什么意义的。周总理把“马路”的“马”解释成马克思主义，恐怕是这位记者始料不及的。

（3）第三位西方记者问周总理：“为什么我们国家的人走路都昂着头，而你们国家的人走路都是低着头的？”周总理毫不犹豫地回答：“我们国家的人民走的是上坡路，所以低着头；而你们的国家，人们在走下坡路，所以昂着头。”

（4）第四位西方记者问周总理：“请问总理先生，你们中国人口众多，你知道你们中国有多少个厕所吗？”这是一个非常刁难的问题，总理是管理国家大事的，怎么可能去调查全国有多少个厕所呢？大家都在瞪大眼睛等着周总理的回答。周总理不假思索：“两个。”这位西方记者有点纳闷：“你们中国人口周密，只有两个厕所怎么行呢？”周总理说：“我们中国只有两种人，一种是男人，一种是女人。所以我们的厕所只需要两个，一个男厕所和一个女厕所就已经足够了。”周总理就是这样轻描淡写地把这个西方记者打发了。

2.2　常用创新思维方法

创新思维包括逻辑思维、形象思维、灵感思维、发散思维、联想思维、逆向思维等。

2.2.1　逻辑思维

逻辑思维又称为抽象思维。思维主体把感性认识阶段获得的对于事物认识的信息材料抽象成概念，运用概念进行判断，并按一定逻辑关系进行推理，从而产生新的认识。逻辑思维具有规范、严密、确定和可重复特点。

例 2-11　猜帽问题

诺贝尔奖获得者，英国物理学家狄拉克在他的著作中极力推崇“猜帽问题”。目前，此题在国家公务员考试和世界 500 强大公司面试中常作为测试题出现。它不失为逻辑题中的一个杰作。

猜帽问题：有三顶红帽子和两顶白帽子。将其中的三顶帽子分别戴在 A、B、C 三人头上。这三人每人都只能看见其他两人头上的帽子，但看不见自己头上戴的帽子，并且也不知道剩余的两顶帽子的颜色。

问 A："你戴的是什么颜色的帽子？"A 回答说："不知道。"接着，又以同样的问题问 B。B 想了想之后，也回答说："不知道。"最后问 C。C 回答说："我知道我戴的帽子是什么颜色了。"当然，C 是在听了 A、B 的回答之后而做出回答的。试问：C 戴的是什么颜色的帽子？答案：C 戴的是红颜色的帽子。

这类问题，是依据正确的逻辑推理做出判断的。

（1）假如 A、C 戴了两顶白帽子，那么 B 肯定知道自己戴的是红帽子，但是 B 不知道自己戴的是什么颜色的帽子，所以这种情况不成立；

（2）假如 B、C 戴了两顶白帽子，那么 A 肯定知道自己戴的是红帽子，但是 A 不知道自己戴的是什么颜色的帽子，所以这种情况也不成立；

（3）假如 A、B 戴了两顶白帽子，C 戴的是红帽子。那么 A 看到的是 B 戴白帽子，C 戴红帽子，A 就不能判断自己戴的是白帽子，还是红帽子，所以他不知道自己戴什么帽子（成立）；而 B 看到的是 A 戴白帽子，C 戴红帽子，B 也不能判断自己戴的是红帽子还是白帽子（成立）；但是有一个条件"C 是在听了 A、B 的回答之后而做出回答的"，如果真的是 A、B 戴了两顶白帽子，那 C 看完就应该知道自己戴的是什么颜色的帽子，所以这种情况不成立；

因此，由（1）、（2）和（3）得出的结论是：他们中最多只有一个人戴白帽子，不可能有两个人戴白帽子。

（4）假如 A 戴白帽子，B 戴红帽子，C 戴红帽子。这样 A 看到两顶红帽子，不知道自己戴红帽子还是白帽子（成立）；但是 B 看到一顶红帽子，一顶白帽子，他应该知道自己不可能戴白帽子，所以这种情况不成立；

因此，由（4）得出的结论是：A 或 B 都不可能戴白帽子（即他们都戴红帽子）。且他们看到的应该是相同的景象才会不知道自己戴什么颜色的帽子。所以 C 戴红帽子。

（5）假如 A、B、C 都是戴红帽子，A 看到两顶红帽子，不知道自己戴红帽子还是白帽子（成立）；B 看到两顶红帽子，不知道自己戴红帽子还是白帽子（成立）。所以这种情况成立。因此，C 合理的答案戴红帽子。

例 2-12 哥伦布发现新大陆

1492 年 10 月 11 日，经历了海上长时间航行漂泊的哥伦布及他的同伴，为一件事而欢欣鼓舞。原来，他们中间一个叫宾森的水手发现一群鹦鹉向东南方向飞去。这位经验丰富的水手马上联想到，鹦鹉是飞向自己的宿营地的，而那里必定有陆地。宾森把这个想法告诉了哥伦布，于是哥伦布命令改变航向，向东南方向航行。果然，第二天，即 1492 年 10 月 12 日，哥伦布一行真的见到了陆地，那就是他们见到的新大陆——美洲。

2.2.2 形象思维

形象思维主要是用直观形象和表象解决问题的思维，其特点是具有形象性、完整性和跳跃性。形象思维是人的一种本能思维，人一出生就会无师自通地以形象思维方式考虑问题。

例 2-13 借助形象

有一个房间，点燃了 10 支蜡烛。一阵风吹来，吹灭了 3 支，过了一会又吹灭了 3 支。把窗户关起来后，蜡烛就再也没有被吹灭了。请问，最后还剩下几只蜡烛？

正确答案是：如果把窗户关起来后马上就数，那么这 10 支蜡烛中，有 6 支已被吹灭，还有 4 支正在燃烧，合起来就仍然还有 10 支蜡烛；而如果把窗户关起来以后过上两个小时以后再数，那么，没有被风吹灭的那 4 支蜡烛早已燃尽，已不复存在，还剩下的则是关窗户以前被吹灭的那 6 支蜡烛。

而会有很多人得出的答案是：还剩下 4 支蜡烛，即 10－6＝4 这样抽象数字计算得来的，而这样的计算是不符合实际情况的。思考这个问题必须借助形象，即想象关窗户后的具体情景，那 6 支蜡烛被风吹灭后保存了下来；而仍在继续燃烧，却已不再受风的干扰的那 4 支蜡烛，最后则会完全燃尽。

由此可见，数学问题的解决、证明，往往需要从形象思维上找到途径，最后才提升到严格的数学符号表达、论证。美国数学家斯蒂恩曾说过："如果一个特定的问题可以被转化为一个图形，那么，思想就整体地把握了问题，并且能创造性地思索问题的解法。"

形象思维与逻辑思维是两种基本的思维形态。过去人们曾把它们分别划归为不同的类别，认为：科学家用概念思考，而艺术家则用形象思考，这是一种误解。其实，形象思维并不仅仅属于艺术家，它也是科学家进行科学发现和创造的一种重要的思维形式。例如，物理学中所有的形象模型，像电力线、磁力线、卢瑟福小太阳系模型，都是物理学家抽象思维和形象思维结合的产物。爱因斯坦是一个具有极其深刻的逻辑思维能力的大师，但他却反对把逻辑方法视为唯一的科学方法，他十分善于发挥形象思维的自由创造力，他所构思的种种理想化实验就是运用形象思维的典型范例。他的理想化实验并不是对具体的事例运用抽象化的方法，舍弃现象、抽取本质，而是运用形象思维的方法，将表现一般、本质的现象加以保留，并使之得到集中和强化。再如，爱因斯坦著名的广义相对论的创立实际上就是起源于一个自由的想象。一天，爱因斯坦坐在伯尔尼专利局的椅子上，突然想到，如果一个人自由下落，他是会感觉不到他的体重的。爱因斯坦说，这个简单的理想实验"对我影响至深，竟把我引向引力理论"。

2.2.3 灵感思维

钱学森是我国著名的科学家(图 2-3)。他在应用力学、喷气推进与航天技术、工程控制论、物理力学、系统工程、思维科学等领域都做出了开拓性的贡献。在思维科学领域，钱学森首先提出了"大成智慧学"。所谓"大成智慧学"，就是"集大成得智慧"，是引导人们如何快速得到聪明才智与创新能力的学问。

图 2-3 我国著名科学家钱学森(1911—2009 年)

钱学森突破传统思维学的束缚，第一次将灵感现象作为人类的一种基本思维形式纳入现代思维科学体系中来研究，他认为灵感思维是与抽象(逻辑)思维、形象思维并列的一种思维形式。它介乎抽象(逻辑)思维与形象思维之间，是以一定的抽象(逻辑)思维、形象思维为基础，通过显意识和潜意识的自觉沟通而产生认识作用的一种突发性的思维方式。对灵感的研究不应仅仅限于美学、心理学和文学艺术领域，还可以从科学领域进行研究。

灵感思维与特异思维则迥然不同，灵感思维是人们在社会实践活动的过程中，由于平时的悉心观察，深入探微，自然地水到渠成。而特异思维只垂青身体上有特异功能的人，其培养与训练要从特异功能入手。例如，佛家所说的“定能生慧”，即练气功可以增进人的智慧。但灵感与一般意义上的智慧有很大的区别。通过水平测试，人们看到，一个人的智商可能相当高，但产生灵感的能力却很低；反之，有的人在许多方面表现并不出色，但这并不排斥他可能妙招迭出。关于灵感产生的过程，清末学者王国维在《人间词话》里有一段极为生动的描述，他这样写道：“古之成大事业大学问者，必经过三种境界：昨夜西风凋碧树，独上高楼，望尽天涯路，此第一境也；衣带渐宽终不悔，为伊消得人憔悴，此第二境也；众里寻他千百度，蓦然回首，那人却在灯火阑珊处，此第三境也。”

例 2-14 灵感在火车上出现

1965 年 7 月 31 日，英国女作家罗琳生于英国的格温特郡。她的父亲是罗伊斯罗尔飞机制造厂一名退休的管理人员，母亲是一位实验室技术人员。热爱英国文学的她，大学主修法文，毕业后只身前往葡萄牙发展，随即和当地的记者坠入情网。无奈的是这段婚姻来得快，去得也快，没多久，她便带着才 3 个月大的女儿回到了英国，栖身于爱丁堡一间没有暖气的小公寓里。找不到工作的她，只能靠着微薄的失业救济金养活自己和女儿。

1990 年，25 岁的罗琳，坐在由曼彻斯特出发，前往伦敦王十字车站的误点火车上。就在这几个小时的漫长等待中，哈利·波特“咻地”闯进了她的生命。透过车窗，仿佛看见了一个黑发瘦弱，戴着眼镜的小巫师在对她微笑，那时手边没有纸没有笔的她，开始天马行空地想象哈利·波特的故事。

为了逃离又小又冷的房间，她老爱窝在住家附近的尼可森咖啡馆里，没钱点餐的她，总是点上一杯卡布奇诺，女儿熟睡之后，便拿出一沓稿子和一支黑笔，写下了哈利·波特的故事。

《哈利·波特与魔法石》出版之后，哈利·波特风靡全球。到 2010 年，《哈利·波特》系列丛书已经累计有 3.5 亿本的销量，成为仅次于《圣经》的全球畅销书。由它改编的电影，也都进入了当年公映的最受欢迎电影前十名。

“哈利·波特热”在全球范围内蔓延，并不仅仅限于书籍和电影。事实上，书中和电影里出现过的事物或相关人物造型，都成了哈利迷们孜孜不倦追逐的对象。由全球最大的三家玩具制造商美泰、乐高与孩之宝特许制作经营的 500 多种哈利·波特玩具与文具，包括哈利·波特万花筒、铅笔盒、飞天扫帚、魔法帽等，已经成为哈利迷们的至宝。小说《哈利·波特》作者罗琳成为了英国最具影响力女性，如图 2-4 所示。

人类思维进化史表明，人类最原始、最基本的思维形式是形象思维，灵感思维在人类思维涌现过程中，一直起着重要的跃进和升华作用。然而，对人类思维经验的总结和推广，并使之条理化和科学化的还是要靠抽象(逻辑)思维。人类的认识活动通常是遵循着由具体到抽象、由个别到一般、由逻辑到非逻辑、由线性逻辑到非线性的认识规律。从表现形式上看，

图 2-4 小说《哈利·波特》作者罗琳

抽象(逻辑)思维虽然比形象思维和灵感思维发生的晚一些,但它却属于人类最高层次的思维形式,人们对它的本质和规律性的认识和研究,也自然要先于对形象思维和灵感思维的研究。而灵感思维与其他思维形式不同的是:由于灵感的孕育与潜意识、又与非线性规律相对应,因此,灵感思维是以突发性、瞬息性、独创性为特征的一种非理性、非逻辑、非线性的思维形式,这便是灵感思维的本质。

2.2.4 发散思维

发散思维又称"辐射思维""放射思维""多向思维""扩散思维"。发散思维是指从一点出发,向四面八方扩散。发散思维围绕一个问题,尽可能多地提出解决方案。发散思维使得思维由单向思考转为多向思考、立体思考和开放型思考。一定程度上说,人与人的创新能力的差别就体现在发散思维能力上,如图 2-5 所示。

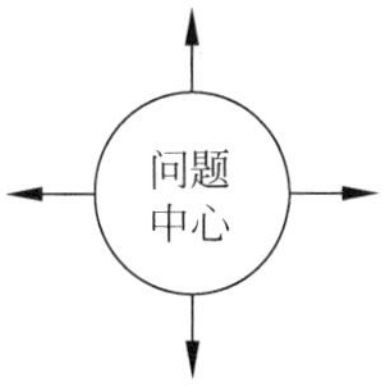

问题
中心

图 2-5 发散思维图示

例 2-15 曲别针的用处

1987 年,中国创造学会第一次全国学术研讨会在广西壮族自治区南宁市召开。这次会议集中了全国许多在科学、技术、艺术等方面众多的杰出人才。为扩大与会者的创造视野,会议也聘请了日本的村上幸雄先生为与会者讲学。

他讲得很新奇,很有魅力,深受大家的欢迎。其间,村上幸雄先生拿出一把曲别针,请大家动动脑筋,打破框框,想想曲别针都有什么用途,比一比看谁的发散性思维好。会议上一片哗然,七嘴八舌,议论纷纷。有的说可以别胸卡、挂日历、别文件,有的说可以挂窗帘、钉书本,说出了二十余种,大家问村上幸雄,"你能说出多少种"? 村上幸雄轻轻地伸出三个指头。

有人问:"是三十种吗?"他摇摇头,"是三百种吗?"他仍然摇头,他说:"是三千种。"大家都异常惊讶。然而就在此时,坐在台下的一位先生,他是中国"信息交合论"的创始人、著名的许国泰先生,他想,我们中华民族在历史上就是以高智力著称世界的民族,我们的发散性思维绝不会比日本人差。于是他给村上幸雄写了个条子说:"幸雄先生,对于曲别针的用途我可以说出三千种、三万种。"幸雄十分震惊,大家也都不十分相信。

许先生说:"幸雄所说曲别针的用途我可以简单地用四个字加以概括,即钩、挂、别、联。

我认为远远不止这些。"接着他把曲别针分解为铁质、重量、长度、截面、弹性、韧性、硬度、银白色等十个要素,用一条直线连起来形成横轴,然后把要动用的曲别针的各种要素用直线连成纵轴。再把两条轴相交垂直延伸,形成一个信息场,将两条轴上的各点信息依次相乘,达到信息交合,可见其用途是无穷无尽的。许国泰先生在大会上创出了奇迹,使许多外国人十分惊讶。

发散思维是大脑在思维时呈现的一种扩散状态的思维模式,比较常见,它表现为思维视野广阔,思维呈现出多维发散状。可以通过从不同方面思考同一问题,如"一题多解""一物多用"等方式,培养发散思维能力。

2.2.5 联想思维

联想思维是由一事物想到另一事物的心理过程。由下雨想到潮湿,由烟雾想到白云,看到狮子想到猫,都是联想。联想思维最典型的例子就是牛顿从自然界最常见的一个自然现象"苹果落地",联想到引力,又从引力联系到质量、速度、空间距离等因素,进而推导出力学三大定律。从洗澡池放水时经常出现的旋涡现象能联想到地球磁场磁力线的运行方向;从豆角蔓的盘旋上升能联想到天体的运行方向;从水面上木头上浮,铁块下沉这个自然现象联想到浮力到造船业;从偶然看到的事物的不连续性联想到量子;从运动、质量、引力能联想到时空弯曲;从意识的作用能联想到宇宙全息等,都属于联想思维。

例 2-16 鲁班发明锯子

鲁班是春秋时鲁国的巧匠,如图 2-6 所示。据传说,他有一次承造一座大宫殿,需用很多木材,他叫徒弟上山去砍伐大树。当时还没有锯子,用斧子砍,一天也砍不了多少棵树,木料供应不上,他很着急,就亲自上山去看看。山非常陡,他在爬山时,一只手拉着丝茅草,一下子就把手指头拉破了,流出血来。鲁班非常惊奇,一根小草为什么这样厉害?一时也想不出道理来。在回家的路上,他就摘下一棵丝茅草,带回家去研究。他左看右看,发现丝茅草的两边有许多小细齿,这些小细齿很锋利,用手指去扯,就划破一个口子。这一下把鲁班提醒了,他想,如果像丝茅草那样,打成有齿的铁片,不就可以锯树了吗?于是,他就和铁匠一起试制了一条带齿的铁片,拿去锯树,果然成功了。有了锯子,木料供应问题就解决了。

图 2-6 鲁班画像

例 2-17 云南白药的发明

曲焕章,云南白药创始人,民国时期中医外伤科著名医生。有一次,曲焕章上山采药,看到一条刚被人砍掉尾巴的大蛇。只见蛇从一种植物上咬下几片叶子,咬碎后立即敷在断尾处,流淌的血顿时被止住。曲焕章意识到这次意外发现非同一般,于是他带回几片这种植物的叶子,晒干后用来止血,效果令人叫绝。这一巧遇让他终于发明了云南白药。

联想的主要思维形式包括幻想、猜想等,其中幻想,尤其是科学幻想,在人们创新中具有重要作用。被誉为科学幻想小说之父的著名作家凡尔纳,有着不同寻常的联想能力。像潜水艇、雷达、导弹、直升机等,是当时还没有出现过的事物,而在他的科幻作品中却早已出现了。特别令人吃惊的是他曾预言,在美国的佛罗里达将设立火箭发射站,并发射飞往月球的火箭。果然，一个世纪后，美国真的在此发射了第一艘载人宇宙飞船。从某种意义上讲，这正是联想思维能力给科技发展带来的巨大成果。

例 2-18　100 年前三位清朝奇人对上海世博会的幻想

梁启超、陆士谔、吴趼人三位文化名人在 100 多年前的清末，分别发表了三部小说，竟不约而同地预言上海将举办世博会。其中，陆士谔还精准地预言世博会将于 2010 年举办。如今，小说中的百年梦想变成了现实。

梁启超，出生于 1873 年，广东新会人。中国近代史上著名的政治活动家、启蒙思想家、教育家、史学家和文学家，戊戌维新运动领袖之一。如图 2-7 所示。

梁启超早在 1902 年发表的"政治小说"《新中国未来记》共分五回，从 60 年后的上海举行大博览会写起，他写道："那时我国民决议，在上海地方开设大博览会，这博览会却不同寻常，不特陈设商务、工艺诸物品而已，乃至各种学问、宗教皆以此时开联合大会，处处有论说坛、日日开讲论会，竟把偌大一个上海，连江北，连吴淞口，连崇明县，都变作博览会场了。"梁启超的艺术想象，集中地体现了那一代人的强国梦。

吴趼人，出生于 1866 年，晚清小说家。他所著《二十年目睹之怪现状》成为晚清"四大谴责小说"之一。如图 2-8 所示。

图 2-7　梁启超画像

图 2-8　吴趼人画像

吴趼人《新石头记》发表在 1905 年。这部科幻小说从书名看是《红楼梦》续书，其内容是讲述贾宝玉再度入世后的近代故事。书中写道："你道还是从前的上海么？大不相同了。治外法权也收回来了，上海城也拆了，城里及南市都开了商场，一直通到制造局旁边。吴淞的商场也热闹起来了，浦东开了会场，此刻正在那里开万国博览大会。我请你来，第一件是为这个。这万国博览大会，是极难遇着的，不可不看看。"作者通过描写贾宝玉的这段奇遇，寄托了自己对未来的理想。

陆士谔，1878 年出生在上海青浦朱家角一个读书人家庭，晚清小说家。1910 年，32 岁的陆士谔完成了充满幻想的《新中国》。2010 年，上海世博会期间，《新中国》再版。如图 2-9 和图 2-10 所示。

《新中国》，全书共分十二回，以一个梦贯穿。他预言 100 年后，中国将举办万国博览会，地点便在上海浦东，书中主人公"陆云翔"其实就是作者本人。小说中写道，在上海浦东要召开一个万国博览会，中外游客都要来。在小说里，一觉醒来的陆云翔与妻子游历上海，惊讶地发现，“把地中掘空，筑成了隧道，安放了铁轨，日夜点着电灯，电车就在里头飞行不绝。”更让陆云翔惊讶的是：“一座很大的铁桥，跨着黄浦，直筑到对岸浦东。”“现在浦东地方已兴旺得与上海差不多了。”妻子告诉他，大桥是为开博览会才建造的。小说结尾，陆云翔被门槛绊了一跤后跌醒，方知梦幻一场。妻子说：“这是你痴心梦想久了，所以，才做这奇梦。”丈夫却答：“休说是梦，到那时，真有这景象，也未可知。”如今，陆士谔的一场奇梦竟变成了现实，时间、地点都十分吻合。

图 2-9 陆士谔画像

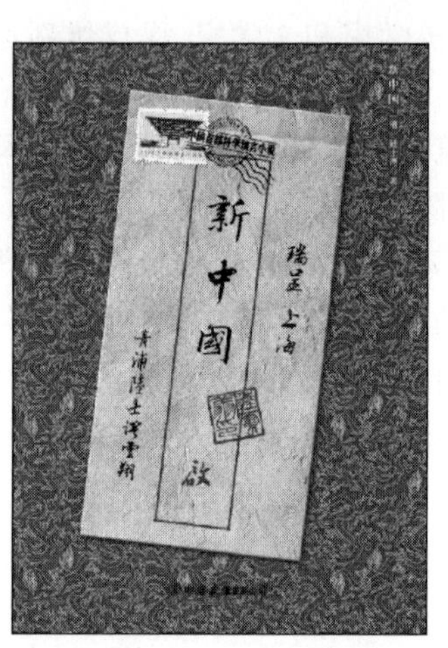

图 2-10 陆士谔《新中国》再版

2.2.6 逆向思维

逆向思维也叫求异思维，它是突破常规思维只从单方面、正面思考的习惯，先从反面或侧面的方向去思考问题的一种方式。

例 2-19 司马光砸缸的故事

有一次，司马光跟小伙伴们在后院里玩耍。院子里有一口大水缸，有个小孩爬到缸沿上玩，一不小心，掉到缸里。缸大水深，眼看那孩子快要没顶了。别的孩子们一见出了事，吓得边哭边喊，跑到外面向大人求救。司马光却急中生智，从地上捡起一块大石头，使劲向水缸砸去，水缸破了，缸里的水流了出来，被淹在水里的小孩也得救了。如图 2-11 所示。

图 2-11 司马光砸缸

有人落水，一般常规的思维模式是“救人离水”，而司马光面对紧急险情，运用了逆向思维，果断地用石头把缸砸破，“让水离人”，救了小伙伴性命，这就是从问题的反面去思考的成功范例。

例 2-20 吸尘器的发明

清洁地毯是一项又脏又累的工作，人类很早就开始了对除尘设备的研究。人们首先想到的是用“吹”的方法，即采用机器把灰尘吹跑。1901年，在英国伦敦火车站举行了一次公开表演。当“吹尘器”在火车车厢里启动时，灰尘到处飞扬，使人睁不开眼、喘不过气。当时在参观者当中有一个叫布斯的英国工程师，他心想：吹尘不行，那么反过来吸尘行不行？他决定试一试。回家后他用手帕蒙住口鼻，趴在地上用嘴猛烈吸气，结果地上的灰尘都被吸到手帕上来了。他受此启发用电动机制造出了世界上第一台真空吸尘器。如图2-12所示。

图2-12　世界上第一台真空吸尘器

人们习惯于沿着事物发展的正方向去思考问题并寻求解决办法。其实，对于某些问题一旦用常规方法解决不了时，一定要让思维方式适时地“转弯”，甚至180度大转弯，逆向思维的思维方法往往会出奇制胜。

例2-21　奥巴马的新邻居

奥巴马上任后不久，就离开芝加哥老家，偕妻子米歇尔和两个女儿入住白宫。面对多家媒体的采访，奥巴马曾深情地表示，他非常喜欢位于芝加哥海德公园的老房子，等任期满了之后，他还会带着家人回去居住的。

这让奥巴马的老邻居比尔高兴坏了，奥巴马曾经多次来此做客，还在他家的壁炉前拍过一个竞选广告。比尔相信，有了这些卖点，他的房子一定能卖出高价。然而，关注房子的人虽多，但没有一个人愿意购买。到底是什么原因让买家们望房却步呢？原来，大家担心买了他的房子之后，就会生活在严密的监控之下。虽然奥巴马和他的妻女都去了白宫，但这里依然有多名特工在保护奥巴马的其他家人，附近的公共场合也都被密集的摄像头所覆盖。只要出了家门，隐私权就很难得到保护。更要命的是，等奥巴马届满回来之后，各路记者肯定会蜂拥而至。那时，邻居们的生活必将受到更严重的干扰。到那时，每天出入这里，恐怕都将受到保安和特工像对待犯人那样的检查和盘问。这样的居住环境，跟在监狱又有什么区别呢？

过了一年多，房子依然没有卖出去，比尔非常焦急。正在这时，一个叫丹尼尔的年轻人找到了他。丹尼尔告诉比尔想买房的原因，他和奥巴马一样，都有黑人血统。奥巴马是他的偶像，不过，他还从未和奥巴马握过手。如果他买下这里，就有机会见到总统了。虽然丹尼尔非常愿意买比尔的房子，但问题是，他支付不起太多的钱。比尔好不容易遇到一个买主，当然不愿轻易放过，他做出了很大的让步，最后，两人签下了如下协议：丹尼尔首付30万美元,然后每月再付30万,五个月内共付清140万美元。房子则在首付款付清后,归丹尼尔所有。

拿到首付款后,比尔给丹尼尔留下了自己的账号,然后带着家人出去旅游了。出发那天,他得知丹尼尔将房子抵押给银行,贷了一笔款。等半个多月后回来,比尔发现丹尼尔竟将这栋豪宅改造成了幼儿园。原来,丹尼尔本来就是一家幼儿园的园长,因此,在这里办个幼儿园不是难事。当房子的用途从居住改为幼儿园之后,那些过于严密的监控就显得很有必要。这个毗邻奥巴马老宅的幼儿园,成了全美最安全的幼儿园。不少富豪都愿意把孩子送到这里来。为了给幼儿园做推广,丹尼尔还联系到了不少名人来给园里的孩子们上课。这些名人中有不少是黑人明星,他们为奥巴马感到骄傲,也为能给奥巴马隔壁的幼儿园讲课而激动,再加上这里是记者们时刻关注的地方,来这里与孩子们交流,自然能增加曝光率,因此,名人们都很乐意接受丹尼尔的邀请。

第一个月,丹尼尔用收到的首期学费轻松地支付了比尔30万。幼儿园开张两个月后,奥巴马抽空回老家转了一圈,顺便看望了一下他的新邻居们,这一下,丹尼尔幼儿园更加有名。越来越多的名人主动表示愿意无偿来与孩子们交流。更有很多家长打电话,想让自己的孩子来此受教育,为此多付几倍的学费他们也乐意。很多广告商也开始争先恐后地联系丹尼尔,他们想在幼儿园的外墙上做广告,这里的曝光率实在太高了,不做广告太可惜了。为此,丹尼尔打算进行一次拍卖广告墙的活动。

五个月后,比尔就收齐了140万美元的房款,终于如愿以偿地成了百万富翁。不过,比尔明白,这场交易中,最大的赢家并不是自己,而是奥巴马的新邻居,幼儿园园长丹尼尔。

2.3 TRIZ 创新思维方法

在TRIZ理论中,共有5种克服思维惯性的方法,分别是最终理想解、九屏幕法、小人法、金鱼法和STC算子法。

2.3.1 最终理想解

1. 什么最终理想解

创新过程从本质上说是一种追求理想化的过程,例如,任何产品或技术的低成本、高功能、高可靠性、无污染等都是研发者追求的理想状态。TRIZ的创新思维方法中引入了"理想化""理想度"和"最终理想解"的概念,目的是进一步克服思维惯性,开拓研发人员的思维,拓展解决问题可用的资源。

(1) 理想化:是描述系统处于理想中的一种状态,可以是理想系统、理想过程、理想资源、理想方法、理想机器、理想物质。

理想系统就是没有实体、没有物质,也不消耗能源,但能实现所有需要的功能。

理想过程就是只有过程的结果,而无过程本身,突然就获得了结果。

理想资源就是存在无穷无尽的资源,供随意使用,而且不必付费。

理想方法就是不消耗能量及时间,但通过自身调节,能够获得所需的功能。

理想机器就是没有质量、体积,但能完成所需要的工作。

理想物质就是没有物质,功能得以实现。

（2）理想度：是衡量理想化水平的标尺。一个技术系统在实现功能的同时，必然有两个方面的作用，即有用功能与有害功能，系统的理想化用理想度来进行衡量。

理想度衡量公式：

理想度＝有用功能之和/（成本之和＋有害功能之和）

（3）最终理想解（ideal final result，IFR）：是一种解决技术系统问题的具体方法或者是技术系统最理想化的运行状态。因此，最理想化的技术系统应该是：没有实体和能源消耗，但能够完成技术系统的功能，也就是不存在物理实体，也不消耗任何的资源，但是却能够实现所有必要的功能，即物理实体趋于零，功能无穷大，简单说，就是“功能俱全，结构消失”。最终理想解是理想化水平最高、理想度无穷大的一种技术状态。

理想化是技术系统所处的一种状态；理想度是衡量理想化的一个标志和比值；最终理想解是产品或技术处于理想化状态下解决问题的方案。

2. 最终理想解的特点

最终理想解具有以下特点：

（1）保持了原系统的优点；

（2）消除了原系统的不足之处；

（3）没有使系统变得更复杂；

（4）没有引入新的缺陷。

TRIZ理论创始人阿奇舒勒对最终理想解做出了这样的比喻：“可以把最终理想解比做绳子，登山运动员只有抓住它才能沿着陡峭的山坡向上爬，绳子自身不会向上拉他，但是可以为其提供支撑，不让他滑下去，只要松开，肯定会掉下去。”可以说最终理想解是TRIZ理论解决问题的“导航仪”，是众多TRIZ工具的“灯塔”。

例2-22 割草机问题的最终理想解

（1）割草机存在的问题：割草机割草时，噪声大、消耗能源、高速旋转的草飞出可能会伤害到人等。传统的设计中，为了达到降低噪声的目的，一般会增加阻尼器、减震器等子系统，这不仅增加了系统的复杂性，而且增加的子系统也降低了系统的可靠性。显然，不符合最终理想解的要求。

（2）客户的需求分析：客户需要的是漂亮整洁的草坪。割草机并不是客户的最终需求，它只是维护草坪的一种工具。割草机除了具有维护草坪漂亮整洁的有用功能之外，带来了大量的无用功能。

（3）解决方案：从割草机与草坪构成系统看，最终理想解是草坪上的草始终维持在一个固定的高度，为此，因此，发明了一种“新草种”，这种草生长到一定高度后就停止生长，割草机就不再使用，问题得以解决。

例2-23 农场养兔子的难题

农场主有一大片农场，放养了大量的兔子。兔子需要吃到新鲜的青草，农场主不希望兔子走得太远而照看不到，但也不愿意花费大量的资源割草运回来喂兔子。

（1）首先确定农场主的需求是什么？

兔子能够吃到新鲜的青草；

（2）最终理想解是什么？

兔子永远自己吃到新鲜的青草；

(3) 达到最终理想解的障碍是什么？

为了防止兔子走得太远而照看不到，农场主用笼子放养兔子，放兔子的笼子不能移动；

(4) 出现这种障碍的结果是什么？

由于笼子不能移动，可被兔子吃到的笼下草地面积有限，草很快被吃光了；

(5) 不出现这种障碍的条件是什么？存在的可用资源是什么？

当兔子吃光笼下草时，笼子移动到另一块有青草的草地上；

可用资源是兔子；

(6) 解决方案：给笼子装上轮子，兔子自己推着笼子移动，不断地吃到新鲜的青草。

2.3.2 九屏幕法

TRIZ 理论的创始人阿奇舒勒提出了系统思维的多屏幕法，也称为九屏幕法。九屏幕法能够帮助人们从结构、时间和因果关系等多维对问题进行全面、系统的分析，即该方法不仅研究问题的现状，而且考虑与之相关的过去、未来和子系统、超系统等多方面的状态。简单地说，九屏幕法以空间为纵轴，来考查“当前系统”“子系统”“超系统”；以时间为横轴，来考查上述三种状态的“过去”“现在”“未来”，这样就构成了九个屏幕的图解模型。如图 2-13 所示。

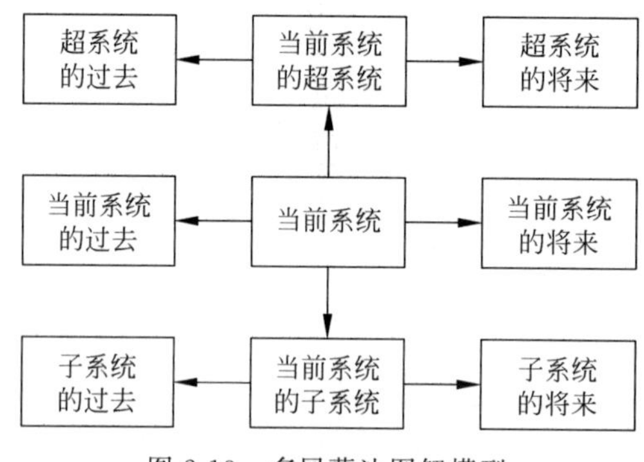

图 2-13 多屏幕法图解模型

根据系统论的观点，系统由多个子系统组成，并通过子系统的相互作用实现一定的功能。系统之外的高层次系统称为超系统，系统之内的低层次系统称为子系统。人们要研究的，正在发生当前问题的系统称为当前系统。例如，当观察和研究一棵树时，当前系统就是树；树是森林的一部分，超系统就是森林；树由树叶、树根等组成。子系统就是树叶、树根、树干；这就是当前系统、超系统、子系统的含义。

例 2-24 试运用 TRIZ 理论多屏法对手机系统进行分析

运用 TRIZ 理论多屏法对手机进行分析，得到九个屏幕的图解模型，如图 2-14 所示。

例 2-25 试运用 TRIZ 理论多屏法对搪瓷反应釜系统进行分析

搪瓷反应釜系统功能是混合物料，搪瓷反应釜系统结构如图 2-15 所示。

运用 TRIZ 理论多屏法对搪瓷反应釜系统进行分析，得到九个屏幕的图解模型，如图 2-16 所示。

例 2-26 测量毒蛇的长度

玻璃容器内有一条毒蛇，现在需要测量它的长度。人们立刻想到的解决方案是用适当

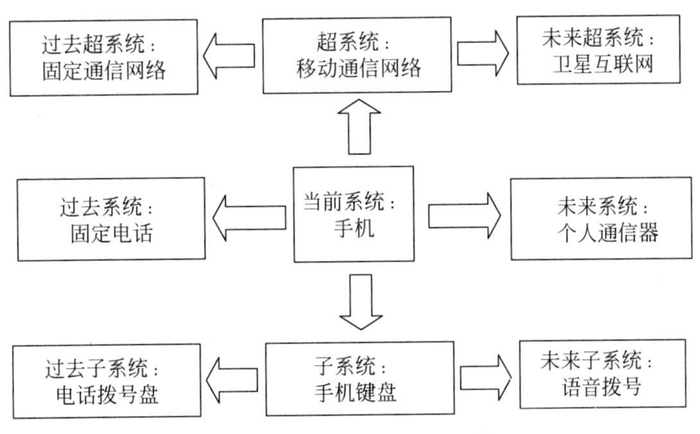

图 2-14 多屏幕法手机图解模型

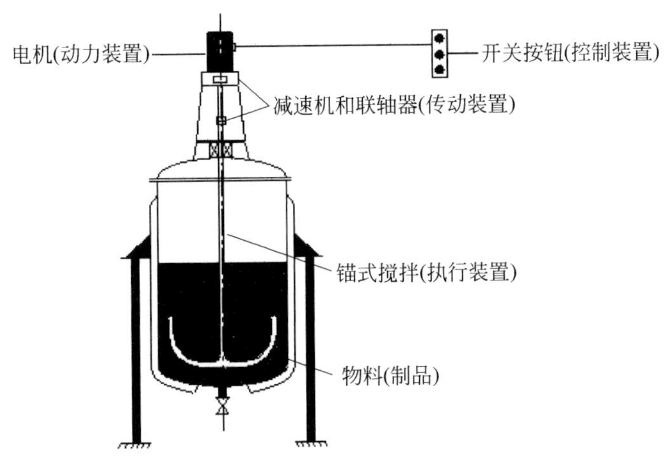

图 2-15 搪瓷反应釜系统结构图

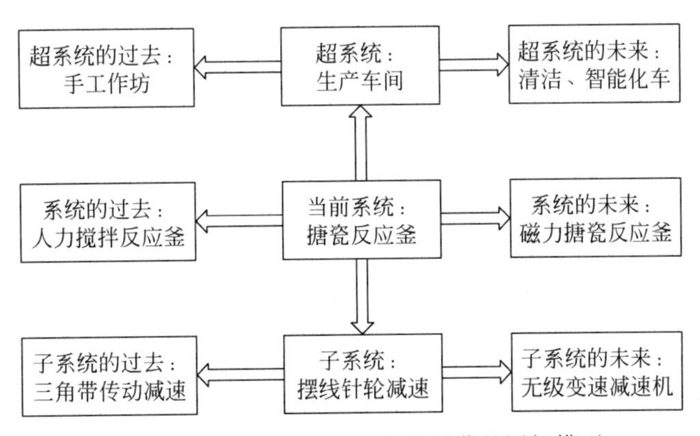

图 2-16 搪瓷反应釜系统九个屏幕的图解模型

的钩子抓住它，然后在助手的帮助下，顺着标尺将毒蛇拉直测量。然而，根据系统思维的多屏幕方法，还可以找出哪些其他方法呢？如图 2-17 所示。

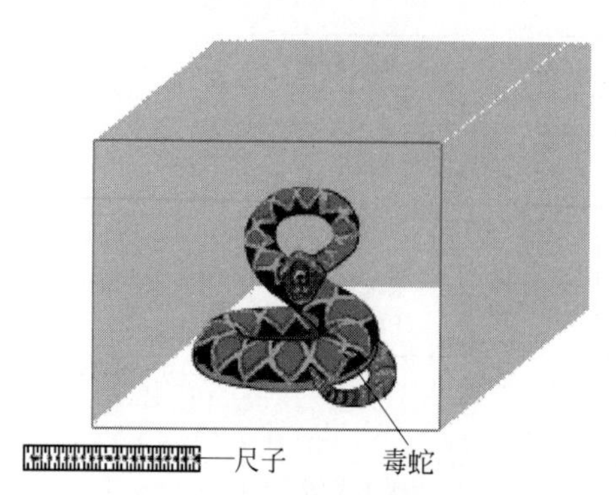

图 2-17 玻璃容器内毒蛇

(1) 当前系统的"过去"

在测量之前毒蛇在做什么呢？它在爬行，休息和吃东西；

以什么方式可以利用毒蛇的某个时刻(动作)来安全测量毒蛇而又不被毒蛇咬伤呢？

解决方案 1：毒蛇被喂食的时刻测量它的长度。因为这时有食物在蛇的嘴里，所以它的注意力都集中在吞食它的受害者身上。这时似乎不大可能被毒蛇咬伤。

(2) 当前系统的"未来"

测量后毒蛇会做什么呢？它会和先前一样做着相同的事情：它在爬，休息和吃东西。因此，可以选择在冬季。在这个季节蛇是冬眠的，并且会蜕皮。

解决方案 2：如果蛇在冬季冬眠，那么就可以模拟这段时间的外界条件。这需要将玻璃容器内的空气降温。其结果是蛇变得比较温顺，且不再具有危险性。

解决方案 3：如果等待蛇蜕皮以后，看上去是不是会更有效呢？在这种情况下，可以测量蛇皮而不会有任何危险后果。

(3) 当前系统的"超系统"

超系统的组成元素：玻璃制的容器、树枝和空气。以何种方式可以利用这些组成元素来测量蛇的长度呢？

解决方案 4：来研究一下玻璃容器的玻璃。一方面，它可以防止人们被蛇咬伤，另一方面它可以保证对蛇进行良好的观察。有没有可能让蛇在玻璃容器内上下爬动，从而利用这段时间来测量蛇的长度？

(4) 当前系统的"子系统"

子系统的组成元素：蛇的身体。有可能利用蛇的身体来测量其长度吗？看来没有合理的解决方案。

通过以上的分析至少得到四种可能的测量毒蛇的解决方案。

2.3.3 小人法

小人法是用一组小人来代表一些不能完成特定功能的部件，通过能动的小人，实现预期的功能。然后，根据小人模型对结构进行重新设计。

小人法的解题思路是将需要解决的问题转化为小人问题模型，再利用小人问题模型产生解决方案模型，如图 2-18 所示。

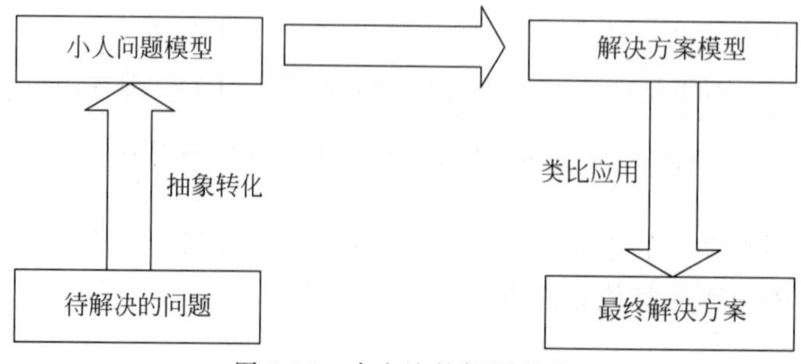

图 2-18 小人法的解题思路

利用小人法能够更加生动地描述系统中出现的问题，打破思维定式，更容易地解决问题，获得理想的解决方案。

例 2-27　在不增加发动机功率的情况下，如何使破冰船前进的速度更快？

甲同学把自己想象成破冰船，面前的一张桌子想象成浮在海面上的冰，甲走到桌子前上也不是下也不是，始终想不到除了"硬怼"以外的其他方法。甲的思维受到了限制，他的肉身是不可分割的一个整体。

乙同学则灵活许多。他同样把自己想象成破冰船，同样把桌子想象成冰面，他走到冰面前，没有采取硬碰硬的战术，而是采取了迂回包抄的战术。他设想：如果有许多小人，一部分走冰面上，一部分走冰面下，上下呼应，只需要像利齿一样咬穿冰面即可。相比"硬怼"冰面前行，这种边"啃"边前行的方法显然更高效。现实中只需将小人们变回机械结构即可。

例 2-28　利用小人法解决水杯喝茶问题

问题描述：利用普通水杯喝茶时，茶叶和水的混合物通过水杯的倾斜，同时进入口中，影响人们的正常喝水。

(1) 分析系统和超系统的构成

系统的构成有水杯、水、茶叶和杯盖组成，超系统有人的手和嘴。由于喝水时所产生的矛盾与杯盖无关，因此不予考虑。而人的手和嘴是超系统，也不予考虑。

(2) 确定系统存在的矛盾

系统中存在的问题是喝水时，水和茶叶会同时进入嘴中，根本原因是茶叶的质量较轻，漂浮在水中，会随水的移动而移动。

(3) 建立问题模型

系统的组件有杯体(白色的小人)、茶叶(黑色的小人)和水(灰色的小人)，构成小人模型，如图 2-19 所示。

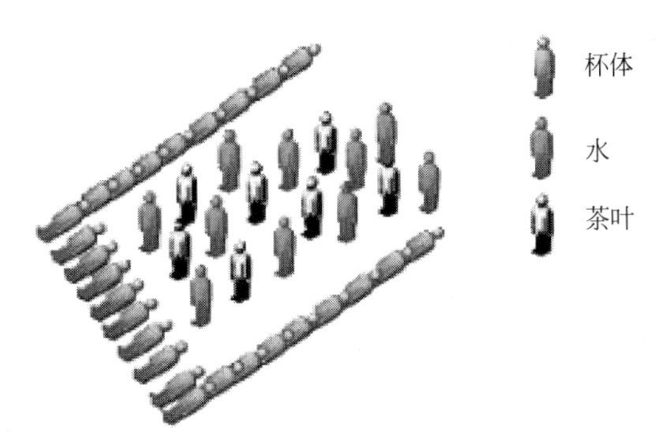

图 2-19　水杯喝茶问题小人法模型

分析系统的组件与功能如下：

杯体(白色的小人)：支撑或固定茶水混合物；

茶叶(黑色的小人)：改变水的组成；

水(灰色的小人)：浸泡茶叶。

(4) 建立方案模型

在小人模型中，灰绿色的小人(水)和黑色的小人(茶叶)混合在一起，当白色的小人(杯体)移动或改变方向时(喝水时)，灰色的小人(水)和黑色的小人(茶叶)也会争先向外移动。

需要的是灰色的小人(水),而不是黑色的小人(茶叶),这时,需要有另外一组人将黑色的小人(茶叶)拦住,就如同公交车中有贼和乘客,警察要辨别好人与坏人,当好人下车时,警察放行;坏人下车时,警察拦住,最后,车内剩余的都是坏人。为了拦住坏人,需要警察的出现。因此,本问题的方案模型是引入一组具有辨识能力的小人,即需要在出口增加一组警察。

(5) 从解决方案模型过渡到实际方案

需要在出口增加一个装置,能够实现茶叶和水的分离。由于水和茶叶大小不同,很容易地想到这个装置应当是带孔的过滤网,孔的大小决定了过滤茶叶的能力。

2.3.4 金鱼法

金鱼法源自普希金的作品《渔夫和金鱼的故事》,如图 2-20 所示。

图 2-20 普希金的《渔夫和金鱼的故事》

金鱼法又叫情境幻想分析法,是从幻想式解决构想中区分现实和幻想的部分。然后再从剩余的幻想部分中区分新现实和幻想的部分,以此类推,直到找不出现实分布。

金鱼法是一个反复迭代的分解过程。金鱼法的本质是将幻想的、不现实的问题求解构想,找出可行的解决方案。

例 2-29 设计一种适合长距离游泳训练的游泳池

为满足长距离游泳项目比赛的训练,需要一个大型的游泳池,运动员可以长距离游泳训练。大游泳池,占地面积和成本增加;小游泳池造价低,但不满足要求。

(1) 将问题分解为现实和幻想两部分

现实部分:小型,造价低廉的游泳池;

幻想部分:在小型游泳池内实现单方向,长距离游泳训练。

(2) 幻想部分为何不现实?

很快到达泳池尽头,需要变换方向。

(3) 在什么情况下,幻想部分可以变为现实?

运动员体型极小;运动员速度极慢;运动员游动时停留在同一位置,止步不前。

(4) 列出所有可利用资源

超系统资源:空气、阳光、墙壁、供水系统、排水系统;

系统资源:泳池的面积、体积、水温、波浪、水池形状;

子系统资源:水、泳池壁、地板、池壁。

(5) 利用已有资源,基于之前的构想,考虑可能的方案:

利用池底或池壁将运动员固定;改变水池形状;环形水池;增加水的阻力;增加水的黏度;让水逆向流动。

(6) 解决方案:无末端泳池,如图 2-21 所示。无末端游泳池,如同跑步机,是让静止的池水定向地流动起来,使泳员相对泳池原地游动。

图 2-21　无末端泳池

2.3.5　STC 算子法

STC 算子法是从物体的尺寸(size),时间(time)和成本(cost)三个不同角度来考虑解决问题。事实上,这三个角度为我们的思考提供了一种思维的坐标系,让问题变得更容易解决,如图 2-22 所示。

STC 算子法的分析过程,见表 2-1。

(1) 明确研究对象现有的尺寸、时间和成本;

(2) 想象的尺寸从无穷小($S\to 0$)到无穷大($S\to\infty$);

(3) 想象过程的时间从无穷小($T\to 0$)到无穷大($T\to\infty$);

(4) 想象成本(允许的支出)从无穷小($C\to 0$)到无穷大($C\to\infty$)。

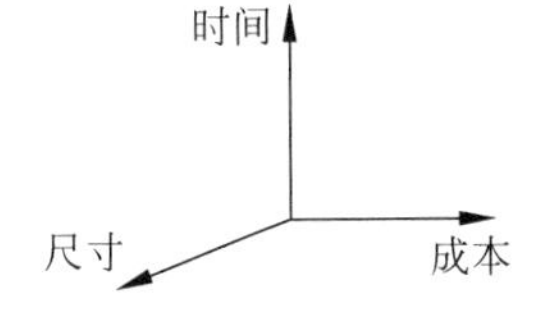

图 2-22　STC 坐标系

表 2-1　STC 算子法各因素变化范围

尺　寸	从 0 到无穷大∞
时　间	从 0 到无穷大∞
成　本	从 0 到无穷大∞

例 2-30　使用活梯采摘苹果劳动量是相当大的,如何使活动变得方便快捷?如图 2-23 所示。

若从尺寸、时间、成本这三个不同角度来考虑解决方案,存在以下 6 种情况:

尺寸 S:树高趋于 0 或趋于∞;

时间 T:采摘时间趋于 0 或趋于∞;

成本 C:采摘成本趋于 0 或趋于∞;

尝试 1,假设苹果树高趋于 0,这种情况下解决方案是种植较矮的苹果树,如图 2-24 所示。

尝试 2,假设苹果树高趋于∞,这种情况下的解决方案是发明一种超长的摘苹果的剪子,如图 2-25 所示。

尝试 3,假设苹果采摘时间趋于 0,这种情况下的解决方案是借助轻微爆破或压缩空气喷射它。

图 2-23 使用活梯采摘苹果

图 2-24 种植矮的苹果树

图 2-25 摘苹果的剪子

尝试4，假设苹果采摘时间趋于∞，这种情况下的解决方案是任其自由掉落，在树下放一个软被膜，防止苹果摔伤。

尝试5：假设采摘成本趋于0，这种情况下的解决方案是等苹果自然熟透掉落。

尝试6：假设采摘成本趋于∞，这种情况下的解决方案是发明一种苹果采摘机器人，如图2-26所示。

图2-26 苹果采摘机器人

本章小结

1. 思维

(1) 什么是思维

思维是人脑对客观现实概括的和间接的反映，它反映的是事物的本质和事物间规律性的联系。思维是人类认识的高级阶段。思维可分为常规思维和创造思维两大类。

(2) 常规思维及其特点

常规思维是在动力定型驱使下的按照经常实行的规矩或规定进行思维的活动过程。

常规思维的主要特点是：习惯性、单向性和逻辑性。

(3) 创新思维及其特点

创新思维是以超常规乃至反常规的眼界、视角、方法去观察和思考问题，提出与众不同的解决问题方案或重新组合已有的知识、技术、经验等，以获取创造性的思维成果，从而实现人的主体创造能力的思维方式。

创新思维的主要特点是多向性、非定式性和非逻辑性。

2. 常用的创新思维方法有逻辑思维、形象思维、灵感思维、发散思维、联想思维和逆向思维。

3. TRIZ 创新思维方法，共有5种克服思维惯性的方法，分别是最终理想解、九屏幕法、小人法、金鱼法和STC算子法

(1) 最终理想解(IFR)帮助人们明确解题方向，强调的是达到理想结果(创新的导航仪)。

(2) 九屏幕法采用系统思维的思想，是寻找资源的工具(资源搜索仪)，强调的是多层次多角度地寻找资源。

(3) 小人法是一种拟人设计，通过形象建模，即建立小人模型来思考解决方案，强调微观级别的思考。

(4) 金鱼法强调把幻想方案逐步落实。

(5) STC算子法通过特征的极限放大，寻找特性(特征分析仪)和解决方案。

第 2 章测试题

（满分 100 分，共含四种题型）

一、单项选择题（本题满分 20 分，共含 10 道小题，每小题 2 分）

1. 甲、乙两个教徒在祈祷时烟瘾来了。

甲教徒问神父："祈祷时可不可以抽烟？"

神父回答说："不可以！"

乙教徒问神父："抽烟时可不可以祈祷？"

神父回答说："当然可以！"。于是乙如愿以偿地抽上了烟！

祈祷时去抽烟是对神的不敬，作为神父当然会反对。

而抽烟时都在祈祷，更能表达教徒对圣恩的感激与褒颂，神父又怎么能拒绝呢？

请问乙教徒利用了（　　）。

A. 逆向思维　　B. 集中思维　　C. 发散思维　　D. 正向思维

2. 以下属于 TRIZ 创新思维方法的是（　　）。

A. 头脑风暴法　　B. 列举法　　C. 设问法　　D. 九屏幕法

3. 以下对"九屏幕法"描述不正确的是（　　）。

A. 九屏幕法是一种可以使人们从时间、系统级别（子系统、超系统以及系统本身）等维度拓展思维的方法

B. 九屏幕法可以帮助我们寻找解决问题的资源

C. 九屏幕法就是建议不要在当前系统中寻找解决问题的方法

D. 九屏幕法是 TRIZ 理论特有的一种创新思维方法

4. 小人法的实质是（　　）。

A. 让人们通过幻想解决问题

B. 从微观世界的角度解决问题

C. 使解题的人成为问题整体的一部分，并从这一立场和观点去思考、行动

D. 让我们像孩子一样发挥想象力

5. "众里寻他千百度，蓦然回首那人却在灯火阑珊处"，运用的是哪种类型思维（　　）。

A. 形象思维　　B. 抽象思维　　C. 发散思维　　D. 集中思维

6. 技术系统最理想化的运行状态是指该系统的（　　）。

A. 最终理想度　　B. 理想度　　C. 最终理想解　　D. 理想化水平

7. STC 算子法主要时从那些方面进行思维创新（　　）。

A. 时间、大小、资源　　B. 资源、矛盾、大小

C. 尺寸、时间、成本　　D. 尺寸、方向、花费

8. 小人法应用正确是（　　）。

A. 只需给出解的小人模型

B. 将组件转化为小人，但不能赋予小人相关特性，激化矛盾

C. 用一个小人表示一个组件

D. 用不同颜色小人描述系统各个组成部件，并同时给出问题小人模型，转化后小人模型

9. 形象思维是指以形象为思维载体的思维，与抽象思维相对，以下不是形象思维的是（ ）。

A. 画家笔下的花、鸟、虫、鱼

B. 人类从鸟会飞得到启示，最终发明了飞机

C. 毛主席在谈工作方法时做出的“十个指头弹琴”的比喻

D. 以概念组成判断，以判断构成推理，从而认识和把握客观事物规律

10. （ ）是沿着不同方向、不同的角度思考问题，从多方面寻找答案的思维方式。

A. 发散思维　　B. 纵向思维　　C. 收敛思维　　D. 横向思维

二、多项选择题（本题满分 30 分，共含 10 道小题，每小题 3 分）

1. 发散思维又叫（ ）、开放思维等。

A. 辐射思维　　B. 扩散思维　　C. 分散思维　　D. 求异思维

2. 小人法中用来代表那些不能完成特定功能部件的“小人”是（ ）。

A. 一个小人　　B. 一群能动的小人

C. 几个小人　　D. 一大群（可能分很多组）小人

3. STC 算子法步骤有（ ）。

A. 想象工作过程的时间或对象运动的速度增加 10 倍，增加到$+\infty$，缩小到原来的$\frac{1}{10}$，缩小到$-\infty$的解决思路

B. 想象研究对象的制作难度放大 10 倍，放大到$+\infty$，缩小到原来的$\frac{1}{10}$，缩小到$-\infty$的解决思路

C. 想象成本（允许的支出）增加 10 倍，增加到$+\infty$，缩小到原来的$\frac{1}{10}$，缩小到$-\infty$的解题思路

D. 想象研究对象的尺寸放大 10 倍，放大到$+\infty$，缩小到原来的$\frac{1}{10}$，缩小到$-\infty$的解决思路

4. 金鱼法是一个反复迭代的分解过程，其本质是（ ）。

A. 只解决现实部分，抛弃幻想部分，使问题变简单

B. 将幻想的、不现实的求解构思，变为可行的解决方案

C. 不断地产生幻想

D. 不断探究在什么条件下，幻想部分可变为现实，并列出子系统、系统、超系统可利用资源

5. 创新思维的形式包括（ ）。

A. 联想思维　　B. 收敛思维　　C. 发散思维　　D. 逆向思维

6. 属于逻辑思维的思维方法有（ ）。

A. 归纳思维　　B. 有序思维　　C. 联想思维　　D. 演绎思维

7. 属于非逻辑思维的思维方法有（ ）。

A. 有序思维　　B. 发散思维　　C. 直觉思维　　D. 灵感思维

8. 最终理想解的特点有(　　)。

A. 没有引入新的缺陷　　B. 消除原系统的不足

C. 保持原系统的优点　　D. 没有使系统变复杂

9. 创新思维是灵活多变的,主要表现在(　　)。

A. 方法的多样性　　B. 思维的直观性

C. 思维的立体性　　D. 思路的变通性

10. 创新包括的形式有(　　)。

A. 创立新的理论体系　　B. 有所发现,有所发明

C. 观点创新　　D. 语言创新

三、判断题(本题满分 30 分,共含 10 道小题,每小题 3 分)

1. 逻辑思维是严格遵循逻辑规则,按部就班,有条不紊的一种思维方式。

A. 是　　B. 否

2. 九屏幕思维方式更多的是一种分析问题的手段,而并非是一种解决问题的手段。

A. 是　　B. 否

3. 金鱼法是从幻想式构想中区分出现实和幻想的部分,然后再将从幻想的部分中进一步分出现实与幻想的部分,如此反复,直至将所有的幻想都实现为止。

A. 否　　B. 是

4. 大脑左半球偏重于语言、概念、数字、分析、逻辑推理等功能,左脑是用语言来思考。

A. 否　　B. 是

5. 发明创造是“智者”的专利,是灵感爆发的结果。

A. 否　　B. 是

6. 最理想的技术系统是作为物理实体它并不存在,但却能够实现所有必要的功能。

A. 是　　B. 否

7. 联想思维是很重要的创新思维方法之一。

A. 是　　B. 否

8. 创新思维只是少数尖端人才有需要,对大多数普通人来说并不需要。

A. 是　　B. 否

9. 过于循规蹈矩不利于创新。

A. 是　　B. 否

10. 发明创造既可以“做加法”也可以“做减法”,例如从某件产品中去掉一部分也可能成为一个新产品。

A. 是　　B. 否

四、简答题(本题满分 20 分,共含 4 道小题,每小题 5 分)

1. 网络上流传“专家与小工的故事”。联合利华公司引进了香皂包装生产线,结果发现这条生产线有个缺陷:常常会有盒子里没装入香皂。总不能把空盒子卖给顾客啊,他们只好请了一个学自动化的博士后设计一个方案来分拣空的香皂盒。博士后组建了一个十几人的科研攻关小组,综合采用了机械、微电子、自动化、X 射线探测等技术,花了几十万美金,成功解决了问题。每当生产线上有空香皂盒通过,两旁的探测器会检测到,并且驱动一只机械手把空皂盒推走。中国南方有个乡镇企业也买了同样的生产线,老板发现这个问题后大为

恼火，找了个小工，眼一瞪说：你给我把这个搞定。小工很快想出了办法，他在生产线旁边放了台电风扇，一有空皂盒经过自然就被吹走了。

请按下述两个专题进行研讨：

(1) 工程师应具备的基本素质；

(2) 企业对工程人才的需求和评价标准。

2. 请用 8 根火柴作 2 个正方形和 4 个三角形(火柴不能弯曲和折断)。

3. 如何用四条直线把图 2-27 所示的九个点连起来？

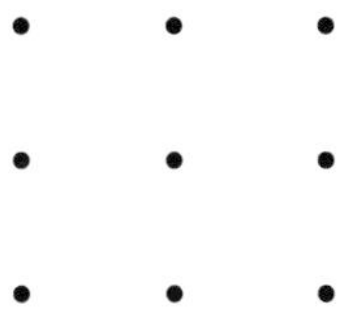

图 2-27　九个点排列

4. 你从图 2-28 中能看出几张脸？

图 2-28　你能看出几张脸

第3章 创新的方法

CHAPTER 3

创新方法是指创新活动中带有普遍规律性的方法和技巧。法国哲学家笛卡儿曾说："人类历史上最有价值的知识是关于方法的知识"。英国数学家怀特里德也曾说："19世纪最伟大的发明是发明了发明的方法。那是打破了旧文明基础的真正新事物。"据统计，从1901年诺贝尔奖设立以来，大约有60%～70%的奖项是因科学观念、思路、方法和手段的创新而取得的。

通过学习和应用创新方法，可以诱发人们潜在的创造力，使长期以来被人们认为神秘的，只有少数发明家或创新者所独有的创新设想，为每个普通人所掌握。

3.1 传统的创新方法

目前，创新的方法有300多种，其中最常用的创新方法有试错法和头脑风暴法等。

3.1.1 试错法

1. 什么是试错法？

试错法是一种随机的，盲目的和纯粹经验的寻找解决方案的方法。这种方法在动物的行为中是不自觉地应用的，在人的行为中则是自觉的。

试错法分两个步骤，即猜想和反驳。它是对已有认识的试错，即不是找正面论据，而是寻求推翻它、驳倒它的例子，并排除这些反例，从而使认识更加精确、科学。

自古以来，人们一直用这种方法来解决问题。例如，尝试使用一种方法去解决这个问题，如果解决不了，就会进行第2次尝试，然后是第3次等，直到进行了N次尝试后终于得出了解决方案。而很多情况下，可能尝试了很多次最后也没有任何的结果。

(1) 猜测

猜测是试错法的第一步，没有猜测，就不会发现错误，也就不会有反驳和更正。猜测在一定意义上就是怀疑，这种怀疑不是为了怀疑而怀疑，而是为了发现问题、更正问题，是科学的审慎的态度。我们的认识一方面来自于观察、实践，另一方面来自于大脑中已有的知识储存。然而，大脑中的知识储存并不是原封不动地被吸引、利用，而只能是有选择地、批判地吸引、利用。这就需要猜测、怀疑，对已往知识进行修正，修正过的知识方可融进新的认识、理论之中。

（2）反驳

反驳是试错法的第二步。没有反驳，猜测就是一厢情愿、且可能错误重重的设想。反驳就是批判，就是在初步结论中寻找毛病，发现错误，通过检验确定错误，最后排除错误的思维过程。排除错误是试错法的目的，也是它的本质。因为不能排除错误，认识就不能得到提高，就不可能从错误丛生中走出来。

例 3-1 著名的试错法论证实验

把饥饿的猫放在一个封闭的笼子里，笼子外摆着一盘可望但不可及的食物。如果笼子里面的一个杠杆被碰到，那么笼子的门就能开启。起初，猫在笼子里乱窜并用爪子在笼子里乱抓。显然，猫偶尔会碰到那个杠杆，门也就开了。在随后的试验序列中，当猫被重新放回笼子时，它还是像先前那样在笼子里动来动去，但是渐渐地，猫好像领会了门是通过那杠杆开启的。最终，当它再被放回笼子里的时候，它就会直接去碰那根杠杆并逃离笼子。

例 3-2 固特异发明硫化橡胶的故事

在 19 世纪初，英国和美国兴起早期的橡胶工业。完全用生树胶制成的制品会在太阳下熔化，在寒冷的天气里会失去弹性。这一缺点使得橡胶产品毫无市场，早期的橡胶工业无一例外地陷入了危机。

一天，查尔斯·固特异买了一个树胶救生圈，决定改进给救生圈打气的充气阀门。但是当他带着改造后的阀门来到生产救生圈的公司时，他得知如果他想成功的话，就应该去寻找改善树胶性能的方法。当时树胶仅仅用做布料浸染剂，例如，当时非常流行的查尔斯·马金托什发明的防水雨衣(1823 年的美国专利)。查尔斯·固特异对改善树胶的性能着了迷。他瞎碰运气地开始了自己的实验，身边所有的东西，例如盐、辣椒、糖、沙子、蓖麻油甚至菜汤，他都一一掺进干树枝里去做试验。他认为如此下去，早晚他会把世界上的东西都尝试一遍，总能在这里面碰到成功的组合。查尔斯·固特异负债累累，家里只能靠土豆和野菜根勉强度日。据说，那时如果有人来打听如何才能找到查尔斯·固特异，小城的居民都会这样回答："如果你看到一个人，他穿着树胶大衣、树胶皮鞋，戴着树胶圆筒礼帽，口袋里装着一个没有一分钱的树胶钱包，那么毫无疑问，这个人就是查尔斯·固特异。"人们都认为他是个疯子，但是他顽强地继续着自己的探索。直到有一天，当他用酸性蒸汽来加工树胶时，发现树胶弹性得到了很大的改善。他第一次获得了成功。此后他又做了许多次"无谓"的尝试，最后，终于发现了使树胶完全硬化的第二个条件：加热。当时是 1839 年，橡胶就是在这一年被发明出来的。但是直到 1841 年，查尔斯·固特异才选配出获取橡胶的最佳方案。于是人们争先恐后地来购买他的专利，但是他却毫无经验，以惊人的低价把专利卖给了企业。他逝世于 1860 年，身后留下了 20 万美元的债务。与此同时，世界上已经有 6 万名工人在各大工厂里制造出 500 多种橡胶制品，而每年生产的橡胶产品价值达 800 万美元之多。如图 3-1 所示。

这里，查尔斯·固特异使用的发明方法就是试错法。他的一生只解决了一个难题。实际上，甚至在解决这一个问题时他也是非常幸运的，而大多数研究者在解决类似的难题时，往往用了一生的时间也没有任何结果。

19 世纪大多数发明家们使用的创新方法几乎都是试错法。试错法的成果在 19 世纪是非常卓著的，例如，电动机、发电机、电灯、变压器、山地掘进机、离心泵、内燃机、钻井设备、转化器、炼钢平炉、钢筋混凝土、汽车、地铁、飞机、电报、电话、收音机、电影和照相等。

图 3-1 查尔斯·固特异(1800—1860 年)

例 3-3 爱迪生发明电灯的故事

1878 年,爱迪生开始尝试发明灯泡,在最初的试验中,烧焦的纸做的灯丝亮了 8 分钟,铂做的灯丝亮了 10 分钟,随后他尝试用钛和铱的合金、硼、铬、钼等做灯丝,但效果都不理想。共计用了 1600 多种金属材料和 6000 多种非金属材料。1879 年,在他经过了大约 6000 次试验之后才获得了成功。

爱迪生发明蓄电池的故事几乎完整重演了发明电灯时"试错法"的过程,先后试验多达 50 000 次,几乎"穷尽"了所有可用的金属和酸碱资料。爱迪生发明的"长寿蓄电池"于 1909 年才最后大量投产并盛行美国。

图 3-2 托马斯·爱迪生(1847—1931 年)

爱迪生是位举世闻名的美国电学家和发明家,他除了在留声机、电灯、电话、电报、电影等方面的发明和贡献以外,在矿业、建筑业、化工等领域也有不少著名的发明创造。爱迪生一生共有约 2000 项创造发明,为人类的文明和进步做出了巨大的贡献。如图 3-2 所示。

爱迪生的名言是:"天才就是 1%的灵感,加上 99%的汗水"。爱迪生的故事,一方面反映了爱迪生的勤奋和努力、另一方面也说明传统试错法的效率低下。

2. 试错法的特点

试错法如同走迷宫,如图 3-3 所示。通俗地讲就是"摸着石头过河"。试错的次数,取决于设计者的知识水平和经验。因此,试错法的特点是具有随机性、盲目性和效率低下。

图 3-3 试错法如同走迷宫

3.1.2 头脑风暴法

1. 什么是头脑风暴法?

为了提高试错法的效率,现代创造学的创始人亚历克斯·奥斯本于 1938 年首次提出头脑风暴法。如图 3-4 所示。

头脑风暴法,又称智力激励法或自由思考法(畅谈法、畅谈会和集思法)。头脑风暴法的基本思路就是把产生想法的过程与分析、评判想法的过程分开。

图 3-4 亚历克斯·奥斯本(1888—1966 年)

(1) 产生想法小组

在产生想法的过程中,很多人都害怕犯错误,害怕别人的嘲笑和领导的负面态度等,所以他们不敢说出大胆的、出人意料的想法。即使这些想法真的被说出来,它们也会遭到其他参与讨论的人的毁灭性的批判。因此,奥斯本建议需要挑选出一个产生想法的小组(6~8 人组成),应该在良好的环境中产生想法。

(2) 评判想法小组

评判想法小组由专家组成,他们负责评价这些想法,并且挑出其中有发展潜力的主意。

例 3-4 用直升机扇雪的故事

1952 年,美国华盛顿 1000km 长的电话线由于大雪造成树挂,使通信网络中断。

许多人试图解决这一问题,但都未能如愿以偿。后来,电信公司经理应用奥斯本发明的头脑风暴法,尝试解决这一难题。他召开了一次能让头脑卷起风暴的座谈会,参加会议的是不同专业的技术人员,要求他们必须遵守以下原则:

(1) 自由设想,即要求与会者尽可能解放思想,无拘无束地思考问题并畅所欲言,鼓励与会者尽可能多而广地提出设想,以大量的设想来保证质量较高的设想的存在。

(2) 延迟评判,即要求与会者在会上不要对他人的设想评头论足,不要发表"这主意好极了!""这种想法太离谱了!"之类的"捧杀句"或"扼杀句"。至于对设想的评判,留在会后组织专家完成。

会后,公司组织专家对想法进行分类论证。专家们认为设计专用清雪机,采用电热或电磁振荡等方法清除电线上的积雪,在技术上虽然可行,但研制费用大,周期长,一时难以见效。其中有一个设想是"直升机扇雪",即用直升机螺旋桨的垂直气流吹落树挂,这是一种既简单又高效的好办法。经过现场试验,使用这个方法,使通信很快恢复了正常。一个久悬未决的难题,终于在头脑风暴会中得到了巧妙的解决。如图 3-5 所示。

图 3-5 集体创新的头脑风暴法

例 3-5 创新源于喝咖啡休息时

IBM 瑞士研究所是诺贝尔奖获得者密度较高的研究机构。这个研究所能培养众多的诺贝尔奖获得者，有很多因素。但其中有一点很耐人寻味，那就是“创新源于喝咖啡休息时”。原来，IBM 瑞士研究所的早茶、下午茶时间特别长，各种特长的专家，例如，计算机、物理、化学、工程等专家，在这两段时间内都在咖啡厅闲聊。这里所谓“闲聊”是指专家们实际上是在充分交换他们的设想和意见。针对某一个具体问题出主意想办法。IBM 瑞士研究所的专家们一致认为，喝咖啡休息时，非常可能而且适宜于引发头脑风暴。

2. 头脑风暴法的特点

“三个臭皮匠，赛过诸葛亮”，可见，即使对天资平常的人，若能激发思维“共振”，说不定也会产生意想不到的新创意。头脑风暴法是一种集体开发创造性思维的方法。头脑风暴法自产生以来，因其实用性与科学性，在全世界范围内得到了广泛的应用。其应用领域包括技术革新、管理、预测、发明及专项咨询等多个领域。可以说，只要有存在问题的地方，就可以使用头脑风暴法，它几乎可以解决任何问题。但它也具有局限性。头脑风暴法认为创新是人们克服思维定式，在已有经验的基础上进行的想象、联想、直觉、灵感等非逻辑思维过程，其没有一定的规律可言。因此，它要求想法要有一定的数量，再由数量来保证方案的质量。人们越是提出更多的设想，就越有可能走上解决问题的正确轨道。

头脑风暴法对参与者的要求是专业构成要合理，不应局限于同一专业，而是考虑全面而多样的知识结构。这样才能使参与者能互相启发，从而突破种种思维障碍和心理约束，让思维自由驰骋，借助参与者之间的知识互补、信息刺激来提出大量有价值的设想。可以看出，头脑风暴法主要依赖的资源是参与者的头脑中存在的知识与经验，因而一般要求与会者应是相关领域的专家。

头脑风暴法首先是头脑风暴产生想法，然后对想法进行过滤。头脑风暴法耗费大量的时间和精力去对大量的思路进行筛选分析，容易延误解决问题的时间，同样存在有效率低下的问题。

3.2 发明问题解决理论(TRIZ)

3.2.1 TRIZ 理论概述

创新方法决定创新效率。传统的创新方法，例如，试错法和头脑风暴法等，创新效率较低。它们帮助人们产生发明和创新，但这些创新的方法是抽象的、盲目和随机的、方向不明确的。应用这些方法进行的创新活动不一定能得到新的解决理念和方案，而可能最终产生发散的创新结果。这些方法一般要靠“灵感”和“悟性”，不能加以控制；当然也难以用这些技法去培养和增长其他人的创新能力。这些方法均不具备可操作性、可重复性和培训性。

TRIZ 是俄文“发明问题解决理论”首字母的缩写。TRIZ 理论的出现为人们提供了一套全新的创新理论，揭开了人类创新发明的新篇章。

TRIZ 理论是苏联发明家阿奇舒勒带领一批学者从 1946 年开始，经过 50 多年对世界上 250 多万件专利文献加以搜集、研究、整理、归纳、提炼，建立的一整套体系化的、实用的解决发明问题的理论、方法和体系。

TRIZ 理论曾经被誉为苏联的“国术”和“点金术”，它的技术系统进化法则被西方称为

“人类进化三大理论之一”，与达尔文的生物进化理论和马克思的人类社会进化理论相提并论，是20世纪最伟大的发明。

阿奇舒勒指出：发明创新是有理论依据的、有规律可遵循的。发明是对问题的分析找出矛盾而产生的。发明问题解决过程中所寻求的科学原理和法则是客观存在的，大量发明创新面临的基本问题和矛盾也是相同的，同样的创新原理和相应的解决方案，会在后来的一次次发明创新中被反复应用，只是被使用的技术领域不同而已。因此，将那些已有的知识进行提炼和重组，形成一套系统化的理论，就可以相对容易地用来指导后来的发明创造、创新和开发。就可以能动地进行产品设计并预测产品的未来发展趋势。他说：“你可以等待100年获得顿悟，也可以利用这些创新原理15分钟内解决问题。”

例 3-6 爆米花的原理

通过加热，铁容器中每个米粒的内部和外部压力慢慢增加，达到一定程度时，铁门突然打开，每个米粒内部的高压只能从最薄弱的地方冲出来，由此形成一个个松软的、香喷喷的爆米花。

爆米花的原理就是：先是慢慢增加压力，然后突然减少压力。很多发明都是遵循这个原理，例如松子去硬壳，葵花子去皮，甚至沿着肉眼看不到的人造金刚石的裂纹对其分解，无法拆卸的过滤器的清洗，晶体糖变成粉末等。据统计，在不同的领域、不同的时间有200多项发明专利是这样完成的。

例 3-7 俄罗斯套娃与创新原理

俄罗斯套娃，大的里面嵌套小的，有的多达十几个，套在一起时只看到一个最大的，而全部拿出来时，则可以成一个整齐的队列，很令人喜欢。如图3-6所示。

图 3-6 俄罗斯套娃

在许多领域、许多行业和不同时间都能看到类似的嵌套原理被应用，到今天已经在各个领域获得了400多项专利，解决了不同时间、不同领域的不同工程问题。例如各种能伸缩的天线，各类能伸缩吊臂的吊车等。显然，同一条规律或方法往往在不同的产品或技术领域被反复应用。尽管发明专利很多，研究表明真正有实质性创新的并不很多，因此有代表性的专利数量是有限的；其中采用的发明原理更是有限。把这些发明原理概括出来，就得到了TRIZ理论的40个发明原理。

TRIZ理论是一门基于知识的创造方法学。它基于技术系统演变的内在客观规律，对问题进行逻辑分析和方案综合。它可定向地一步一步地引导人们去创新，而不是盲目的、随意的。它提供了一系列的工具，包括解决技术矛盾的40个原理和矛盾矩阵，解决物理矛盾的4个分离方法，76个发明问题的标准解法和发明问题解决算法(ARIZ)等。它使人们可按照解决问题的不同方法、针对不同问题、在不同阶段和不同时间去操作和执行，因此发明就可被量化进行，也可被控制；而不是仅凭灵感和悟性来发明。

借助TRIZ理论，人们能打破思维定式、拓宽思路、正确地发现产品或系统中存在的问题，激发创新思维，找到具有创新性的解决方案。同时，TRIZ理论可以有效地消除不同学科、工程领域和创造性训练之间的界限，而使问题得到发明创新性的解决。TRIZ理论已运用于各行各业，世界500强中的多数企业都已经成功利用TRIZ理论获得了发明并得到发展。所有这一切都证明了TRIZ理论在广泛的学科领域和问题解决中的有效性。

3.2.2 TRIZ理论的发展历程和现状

1. TRIZ理论的创立

苏联发明家阿奇舒勒，1926年10月15日出生于苏联的塔什罕干，他创立了TRIZ理论。如图3-7所示。

图3-7 根里奇·阿奇舒勒(1926—1998年)

阿奇舒勒在14岁时就获得了首个专利证书，专利作品是水下呼吸器。15岁时，他制作了一条船，船上装有使用碳化物作燃料的喷气发动机。

从1946年开始，阿奇舒勒经过研究成千上万的专利，发现了发明背后存在的通用模式并形成TRIZ理论的基础。为了验证这些理论，相继做出了多项发明。比如：排雷装置获得苏联发明竞赛的一等奖，发明船上的火箭引擎，发明无法移动潜水艇的逃生方法等。多项发明被列为军事机密，阿奇舒勒也因此被安排到海军专利局工作。

专利局的局长非常喜欢奇思妙想，一次他让阿奇舒勒为他的一个念头想出答案：给困在敌区的士兵找出不用任何外界支援而逃脱的办法。为解决这个问题，阿奇舒勒发明了一种新型武器——由普通药物制作的剧毒化学品，这是一项很好的发明，他因此得到克格勃首领贝利亚的接见。

1948年12月，阿奇舒勒写了一封信，他向国家领袖指出当时苏联对发明创造缺乏创新精神的混乱状态。在信的末尾还表达了更激烈的想法：有一种理论可以帮助工程师进行发明，这种理论能够带来可贵的成果并可以引起技术世界的一场革命。

1950年，他突然得到通知要到格鲁吉亚的第比利斯，他到达后就被逮捕了。两天后，在贝利亚的一个监狱里审讯开始，他被指控利用发明技术进行阴谋破坏，被判刑25年。

他被捕以后，由于各种恶劣情况的出现，为了保存生命，阿奇舒勒利用TRIZ理论来做自我保护。在莫斯科监狱，阿奇舒勒拒绝签署认罪书而被定为“连轴审讯”对象。他被整夜审讯，白天也不允许睡觉，阿奇舒勒明白如果这样下去他的生存无望。他将问题确定为：怎么才能同时既睡又不睡呢？这项任务看起来很难完成。他被允许的最大的休息是在椅子上睁着眼。这意味着：要想睡觉，他的眼睛必须同时又睁着又闭着，这就容易了。他从烟盒上撕下两片纸，用烧过的火柴头在每片纸上画一个黑眼珠。他的同囚室友将两片“纸眼珠”蘸上口水黏在他闭着的眼睛上。然后他就坐着，冲着牢房门的窥视孔，安然入睡。这样他天天都能睡觉。以至于他的审讯者很奇怪，为什么每天夜里审讯他时他还那么精神。

在另一个古拉格集中营瓦库塔煤矿，他每天利用12～14小时开发TRIZ理论，并不断地为煤矿发生的紧急技术问题出谋献策。没有人相信这个年轻人第一次在煤矿工作，他们都认为他在骗人，矿长不想相信是TRIZ理论和方法在帮助解决问题。

1956年，阿奇舒勒和沙佩罗合写的文章“发明创造心理学”在《心理学问题》杂志上发表了。对研究创造性心理过程的科学家来说，这篇文章无疑像一枚重磅炸弹。直到那时，苏联和其他国家的心理学家还都在认为，发明是由偶然顿悟产生的，即来源于突然产生的思想火花。

2. TRIZ理论的发展与完善

TRIZ理论的法则、原理、工具主要形成于1956—1985年间，他将发明创造问题归纳为5个等级，39个工程技参数、40个创新原理；由创新思维方法与问题分析方法、技术系统进化法则、技术矛盾矩阵、物质-场分析标准解法和问题解决算法（ARIZ）5个分析和解决问题的方法论构成的一整套系统化的、实用的解决发明问题的理论方法体系。它成功地揭示了创造发明的内在规律和原理，并基于技术发展的进化规律来研究整个技术发展过程。可快速确认和解决系统中存在的矛盾，大大加快发明创造进程，提升创新的能力。

1959年，为了使他的理论得到认可，阿奇舒勒向苏联最高专利机构苏联发明创造者联合会写了一封信，他要求得到一个证明自己理论的机会。九年之后，在写了上百封信后，他终于得到了回信，信中要求他在1968年12月之前到格鲁吉亚的津塔里举行一个关于发明方法的研讨会。

这是TRIZ理论的第一个研讨会。之后，一些年轻的工程师在各自的城市开创了TRIZ理论学校，成百上千的从阿奇舒勒学校进行过培训的人，邀请他去苏联不同的城市举办研讨会和TRIZ理论学习班。

1969年，阿奇舒勒出版了他的新作《发明大全》。在这本书中，他给读者提供了40个创新原则，即第一套解决复杂问题的完整法则。

安格林是列宁格勒一位杰出的发明家，曾经饱尝艰辛，利用试错法发明了40项专利。安格林又一次参加了TRIZ理论研讨会，整个会议期间他都沉默不语。大家都离开后，他仍旧独坐在桌边，双手捂住头，“我浪费了多少时间啊！”他说，“我要是早些知道TRIZ该有多好啊！”

1989年，俄罗斯TRIZ协会成立，由阿奇舒勒出任主席。第一个TRIZ计算机辅助创新软件被开发出来，TRIZ理论开始从专家的研究应用走向教育普及。

1989年，苏联解体后，大批的TRIZ理论专家移居欧美等发达国家，将TRIZ理论传播到美国、欧洲、日本、韩国等地，TRIZ理论从此走向世界。

1993年，TRIZ理论正式进入美国，1999年，美国TRIZ研究院和欧洲协会相继成立。

1998年9月24日，阿奇舒勒逝世于彼得罗扎沃茨克，享年72岁。

3.2.3　TRIZ理论体系

创新从最通俗的意义上讲就是创造性地发现问题和创造性地解决问题的过程，TRIZ理论的强大作用正在于它为人们创造性地发现问题和解决问题提供了系统的理论和方法工具。

这一方法学体系是以辩证法、系统论和认识论为哲学指导，以自然科学、系统科学和思维科学的分析和研究成果为根基和支柱，以技术系统进化法则为理论基础，以“技术系统”“技术过程”、技术系统进化过程中产生的“矛盾”、解决矛盾所用的“资源”和技术系统的进化“理想化”方向为四大基本概念，包括了解决工程矛盾问题和复杂发明问题所需的各种分析方法、解题工具和算法流程。如图 3-8 所示。

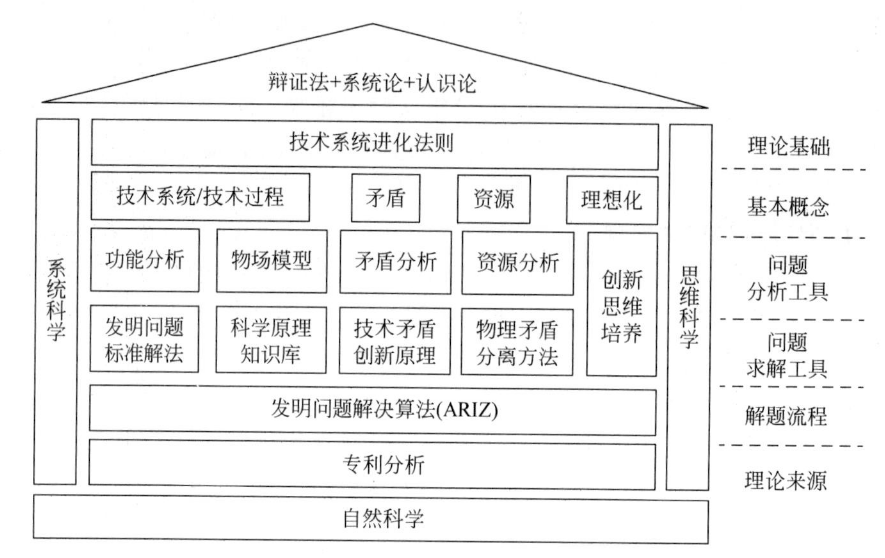

图 3-8 TRIZ 理论体系

TRIZ 理论体系具体包括以下方面的内容：

1. 创新思维方法与问题分析方法

TRIZ 理论中提供了如何系统分析问题的科学方法，如多屏幕法等；而对于复杂问题的分析，则包含了科学的问题分析建模方法-物场分析法，它可以帮助快速确认核心问题，发现根本矛盾所在。

2. 技术系统进化法则

针对技术系统进化演变规律，在大量专利分析的基础上 TRIZ 理论总结提炼出八个基本进化法则。利用这些进化法则，可以分析确认当前产品的技术状态，并预测未来发展趋势，开发富有竞争力的新产品。

3. 技术矛盾解决原理

不同的发明创造往往遵循共同的规律。TRIZ 理论将这些共同的规律归纳成 40 个创新原理，针对具体的技术矛盾，可以基于这些创新原理、结合工程实际寻求具体的解决方案。

4. 创新问题标准解法

针对具体问题的物场模型的不同特征，分别对应有标准的模型处理方法，包括模型的修整、转换、物质与场的添加等。

5. 发明问题解决算法 ARIZ

主要针对问题情境复杂，矛盾以及相关部件不明确的技术系统。它是一个对初始问题进行一系列变形及再定义等非计算性的逻辑过程，实现对问题的逐步深入分析，问题转化，直至问题的解决。

6. 基于物理、化学、几何学等工程学原理而构建的知识库

基于物理、化学、几何学等领域的数百万项发明专利的分析结果而构建的知识库可以为技术创新提供丰富的方案来源。

3.2.4　创新的5个等级

1. 5个创新等级

阿奇舒勒对250万个专利进行研究时，发现可以根据创新程度的不同，将这些专利技术解决方法分为5个创新等级。

第1级，简单发明。这个级别的专利占总数的32%。技术系统的简单改进，严格来说，这些专利不算发明，所要求技术在系统相关的某行业范围内，例如，增加壁的厚度以提高强度；以厚度隔离减少热损失；以大卡车改善运输成本效率等。

第2级，小型发明。这个级别的专利占总数的45%。技术系统的少量改进，要求系统相关的不同行业知识，例如，可调整倾斜角度的方向盘；中空的斧头柄可以储藏钉子；带小手电的钥匙链等。

第3级，中型发明。这个级别的专利占总数的18%。运用现有技术实现现有技术系统的重大改进，要求系统相关行业以外的知识。例如，原子笔、登山自行车、计算机鼠标等。

第4级，大型发明。这个级别的专利占总数的4%。运用新的技术产生新的一代技术系统，要求不同科学领域知识；例如，内燃机车取代蒸汽机车，集成电路取代晶体管等。

第5级，重大发明。这个级别的专利占总数的1%。主要指那些科学发现，一般是先有新的发现，建立新的知识，然后才有广泛的运用。例如，蒸汽发动机，飞机、激光等。

绝大多数发明属于第1,2和3级，而真正推动技术文明进步的发明是属于第5级的，但第5级的发明数量相当稀少，属于能够改变世界的发明。创新等级的饼图，如图3-9所示。

TRIZ理论认为，发明创造的5个级别中，最低级别是小改新，在原有的基础上修修补补，最高级别就是像电、蒸汽机、计算机、因特网这样的重大发明。人们的惯性思维对于3级以上的创新问题，特别是有根本性改变的发明问题是没有帮助的，更多的情况下会使你远离可行的解决方案。

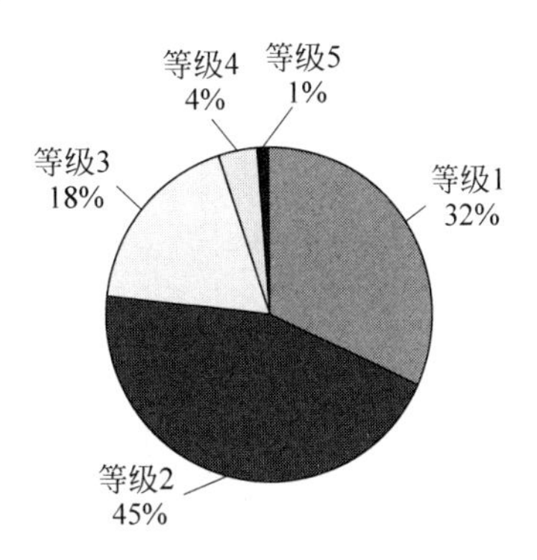

图3-9　创新等级饼图

对于第1级阿奇舒勒认为不算是创新，而对于第5级，他认为"如果一个人在旧的系统还没有完全失去发展希望时，就选择一个完全新的技术系统，则成功之路和被社会接受的道路是艰难而又漫长的。因此发明几种在原来基础上的改进是更好的策略"。他建议将这两个等级排除在外，TRIZ理论对于其他3个等级创新作用更大。一般来说，等级2,3称为"革新(innovative)"，等级4称为"创新(inventive)"。创新等级及特征，见表3-1。

表3-1　创新等级及特征

创新等级	创新的程度	知识来源	比例/%	专利新颖性	专利创造性
1	简单的改进	个人的知识	32	低	低
2	局部的改进	公司内的知识	45	中	中
3	根本的改进	行业内的知识	18	高	中高

续表

创新等级	创新的程度	知识来源	比例/%	专利新颖性	专利创造性
4	全新的概念	行业外的知识	4	全新	高
5	重大的发现	所有已知的	1	全新	最高

2. 各种创新方法的比较

对于第1级和第2级创新等级的小发明，试错法一般需要经历10～100次尝试，而对于第5级的重大的发现，即意味着一门新工业新学科的诞生（如发明晶体管）则要经历100 000次尝试。因此，试错法仅仅对第1级和第2级简单的发明问题有效，即可能的解决方案数目不超过100个，在这些方案中寻找合适的解决方案成功率还比较高。对第3级发明问题，由于可能会有上千个可能的解决方案，但这其中很多都是无效的解决方案，所以试错法的成功率实际上在解决第3级及以上发明问题时已几乎降为零。

头脑风暴法和试错法的区别在于：先产生很多不同的候选方案，然后再一起分析这些方案，而不是像试错法那样，产生方案和进行尝试是交替进行的。头脑风暴法对第1和第二级简单的发明问题是有效的，但对于更加复杂的发明问题，采用这种发明方法不可能猜想出解决方案。

TRIZ理论与传统的创新方法比较，其主要优点是它可从成千上万个可能的解决方案中快速找出复杂发明问题的最佳方案，而不是在可能的候选方案中进行大海捞针式的搜索。TRIZ理论主要优点表现在突破思维惯性；效率高；预测性高。

3.2.5 TRIZ理论的应用

1. TRIZ理论提升企业竞争力

进入21世纪后，TRIZ理论已经逐渐发展成为一套解决新产品开发实际问题的成熟理论和方法体系，在欧美、日本、韩国等地得到了极大关注，并在航空航天、信息产业、汽车制造、生物医药、石油化工、食品等诸多领域，以及波音、宝马、克莱斯勒、通用、三星公司、摩托罗拉、强生等很多世界500强企业中得到了广泛应用。例如，2001年，美国波音公司邀请25名苏联TRIZ理论专家对450名工程师进行两周TRIZ理论培训，取得了767空中加油机研发的关键技术突破，最终战胜欧洲空客公司，赢得了15亿美元空中加油机订单。

韩国的三星企业是亚洲地区应用TRIZ理论取得成功的最为典型的企业。韩国三星企业集团引进了十几位苏联的TRIZ理论专家，帮助该企业在产品开发上进行自主创新设计，使TRIZ理论在三星电子的六个主要部门（技术运营部、数字媒体部、电网络部、数字应用部、半导体部、LCD部）得到了广泛应用，取得了很好的经济效益。20世纪90年代，韩国三星集团曾因美国公司垄断IT业上游专利而陷入困境，1997年亚洲金融危机之时，三星集团身处险境，面临企业何去何从之选择，该公司适时引入了TRIZ理论开展企业技术创新工作。2003年，三星电子在67个研究开发项目中使用了TRIZ理论，为三星电子节约了1.5亿美元，并产生了52项专利技术。到2005年，三星电子的美国发明专利授权数量在全球排名第5，领先于日本竞争对手索尼、日立等公司。目前，三星电子是在中国申请发明专利最多的国外企业，从“技术跟随者”成为了“行业领跑者”。韩国三星电子TRIZ理论应用大事记，见表3-2。

表 3-2　韩国三星电子 TRIZ 理论应用大事记

年　　份	大　事　记
1995	设立内部设计学校—三星创新设计实验室
1996	董事长李健熙宣布本年度为“设计革新年”，强调设计人员在产品规划方面应处领导地位
1997	成立价值创新计划，邀请十多名前苏联 TRIZ 理论专家在研发部门进行 TRIZ 理论培训
1998	第一次进入美国发明专利授权榜前 10 名
1998	1998 年至 2004 年，共获得了美国工业设计协会颁发的 17 项工业设计奖，连续 6 年成为获奖最多的公司
2004	三星电子在美、欧、亚的各项顶级设计大赛中共获得 100 多项大奖，其中 2004 年 33 项
2005	美国发明专利授权超过 Intel 和日本竞争对手索尼、日立、松下、三菱和富士通公司

2. TRIZ 理论应用于非工程技术领域

TRIZ 理论广泛应用于工程技术领域，目前已逐步向非工程技术领域渗透和扩展，应用范围越来越广，由原来擅长的工程技术领域分别是向自然科学、社会科学、管理科学、生物科学等领域发展。例如，摩尔多瓦国家在 1995—1996 年总统竞选的过程中，其中两个总统候选人就聘请了 TRIZ 专家作为自己的竞选顾问，并把 TRIZ 理论应用到具体的竞选事宜中，取得了非常好的效果。两人中一位总统候选人成功登上总统宝座。再如，2003 年，“非典型肺炎”肆虐中国及全球的许多国家。其中新加坡的 TRIZ 研究人员就利用 40 个创新原理，提出了防止“非典型肺炎”的一系列方法，其中许多措施被新加坡政府采纳，并用于实际工作中，收到了非常好的效果。

3. TRIZ 理论中国化

2000 年，河北工业大学檀润华教授的创新方法研究所最早开始研究 TRIZ 理论；2001 年，亿维讯公司将 TRIZ 理论培训引入中国；2004 年，中国开始 TRIZ 国际认证。

2006 年，胡锦涛主席在全国科学技术大会上提出到 2020 年，使中国进入创新型国家的行列的新目标。在党的十七大报告中胡锦涛明确指出：“自主创新能力是国家竞争力的核心，是我国应对未来挑战的重大选择，是统领我国未来科技发展的战略主线，是实现创新型国家目标的根本途径。”

我国三位资深院士王大珩、刘东生、叶笃正给温家宝总理写信，提出了《关于加强我国创新方法工作的建议》。温家宝总理随即做出重要批示，要求科技部、教育部、发改委、中国科协认真研究、落实创新方法工作。经过调查研究和充分酝酿，四部委于 2007 年 10 月联合向国务院呈送了《关于加强创新方法工作的报告》，并形成了《关于加强创新方法工作的若干意见》。

创新方法工作成为科技部“十一五”重点工程，重点面向科研机构、企业、教育系统三个对象，加强创新人才的培养。并预言，中国的 3800 万科技人员有 10%的人接受了 TRIZ 理论培训，中国就肯定进入了创新型国家的行列。2007 年 8 月，科技部正式批准黑龙江省和四川省为“科技部技术创新方法试点省”。全面启动了创新方法的研究推广计划。

目前，我国各级政府部门、企业和高等学校纷纷聘请俄罗斯资深的 TRIZ 理论专家来中国授课，开展 TRIZ 理论的研究和推广工作，从此真正开始了 TRIZ 理论的中国时代。

3.3 计算机辅助创新工具(CAI)

3.3.1 CAI 概述

TRIZ 理论需要大量已有知识的支持,包括:技术知识、科学原理、专利知识、社会知识、成功案例、失败案例等。如何在有限的时间里从浩瀚的知识海洋中寻找有用的知识?全靠人力为之,真可谓大海捞针,而且面对越来越加快的知识更新速度,人脑已经无法有效地担当海量知识的记忆载体和处理中枢。因此,基于 TRIZ 理论的计算机辅助创新技术应运而生。1990 年,阿奇舒勒的一个学生开发了最早的两个基于 TRIZ 理论的计算机化产品:Invention Machine Lab 和 TechOptimizer"J。苏联解体后,随着 TRIZ 理论大师们移居欧美,TRIZ 理论在全球得到了广泛的传播和应用,国际上越来越多机构致力于研发基于 TRIZ 理论的创新软件。

经过十多年的发展,基于 TRIZ 的计算机辅助创新软件从最初的计算机化 TRIZ 工具已发展成为了以 TRIZ 理论为核心,融合现代创新方法、计算机技术、多领域科学知识为一体的较完善的计算机辅助创新 CAI 系统,并随着计算机技术的不断发展,CAI 技术将向智能化发展。CAI 技术的体系构成如图 3-10 所示。

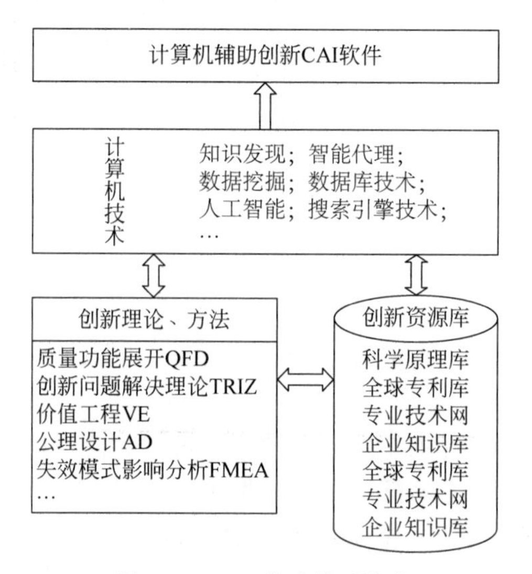

图 3-10 CAI 技术体系构成

目前,较有代表性的 CAI 软件有美国 Invention Machine 公司的 Goldfire Innovator、美国 Ideation International 公司的 InnovationWorkBench(IWB)、美国 IWlNT 公司的 Pro/Innovator,比利时 CREAX 公司的 CREAX Innovation Suite 以及乌克兰 TriSolver GmbH&Co. KG 公司的 TriSolver 等。

国产化的 CAI 软件,目前有河北工业大学 TRIZ 研究所开发的 InventionTool 软件、亿维讯公司的计算机辅助创新研发平台 Pro/Innovator、创新能力拓展平台 CBT/NOVA 和黑龙江省计算中心研发的“TRIZ 发明原理计算机辅助系统”。

3.3.2 CAI的主要功能

1. CAI的主要功能

CAI技术能帮助企业高效地进行产品创新开发，减少开发成本，加快新产品投放市场的速度。CAI有以下主要功能：

(1) 在概念设计阶段，CAI能有效地帮助设计者利用多学科领域的知识和前人的智慧，打破思维定式，正确地分析、发现技术系统中存在的问题，快速找到具有创新性的解决方案；

(2) CAI可及时跟踪和把握最新的技术动态，帮助设计者避免重复他人的已有研究，有效地规避现有的竞争专利；

(3) CAI可以对某项技术或产品的未来发展趋势做出预测，从而协助设计者把握新技术的先机；

(4) CAI在概念设计阶段即可对方案进行技术、经济评价，从而降低产品的研发和生产成本；

(5) CAI还可以有效地积累和管理企业智力资产，实现知识的积累、共享和管理的一体化，为企业提高核心竞争力储备知识。

现代的CAI技术是"创新理论＋创新技术＋IT技术"的结晶，使TRIZ理论不再只是专家们才能使用的创新工具，降低TRIZ理论门槛的同时，也加速了TRIZ理论的传播应用。

2. 计算机辅助创新研发平台简介

计算机辅助创新研发平台一般都包含项目导航、技术系统分析、问题分解、解决方案、创新原理、专利查询、知识库扩充、专利申请、方案评价和报告生成等模块。如图3-11所示。

图3-11 Pro/Innovator软件的模块

(1) 项目导航

提供解题过程中各模块的切换、方案评价、专利生成和项目报告生成等整个创新设计过程的导航。

(2) 技术系统分析

技术系统分析是基于能量流分析原理、价值工程原理、TRIZ理论的物场分析方法及技术系统进化法则等理论而开发的系统分析模块。通过在该模块中建立功能模型，并对其进行分析和评价，可以有效地揭示技术系统中存在的问题，从而找到进一步提升和改进技术系统功能的方向。

(3) 问题分解

运用三轴问题分析法，沿流程时序轴、系统层次轴和因果关系轴对初始问题进行分析与重定义，将复杂的工程问题分解成为多个子问题。帮助用户发现隐藏在表层问题背后的真正问题，以及充分利用系统资源的途径。

(4) 解决方案

实践证明，工程师遇到的80%的问题都已经在其他领域被解决。Pro/Innovator 中的解决方案基于对欧美900万高水平发明专利的分析，形成涵盖众多领域的创新方案知识库。它可以帮助用户及时发现已有的成功的解决方案，提供给用户在原有方案基础上快速寻求自己的问题的合理解决办法。

(5) 创新原理

为用户提供基于 TRIZ 理论的启发式问题求解。在创新原理模块中涉及的 TRIZ 理论以40个创新原理为主，每条创新原理均配以相应动画和文字，帮助使用者领悟创新原理内涵，同时提供该原理下从发明专利萃取的、来自不同工程领域的典型应用。

(6) 专利查询

Pro/Innovator 提供基于本体论的专利检索引擎，帮助企业研发人员及时了解美、欧、日最新的专利成果，评估专利级别，计算所关注的专利数量，分析技术发展动态，预测产品中技术系统的发展趋势。

(7) 知识库扩充

Pro/Innovator 提供了按需定制的创新方案库功能。客户可以将自己经过长期的业务实践而掌握的专业知识、经验和相关领域技术知识按照一定的方式组织起来，并构建其中的本体关系，让宝贵的企业经验从个体的知识变成公有的、可以共享的、有组织的知识，让中青年研发队伍有效地学习继承老专家的经验，为进一步的创新提供巨大的知识源泉。

(8) 专利申请

研发人员通常都不太熟悉专利申请流程，无法撰写符合国际专利文献格式的专利文件，于是往往把专利申请工作交给了专利事务所等代理机构，这样做产生的问题是，这些专利代理结构并不懂具体的专业技术，不清楚企业委托人的专利技术中具体的发明、创新点是什么，因此，往往要经过与企业委托人多次的、长时间的沟通才能奏效。

在 Pro/Innovator 中，专利生成模块可以随着创新项目的进展，自动生成申请专利的权利要求，支持美国专利中的发明和实用新型两种类型专利申请的辅助生成。撰写大部分申请专利的必备文字，同时进行新颖性检索，实现了申请专利的文件的实时处理，这样大大减少了后期处理的时间。

(9) 方案评价

系统内嵌的方案评价模型，可以帮助工程技术人员对创新原理模块中系统提出的备选方案进行评价，分析其可能存在的正面和负面效果。同时工程技术人员也可以修改和添加新的方案评价模型，并调用不同方案评价模型对项目方案进行评价。

(10) 报告生成

提供了四种不同的报告生成模板满足用户的不同需求。支持用户对报告生成模板的定制。

3.3.3 CAI 技术应用与推广

近年来,CAI 在全球航空航天、汽车、船舶、铁道、机械制造等行业中得到了长足的发展和广泛的应用,至今,世界 500 强企业中已有近 400 家企业在研发流程中采用 CAI 技术。例如,韩国三星电子集团,从 1997 年年底开始在产品研发中引入 CAI 技术,并组织 CAI 技术的培训和应用,在 CAI 技术专家的指导下研究适合自己的创新策略,开展各项技术改进活动。在 2003 年,共计节省资金 1.5 亿美元,产生 52 项技术专利。一项国外的相关调查数据表明,CAI 的运用可使产品设计和技术改进方案的形成速度提高 70%～300%。

目前,CAI 技术在我国航空、国防等行业有一定的应用。例如,中国航空工业集团公司沈阳飞机设计研究所自 2005 年年初起,在知识工程项目中引进先进的创新方法学 TRIZ 理论,基于亿维讯公司的计算机辅助创新研发平台 Pro/Innovator 及其知识库编辑器,建设开发了沈阳飞机设计研究所自己的知识管理平台和知识库。但总体来说,CAI 技术在我国应用刚刚起步,许多企业对 TRIZ 创新理论和 CAI 技术缺乏了解和掌握。虽然"创新"已成为了目前最热门的话题,然而,具体到产品研发工作中如何实现创新,人们却往往不知从何处入手。要让 CAI 技术真正成为企业创新的有力武器还需进一步推广。

在"以信息化带动工业化,以工业化促进信息化"的信息化建设进程中,没有 CAI 技术的信息化技术更是不完整的信息化技术。CAI 技术的出现为中国实现跨越式的发展提供了一个可行思路。CAI 技术将过去枯燥无味、需要设计者冥思苦想的概念设计工作变成了普通的技术工作。

本章小结

1. 创新方法决定创新效率。传统的创新方法有试错法和头脑风暴法等。传统的试错法是随机寻找解决方案的方法,它漫无目标,耗时巨大,创新效率极低。头脑风暴法首先是头脑风暴产生想法,然后对想法进行过滤。头脑风暴法耗费大量的时间和精力去对大量的思路进行筛选分析,容易延误解决问题的时间,同样存在有效率低下的问题。

传统的创新方法仅仅对解决第 1 级和第 2 级的简单的发明问题有效。

2. TRIZ 发明问题解决理论是苏联发明家阿奇舒勒对世界上 250 多万件专利文献加以研究、整理、归纳、提炼,建立的一整套体系化的、实用的解决发明问题的理论、方法和体系。TRIZ 理论源于创新实践,又反过来指导实践中创新,充分体现了辩证唯物主义的科学发展观。

3. TRIZ 理论与传统的创新方法比较,其优点主要表现在(1)突破思维惯性;(2)效率高;(3)预测性高。

第3章测试题

（满分100分，共含三种题型）

一、单项选择题（本题满分40分，共含10道小题，每小题4分）

1. 被誉为TRIZ理论之父的阿奇舒勒是(　　)科学家。

A. 美国　　B. 苏联　　C. 英国　　D. 德国

2. 没有体现TRIZ理论同以往创新方法的不同的是(　　)。

A. 通用、统一的求解参数　　B. 规范、科学的创新步骤

C. 广泛的适用性　　D. 打破思维定式

3. 按照TRIZ理论对创新的分级，“使用隔热层减少热量损失”属于(　　)。

A. 少量的改进　　B. 根本性的改进　　C. 显然的解　　D. 全新的概念

4. 技术系统最理想化的运行状态是指该系统的(　　)。

A. 最终理想度　　B. 理想度　　C. 最终理想解　　D. 理想化水平

5. 不属于最终理想解的特性的是(　　)。

A. 消除了原系统的不足之处　　B. 保持了原系统的优点

C. 引入了新的缺陷　　D. 没有使系统变得更复杂

6. 爱迪生以极大的毅力和耐心，先后实验了6000多种材料，做了7000多次实验，终于发现可以用棉线做灯丝，足足亮了45小时灯丝才被烧断。这使用的是(　　)。

A. 现代创新方法　　B. 试错法　　C. 设问法　　D. 尝试法

7. 屠呦呦发现青蒿素的主要途径是大量筛选、大量实验和灵感，主要采用了(　　)。

A. 试错法　　B. 尝试法　　C. 设问法　　D. 现代创新方法

8. 头脑风暴的(　　)会遏制住创新。

A. 文化差异　　B. 思维方式　　C. 权威　　D. 性格

9. 灯泡的发明利用了传统创新思维方法(　　)。

A. 逆向思维法　　B. 头脑风暴法

C. 发散思维法　　D. 试错法

10. 关于TRIZ理论的基本想法，正确的是(　　)。

A. 试错法　　B. 一种系统性的方法

C. 利用前人的作法　　D. 以上皆是

二、多项选择题（本题满分40分，共含5道小题，每小题8分）

1. TRIZ理论的核心思想是(　　)。

A. 其他领域的科学原理往往可以用来解决本领域技术问题，即所谓他山之石可以攻玉

B. 很多方法和原理在发明的过程中是在重复使用的

C. 技术系统的进化和发展是随机的，不可预测的

D. 技术系统的进化和发展并不是随机的，而是遵循着一定的客观趋势和规律

2. TRIZ 理论在哪几个级别的发明中可以起到有效的作用?

A. 第 4 级发明　B. 第 2 级发明　C. 第 1 级发明　D. 第 3 级发明

3. TRIZ 理论对创新分为 5 级，分别是简单的改进和(　　)。

A. 局部的改进　B. 根本的改进　C. 全新的概念　D. 重大的发现

4. 创新方法按照发展历程分为(　　)阶段。

A. 尝试法　B. 联想法　C. 试错法　D. 现代创新方法

5. 王国维用三段诗词组合,形象地描绘了古今之成大事业、大学问者,必须经过的三种境界包括(　　)。

A. 昨夜西风凋碧树,独上高楼,望尽天涯路

B. 衣带渐宽终不悔,为伊消得人憔悴

C. 天将降大任于斯人也,必先苦其心志,劳其筋骨,饿其体肤,空乏其身

D. 众里寻她千百度,蓦然回首,那人却在灯火阑珊处

三、判断题(本题满分 20 分,共含 10 道小题,每小题 2 分)

1. 阿奇舒勒认为,解决发明问题是有规律可循的。

A. 是　B. 否

2. 在实践中,人们遇到的各种发明问题以及相应的解决方案是需要不断完全创新的。

A. 是　B. 否

3. 传统的设计采用试错法

A. 是　B. 否

4. 阿奇舒勒所提出的“发明问题解决理论”强调的是通过发明来解决实际问题,因此他所说的“发明”基本上与创新是同义的。

A. 是　B. 否

5. 发明问题解决冲突所应遵循的规则是:改进系统中的一个零部件或性能的同时,不能对系统或相邻系统中的其他零部件或性能造成负面影响。

A. 否　B. 是

6. 不同领域的问题,可以用相同的方法来解决。

A. 是　B. 否

7. 解决系统中存在的冲突是 TRIZ 的理论基础和核心思想。

A. 是　B. 否

8. TRIZ 理论可以解决所有发明问题。

A. 是　B. 否

9. 阿奇舒勒所提出的“发明问题解决理论”强调的是通过发明来解决实际问题,因此他所说的“发明”基本上与创新是同义的。

A. 是　B. 否

10. 一切技术问题在解决过程中都有其独特性,没有可遵循的模式。

A. 是　B. 否

第4章 TRIZ 的 40 个创新原理

CHAPTER 4

4.1 TRIZ 创新原理的由来

1946 年，TRIZ（发明问题解决理论）的创始人阿奇舒勒年仅 20 岁，就职于苏联海军专利部门，他的主要职责是协助发明人填写专利申请书，但由于他本人就是一位天才的发明家（在他 14 岁时就获得了自己的第一个专利），因此别人常常请他帮忙解决创新过程中遇到的问题。他常常思考一个问题：发明家到底采用什么样的方法解决问题呢？阿奇舒勒坚信发明问题的原理一定是客观存在的，如果掌握这些原理，不仅可以提高发明的效率、缩短发明的周期，而且能使发明问题更具有可预见性。于是他开始研究世界各国的专利库，对来自世界各地的 250 万份专利进行严格分析，得出一个重要的结论：尽管大量专利问题各不相同，尽管这些问题来自不同的行业，但是用来解决这些问题的方法是相同的。于是阿奇舒勒就开始对这些方法进行总结和抽取，并最终找到了 40 个解决问题时最常用的方法。他的工作成果奠定了 TRIZ 理论的基础。如图 4-1 所示。

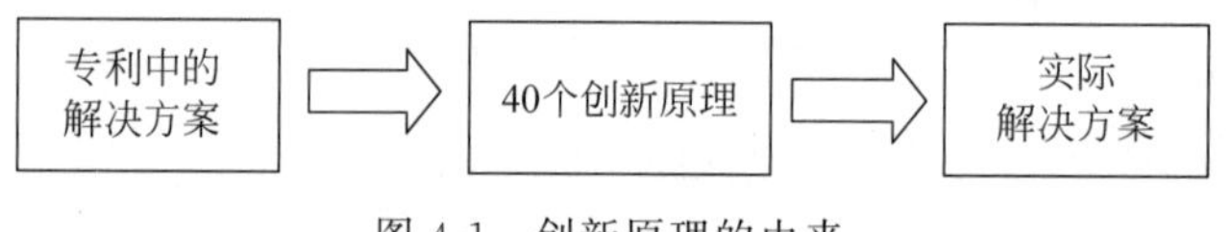

图 4-1 创新原理的由来

目前，40 个创新原理已经从传统的工程领域扩展到微电子、医学、管理、文化教育等当今社会的各个领域，它的广泛应用，产生了不计其数的专利发明。

4.2 40 个创新原理

1# 创新原理：分割原理

1. 内容详解

（1）将物体分成独立的部分；

例如，电脑分割为 CPU、显卡、声卡等，可分别独立制作，插接组合成 PC 机使用；将一块硬盘分成几个区域来使用；将大项目分解成子项目等。

（2）将物体分成容易组装和拆卸的部分；

例如，组合式家具；移动板房；抽油烟机可拆卸的油盒等。

（3）增加物体的分割程度。

例如，用百叶窗代替整幅大窗帘；中央空调出气口，被格栅分割成面向不同方向的出气口等。

对于无形的分割，例如，信息的频率分割多路传输制和时间分割多路传输制，前者是对频段进行分割，后者是对时间段进行分割。

2. 创新案例

例 4-1 KIBO 教育机器人

KIBO 教育机器人是由 KinderLab 机器人公司推出的一款专门为 4～7 岁儿童设计的机器人编程平台。在这个平台上，儿童可以用木块为这款机器人编程。它运用了分割的原理，将物体分割成了互相独立的部分。儿童通过自己的选择，对积木进行不同的组合，而每块积木代表不同的编程，KIBO 就会读取组合后的特定编程并会做出相应的动作。同时孩子们也可以通过不同的模块组合以及编码块的顺序组合来学习基础的编码知识和工程知识。如图 4-2 所示。

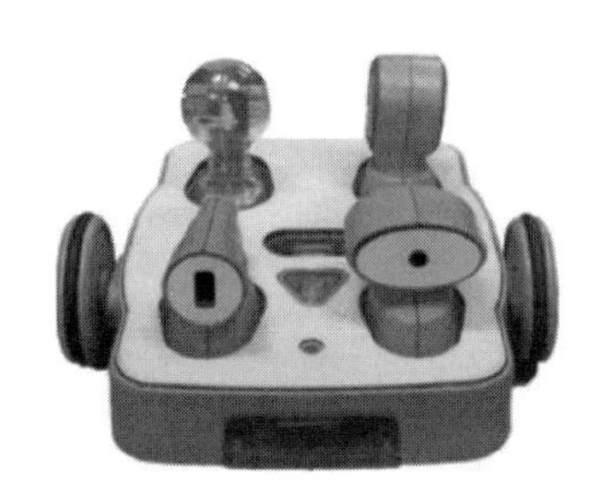

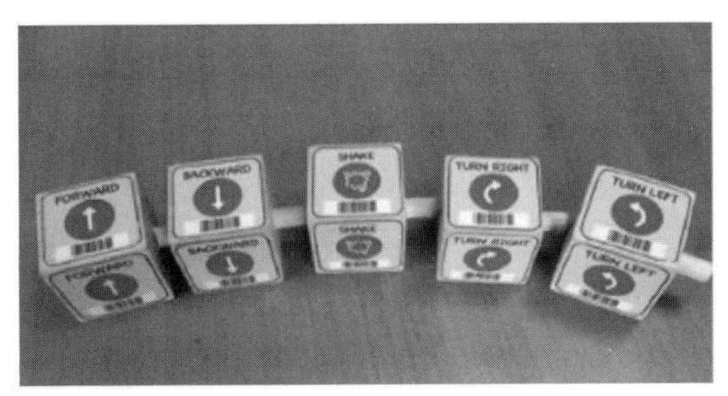

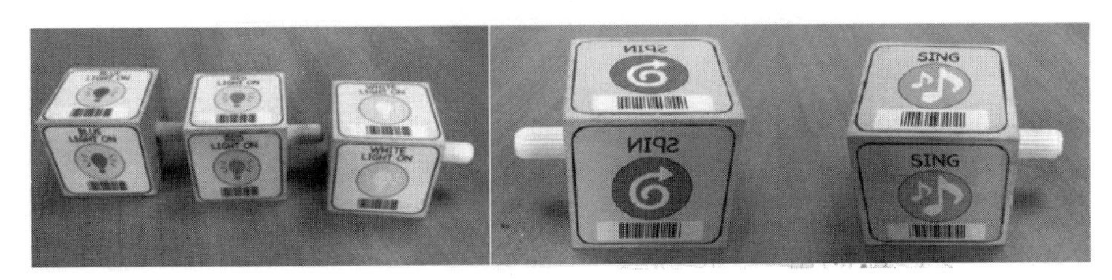

图 4-2 KIBO 教育机器人与指令模块

例 4-2 世界首创的水密隔舱

水密隔舱是中国古代造船工艺的一项重大发明，指的是将船体分成许多个舱区，各个互不相通，这样当船在航行时，若某一个舱区破损进水，船仍然不会沉没，这样的设计提升了船的安全性。水密隔舱，首先在内河船舶上使用，宋代以后，水密隔舱在海船上也得到应用。郑和船队的所有海船均采用水密隔舱结构。如图 4-3 所示。

例 4-3 曹冲称象的故事

曹冲聪明至极，五六岁时像大人般聪明。当时孙权送一头大象给曹操，曹操想知道大象的重量，大臣们没一个人能想法测出。

图 4-3　水密隔舱模型

曹冲提出的方案是：把大象牵到船上，船体吃水一定会更深，在水线处做一个记号。再把大象牵回到岸上，船体仍恢复空船的吃水深度。然后，往船上放石块，一直到水线与刚才的记号重合，这时石块的总重就是大象的重量，而分别称出每一块石块的重量是当时的衡器能做到的。如图 4-4 所示。

在这个故事里，显示出曹冲超人的智慧，他意识到重量是可以分割的。而曹冲这一认知是来自经验和观察。

图 4-4　曹冲称象的故事

2＃ 创新原理：抽取原理

1. 内容详解

(1) 从物体中抽出产生负影响的部分或属性；

例如，空气压缩机工作，将其产生噪音的部分，即压缩机放在室外；子弹将无用的弹壳丢弃，仅发送弹头；多级火箭冲出大气后将燃烧完的部分解体分离丢弃等。

(2) 从物体中抽出必要的部分或属性。

例如，将蟑螂、蚊子的天敌所发出的声音低频部分抽取出来，制作电子驱虫装置；在机场播放猛禽叫声驱赶鸟类；用稻草人来吓走啄食稻谷的鸟等。

2. 创新案例

例 4-4 避雷针的发明

18 世纪初，人们都认为天空中的雷电是上帝制造的，人类无法控制它。1751 年夏天，富兰克林在目击了雷电击毁其住处附近的一座教堂，并使之着了大火的过程以后，大胆推测天空中雷电现象和实验室里聚集的正负电荷间的爆炸、并产生火花现象是同样的道理。1752 年 6 月，富兰克林冒着生命危险，进行了著名的费城风筝试验。

这一天，狂风漫卷，阴云密布，一场暴风雨就要来临了。富兰克林和他的儿子威廉一道，带着上面装有一个金属杆的风筝来到一个空旷地带。富兰克林高举起风筝，他的儿子则拉着风筝线飞跑。由于风大，风筝很快就被放入高空。刹那间，雷电交加，大雨倾盆。富兰克林和他的儿子拉着风筝线躲进了一个建筑物内。此时，刚好一道闪电从风筝上空掠过，富兰克林的手上立即掠过一种恐怖的麻木感。他抑制不住内心的激动，大声呼喊："我被电击了！"随即他用一串铜钥匙与风筝线接触，钥匙上立即放射出一串电火花。随后，他又将风筝线上的电引入莱顿瓶中。

在进行风筝实验之后，富兰克林就发明了避雷针。其办法是：在建筑物的最高处立上一根 2～3m 高的金属杆，用金属线使它和地面相连接，等到雷雨天气，将雷电抽取出来引入地下，建筑物就不会遭雷电了。如图 4-5 所示。

图 4-5 雷电与避雷针

例 4-5 大仲马小说《三个火枪手》中的故事

大仲马在小说《三个火枪手》中，描述了普托斯是如何在裁缝店定制新装的。普托斯不允许裁缝接触他的身体，裁缝无法量体，僵持之中，剧作家莫里哀来到了裁缝店。

莫里哀将普托斯带到镜子前，然后让裁缝对着镜子里的普托斯进行测量，有效地化解了普托斯与裁缝之间的矛盾。这里，莫里哀将普托斯形体影像抽取出来，符合抽取原理。

3# 创新原理：局部质量原理

1. 内容详解

(1) 将均匀的物体结构、外部环境或作用改为不均匀的；

例如，实验室建设中，一般贵重实验仪器买最贵和最好的，其余的用普通的代替；复合钢菜刀，好钢用在刀刃上等。

（2）让物体的不同部分各具不同功能；

例如，带橡皮擦的铅笔；带起钉器的羊角锤；瑞士军刀等。

（3）让物体的各部分处于各自动作的最佳状态。

例如，把冰箱分为不同局部温度部分（冷冻室、保鲜室）等。

2. 创新案例

例 4-6 三个小金人的故事

曾经，有个小国使节到中国来，进贡了三个小金人，并告之：其中只有一个最有价值。从外观看，三个小金人一模一样。有人建议称一称重量，结果重量也一样，到底哪一个是最好的呢？

这时有个大臣拿出三根稻草，他把第一根稻草塞进第一个小金人的耳朵，结果稻草从另一只耳朵里出来了；把第二根稻草塞进第二个小金人耳朵里，结果稻草从小金人的嘴巴里出来了；把第三根稻草塞进第三个小金人的稻草里，结果稻草掉进了小金人的肚子里，最后大臣说："第三个小金人最值钱。"

第一种人，左耳进，右耳出，这样的人根本不懂倾听；

第二种人，听到的不经思考就说出了，多说无益；

第三种人，既懂得倾听，又懂得慎言，做到心知肚明。

4# 创新原理：非对称原理

1. 内容详解

（1）将对称物体变成非对称；

例如，将 USB 的插头设计成不对称的，以防止插错。

（2）已经是非对称的物体，增加其不对称的程度。

例如，为增强防水保温性，建筑上采用多重坡屋顶。

2. 创新案例

例 4-7 世博会上非对称建筑

（1）上海世博会中芬兰馆的外形宛若一个巨大的"冰壶"，外墙使用鳞状装饰材料，看似由许多冰块堆砌而成。芬兰馆四周都是水面，"冰壶"宛若一座矗立于水中的岛屿。"冰壶"的外形灵感来源于芬兰大自然，在冰川时期，芬兰还被埋在冰层之下，由于冰川的融化和流动，芬兰地壳岩石上就形成一个洞穴，在这个浑然天成的洞穴深处留下了一块光滑的圆石，被后人称作"瓯穴"。

"冰壶"的形状是一个非对称建筑。芬兰馆馆长介绍说："冰壶"名字灵感来自中国唐诗，就是从王昌龄的诗句"一片冰心在玉壶"中得到灵感，因此，给芬兰馆取了"冰壶"的名字。如图 4-6 所示。

（2）上海世博会中荷兰馆是一条名为"快乐街"的开放式展馆。"快乐街"，顾名思义，就是希望带给游客快乐和好运。它是一条呈数字"8"字形的街道。街道两侧，是 26 栋精致小巧的房子，高高低低，错落有致，互不遮挡光线。参观者将经过一栋栋"小房子"，感受到荷兰的风情、文化，以及这个国家对于舒适、美好生活方式的体验。如图 4-7 所示。

例 4-8 非对称设计的 Globo 茶壶

Globo 茶壶盖子与内部均采取不对称设计。当茶壶倾置时，茶包正可以泡入水中；当茶壶正放时，则茶包将不会继续泡于水中，可避免放置过久导致饮料浓度太高；另外茶壶口

图 4-6　上海世博会芬兰馆外景

图 4-7　上海世博会荷兰馆外景

特别设计的位置，使其在倾置时，饮料也不会因此流出。如图 4-8 所示。

图 4-8　Globo 不对称茶壶

例 4-9　在机舱座椅布局方面的应用

飞机是一个极为对称的系统。标准的座位布局是所有的座椅都一排排朝前向摆放，如图 4-9 所示。而根据不对称原理。面对面的座椅安排使得乘客的腿部相互交错而大大节省了空间，因此每个乘客所占的空间得到了有效的利用，如图 4-10 所示。

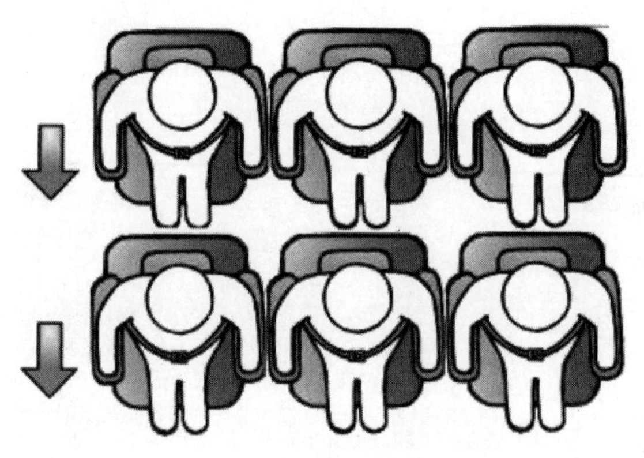

图 4-9　飞机标准的座位布局

图 4-10　非对称性原理在机舱座椅布局方面的应用

5# 创新原理：合并原理

1. 内容详解

(1) 在空间上将相同或相近的物体或操作加以组合；

例如，组合音响；在网络中使用个人计算机；在并行处理计算机中有成百上千的微处理器；在电路板上的多个电子芯片等；

(2) 在时间上将相关的物体或操作合并。

例如，冷热水混合龙头，将过去的两个龙头合并为一个龙头；保健理疗仪同时测出血压、血黏稠度等多种生理指标等。

2. 创新案例

例 4-10　组合式报刊《读者文摘》

第一次世界大战后，一个叫沃利斯的人头脑中产生了将各种杂志中优秀文章汇集于一刊的创意，结果出现了深受读者欢迎的《读者文摘》杂志(美国)。这份杂志在美国发行量达千万册，在全球已用 15 种文字发行。

例 4-11　组合式店铺

(1) 1994 年，日本东京出现了一家中药茶店，这是由一家中药店开办的。该店经理石川把中药店与茶馆组合起来，因此吸引了成千上万的顾客，这种兴隆的景象是东京其他中药店或茶馆望尘莫及的。这家中药店还将多年的中草药存货销售一空。有人统计，组合后的伊仓中药店比组合前的经营额高出几十倍。

(2) 美国有位商人开了家"组合式鞋店",货架上陈列着各式鞋跟、鞋底和鞋面,顾客可各自所需地挑选自己最心爱的鞋跟、鞋底和鞋面,然后交职员进行组合,接着一双称心如意的新鞋便可得手。此举引来了络绎不绝的顾客,使该店的销售额比邻近的鞋店高出好几倍。

例 4-12 玻璃磨削加工

某工厂接到一个大订单,需要生产大量椭圆形薄玻璃板。

工人们先将玻璃板切成长方形,然后将四角磨成弧形从而形成椭圆形。然而,在磨削工序中,出现了大量的破碎现象,因为薄玻璃受力时很容易断裂。

应用合并原理的解决方案是:将多层玻璃叠放在一起从而形成一叠玻璃,而且事先在每层玻璃面上洒一层水,以保证堆叠后的玻璃可以形成相当强的粘贴力。一叠玻璃的强度会远大于单层玻璃的强度,在磨削加工中就可以承受较大的磨削力,从而改善了玻璃的可加工性。

当磨削加工完成后,再分开每层玻璃,水分会自行挥发掉,从而获得了所需要的产品。

6# 创新原理:多用性原理

1. 内容详解

使物体具有复合功能以替代其他物体的功能。

例如:牙刷的把柄内含牙膏;可以移动的儿童安全椅,既可放在汽车内,拿出汽车外也可单独使用等。

2. 创新案例

例 4-13 上海世博会上"追光百叶"

上海世博会中城市最佳实践区"沪上·生态家",为普通的天窗安装了"追光百叶"。到了夏天根本不用开空调,阴天也不用开灯,甚至连室内的电灯,也由"追光百叶"自动控制了。"追光百叶"能自动跟踪太阳方位,实现遮阳、照明等多种功能。

"追光百叶"可以跟随太阳角度的变化而自动转变角度,一方面起到遮阳作用,另一方面反射环境光,提高室内照度。当室内光线达不到照明标准时,"追光百叶"会自动调整,同时室内灯光会自动亮起,其动力则来源于太阳能薄膜光伏发电板、静音垂直风力发电机等所产生的清洁能源。如图 4-11 所示。

图 4-11 上海世博会"追光百叶"

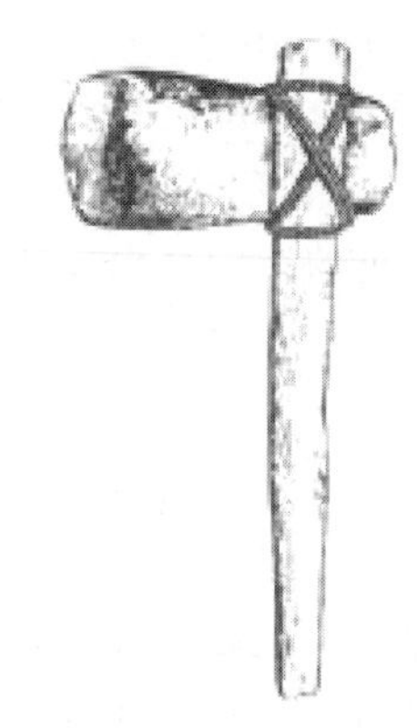
图 4-12　旧石器时代的石斧

例 4-14　石斧的发明

石斧是旧石器时代最重要的生产工具，出土的数量也最多。一个心灵手巧的猿人在用一块石刃切削、修理一根短木棒时，他发现把手中的这块石刃与短木棒设法用藤条或皮条连接成一体，比单独使用一块石刃或者短木棒更为顺手，于是，石斧的雏形就诞生了。经过不断改进，石斧具备了多种功能，人类既可用它作为武器，打击野兽，还可以用它砍伐树木、加工木材、制造木器等。如图 4-12 所示。

7# 创新原理：嵌套原理

1. 内容详解

把一个物体嵌入另一个物体，然后再嵌入第三个物体。例如，嵌式桌、60 层象牙球，如图 4-13、图 4-14 所示。

图 4-13　嵌式桌

图 4-14　中国人雕刻的 60 层象牙球

2. 创新案例

例 4-15　火星车的稳定性

一个科幻故事里描述了一次火星探险。宇宙飞船降落在一个石头山谷，宇航员乘坐一辆火星车开始火星之旅。这个特型火星车有巨大的轮胎,当行驶到陡坡时,很容易在石头的颠簸下翻车。如图 4-15 所示。

这个问题被刊登在一本杂志上,收到了大量的读者来信,提供下述解决办法:

(1) 在火星车的下面悬挂重物,降低整车的重心,增加稳定性;

(2) 将轮胎的气放出一半,轮胎下陷,增加稳定性;

(3) 在火星车的两边分别多安装一只轮胎;

(4) 让宇航员探出身体来保持车子的平衡。

上面的各种建议,确实能改善火星车的稳定性,但明显都带来另一些问题,比如:降低了火星车的运动性能,降低了车速,让火星车变得更复杂,增加了宇航员的危险性等。

应用嵌套原理的解决方案是:在火星车的轮胎里放置球形重物,这些重物可以滚动,总处在轮胎的最下面,以最低的重心来保持火星车的稳定。

同理,多面骰子保持稳定也是采用内置重球的办法,如图 4-16 所示。

图 4-15 火星车

图 4-16 多面骰子

例 4-16 特洛伊木马的故事

在古希腊传说中,著名的特洛伊战争发生于大约公元前 13 世纪。特洛伊王子帕里斯访问希腊,诱走了王后海伦,希腊人因此远征特洛伊。古希腊大军围攻特洛伊城,久久无法攻下。于是有人献计制造一只高二丈的大木马,让士兵藏匿于巨大的木马中,大部队假装撤退而将木马摈弃于特洛伊城下。城中得知解围的消息后,遂将“木马”作为奇异的战利品拖入城内,全城饮酒狂欢。到午夜时分,全城军民进入梦乡,藏匿于木马中的将士开秘门游绳而下,开启城门四处纵火,城外伏兵涌入,里应外合,焚屠特洛伊城。后世称这只大木马为“特洛伊木马”。如图 4-17 所示。

8# 创新原理:重量补偿原理

1. 内容详解

(1) 将某一物体与另一能提供上升力的物体组合,以补偿其重量。

例如,用氢气球悬挂广告条幅;游泳圈、救生衣等。

(2) 通过与环境的相互作用(利用空气动力、流体动力和浮力等)实现重量补偿。

图 4-17 特洛伊木马

例如,热气球;气垫船;潜水艇、水下机器人等。

2. 创新案例

图 4-18 RI-MAN 医用搬运机器人

例 4-17 RI-MAN 医用搬运机器人

RI-MAN 医用搬运机器人是由日本名古屋理研生物模拟控制研究中心开发的。它不仅有柔软、安全的外形,手臂和躯体上还有触觉感受器,使它能小心翼翼地抱起或搬动患者。从长远来看,RI-MAN 机器人能取代护工去照顾老人或体弱多病者,如图 4-18 所示。

例 4-18 飞机紧急降落之后

一架巨型运输机在起飞后出现了故障,紧急迫降在距离飞机场 200km 外的空地上。经过检查,发现飞机机体上出现了许多裂缝和损坏,必须将飞机运往工厂进行维修。

这架运输机非常重,专家们聚在一起,商讨如何将这个庞然大物运走。

应用重量补偿原理的解决方案是:将气袋固定在机翼下,然后充气,气袋所产生的浮力可以抬起飞机,然后将平板拖车开到飞机下面,拖走飞机。

9# 创新原理:预先反作用原理

1. 内容详解

(1) 预先预置反作用,用来消除不利影响。

例如:在溶液中加入缓冲剂以防止高 pH 带来的危害;给马钉上马掌等。

(2) 如果一个物体处于或将处于受拉伸工作状态,则预先施加牵引力。

例如:在浇注混凝土之前对钢筋进行预压处理;给畸形牙齿带上矫正牙套等。

2. 创新案例

例 4-19 杯形车刀车削方法(苏联发明证书 536866)

在车削过程中车刀绕自己的几何轴转动。为了防止产生振动,应预先向杯形车刀施加负荷力,此力应与切削过程中产生的力大小相近,方向相反。

例 4-20 暴风雨与管道

在靠近岸边约 5km 的海上,一艘挖泥船正在为航道进行清理工作,挖出的混着海水的泥巴通过一条管道被抽送到岸上,为保证管道浮在水面,管道上捆绑着一长串的浮桶。

面临即将来临的一场暴风雨，怎样能继续工作呢？

应用预先反作用原理的解决方案：管道不必浮于水面，而是沉入海水中。这样，暴风雨的影响就被消除了。

10＃ 创新原理：预先作用原理

1. 内容详解

（1）预置必要的动作、功能。

例如，不干胶纸，只要揭掉透明纸，就可用来粘贴；邮票上预先打孔，方便撕下单张使用；方便面预先配好调料外包装，并做成一次性的碗，用开水冲泡即可食用等。

（2）预先在方便的位置上安置相关设备，使其在需要的时候及时发挥作用而不浪费时间。

例如，手机预先存储话费；停车场的预付费充值卡等。

2. 创新案例

例 4-21 请你做侦探

一家粮油公司购买的食用油，用油罐车来运装，每罐可装3000L。但老板发现每次卸出的油都短缺30L，经过核准流量仪，检查封条和所有可能漏油部位后，没有找到食用油短缺的原因。

老板请来了老侦探调查这个问题，老侦探进行了暗地跟踪，发现油罐车在运送途中没有停过车，但依然短缺了30L，连老侦探也百思不得其解。

应用预先作用原理帮助解开了谜底：原来司机事先在油罐内挂了一个桶，当油罐中注满食用油时，桶中就盛满了食用油。但是卸油后，桶中的油却保存了下来。司机随后伺机取出这一桶油。

例 4-22 园艺师与钢筋混凝土

1865年春，一个叫约瑟夫·莫尼埃的园艺师整天要与花坛打交道。他在花坛中栽种令人陶醉的花卉，然而让他苦恼的是，那些单纯用水泥制成的花坛却很不结实，一不小心，就会被碰碎。于是，他在花坛的四周插上木棍，用绳子拦了两圈，以防止有人再将花坛碰碎。不过，这么做其效果仍然不尽如人意。有一次，莫尼埃不小心把一个花盆打坏了，他看到了如下情形：花的根纵横交错，形成网状结构，竟把松软的泥土箍得特别坚固。由此，他得到启发：如果在做花坛时，在水泥中预先加一些网状结构的铁丝，这样的花坛就非常坚固。于是，他按照自己的想法，重新砌了一个花坛。果然，花坛不再容易破碎了。有人将这种做法"克隆"到建筑上，从此钢筋混凝土在工程技术中得到了广泛的应用。

11＃ 创新原理：事先防范原理

1. 内容详解

采取事先准备好的应急措施，系统进行相应的补偿以提高其可靠性。

例如，降落伞的备用伞包；汽车安全气囊；飞机的备用输氧装置；电闸盒里的保险丝等。

2. 创新案例

例 4-23 危险的冰柱

北方的冬天，房子上的排水管里会形成坚硬的冰柱，有的长达数米。当春天来到时，排水管受到太阳的照射，吸收的热量会首先融化冰柱的外表。当融化到一定程度时，冰柱会在重力的作用下从排水管中滑落，撞破排水管的弯头，有时，冰柱碎块会从排水管中飞出，扎伤路过的行人。

应用事先防范原理的解决方案是：在冬天来临之前，在排水管里穿进一根绳子，冰柱中的绳子可有效防止冰柱滑落，保证其渐渐地消融。

图 4-19　神医扁鹊画像

例 4-24　扁鹊论医术

扁鹊是我国春秋战国时期的神医，如图 4-19 所示。有一天，扁鹊为魏文王治病。魏文王问扁鹊说："你们家兄弟三人，都精于医术，到底哪一位最好呢？"

扁鹊答说："长兄最好，中兄次之，我最差。"

魏文王再问："那么为什么你最出名呢？"

扁鹊说："因为我长兄的医术能够做到防患于未然，他看你的气色就知道你会有什么样的隐疾，他就会用药给你调理好，天下人都以为他根本不会治病，所以他毫无名气；我中兄会在人小病初起之时帮你治好将来可能很严重的疾病，所以说我中兄名气仅仅止于乡里；我就非要等到这个人的病发出来，到了生死边缘、病入膏肓时，我再下虎狼之药起死回生，所以大家认为我是一个妙手回春的天下神医。"

魏文王沉思良久，认为扁鹊说得非常有道理。任何事情事先防范胜过于事中防范，更胜于事后防范。

12＃ 创新原理：等势原理

1. 内容详解

在势能场内避免位置的改变。

例如，工厂中与操作台同高的传送带；电子线路设计中，避免电势差大的线路相邻；巴拿马运河上的水闸。

2. 创新案例

例 4-25　古塔是否在下沉

城市的中心广场有一座古塔，似乎在逐渐下沉。名胜古迹保护委员会前来测量研究这个古塔的下沉问题。测量的第一步是要选择一个高度不变的水平基准，并且在塔上可以看到这个基准以便进行比较测量。

很可能广场周围建筑也在一起下沉，所以需要寻找一个远离古塔而且高度不变的基准，最后他们选择了远离古塔 1500ft(1ft＝0.305m)的一个公园的墙壁，但古塔和公园的墙壁之间被高层建筑物遮挡住了，无法直接进行测量。

应用等势原理的解决方案是：拿两根玻璃管，一个安装在塔上，一个安装在公园的墙壁上，用胶管将其连接起来，然后灌入液体，就组成一个水平仪，两只玻璃管中的液体应保持同样的高度，在玻璃管上标出这个高度。如果古塔下沉，则塔上的玻璃管内液体会升高。

13＃ 创新原理：反向作用原理

1. 内容详解

(1) 用于原来相反的动作达到相同的目的。

例如，为将两个套紧的物体分离，将内层物体冷冻或传统的办法是将外层物体升温等。

(2) 把物体(或者过程)倒过来。

例如,将杯子倒置,以便从下面喷水清洗。

(3) 让物体可动部分不动,不动部分可动。

例如,加工中变工具旋转为工件旋转;健身器材中的跑步机等。

2. 创新案例

例 4-26 酒心巧克力的制作窍门

酒心巧克力的酒是怎么灌装进去的?

应用反向作用的答案是:先将酒降温,降到冰冻状态,将一颗颗冰冻的酒心颗粒放入巧克力中,然后进行成型,随后冰冻的酒心会在常温下恢复液体。酒心巧克力就制作完成了。

例 4-27 悬挂大钟

北京大钟寺的永乐大钟是传说中京城五大镇物之一,是明成祖为迁都北京彰显其功绩和加强其统治而铸造的,至今已有 580 多年的历史了。如图 4-20 所示。

永乐大钟高 6.75m,重 46.5t,最大直径 3.3m,在缺乏大型运输机械和起重机械的明代,面对这么庞大和沉重的永乐大钟,工匠们是如何将它悬挂在二层钟楼上的呢?

图 4-20 北京大钟寺的永乐大钟

聪明的工匠在悬挂大钟的木梁架前事先堆起了一座土山,让长长的土坡从平地一直延伸到木梁架下方,并在木梁架下方搭起钟架。冬季泼水成冰,将载有大钟的木板置于冰面上,牵动木板在冰面上徐徐前进。然后将大钟定位在钟座上,此时大钟的钟钮上的孔恰好与挂钟的 U 型部件上的孔对上,插上销钉,大钟就顺利吊装在木梁架上。最后挖掉钟座下的土,大钟悬挂完毕。

塔起钟架→堆起土山→将钟推上山→定位大钟→挂好大钟→挖去土山→建好钟楼,以土代替起重机,这个过程不仅利用了等势原理,而且还同时利用了反向作用原理(即先悬大钟,后盖钟楼)。

2008 年 4 月 29 日,北京大钟寺的永乐大钟传来庄重肃穆的钟声。为迎接第 29 届奥运会倒计时 100 天,永乐大钟破例敲响 29 下。

14# 创新原理:曲面化原理

1. 内容详解

(1) 将直线或平面用曲线或曲面替代,将平行六面体或立方体用球形结构替代。

例如,在建筑中采用拱形或圆屋顶来增加强度。

(2) 使用滚筒及球体状、螺旋状的物体。

例如,圆珠笔的球状笔尖使书写流利,而且提高了寿命;千斤顶的螺旋机构可产生很大的升举力。

(3) 利用离心力,以回转运动替代直线运动。

例如,用洗衣机中的离心甩干装置。

2. 创新案例

例 4-28 祖冲之与浆轮船

祖冲之是南朝科学家,精通数学、天文和历法,在中国历史上曾取得许多科学成就。他在昆山当县令时，制造出“以轮积水驱动的木轮船”。这种木轮船的两舷外侧安装叶片轮，叶片轮部分浸入水中，并与船舱内装配的脚踏和手摇机相连，带动叶片旋转。航速高于一般木帆船，被称为“千里舟”。这就是现代轮船的雏形。

用浆轮取代船桨，旋转取代直线。浆轮船的发明符合曲面化原理。如图 4-21 所示。

图 4-21 浆轮船

15# 创新原理：动态特性原理

1. 内容详解

(1) 自动调节物体使其各动作、阶段的性能最佳。

例如，飞机的自动导航系统；汽车的可调节式方向盘(或可调节式座位、后视镜)等。

(2) 将物体的结构分成既可变化又可相互配合的若干组成部分。

例如，折叠椅、笔记本计算机等。

(3) 使不动的物体可动或自适应。

例如，用来检查发动机的柔性内孔窥视仪；医疗检查中用到的柔性结肠镜等。

2. 创新案例

例 4-29 上海世博会中匈牙利馆“神奇的不倒翁”

走进匈牙利馆，展馆的中心是一个巨大的钢质类球体模型——“镇馆之宝”冈布茨。如图 4-22 所示。这个世界上最大的冈布茨高 1.5m，最大宽度 3m，重达 2t，是一种全新的几何形状，是世界上第一个只有一个稳定平衡点和一个非稳定平衡点，且两个点在同一平面上的均质物体。它是由两名匈牙利数学家发明的。它的特点是，无论以任何角度将其放置在水平面上，它都可以自行回到其稳定点。与不倒翁相比，不倒翁底部有内置重物，“冈布茨”却是完全均质的，不像不倒翁那样上轻下重。

图 4-22 上海世博会匈牙利馆的“神奇的不倒翁”

在展馆各处，还有10多个用各种材料做成的冈布茨供大家体验，每天都有无数参观者着迷于这个“神奇的不倒翁”。

匈牙利全国仅有1000万人口，却培养出了14位诺贝尔奖得主，是圆珠笔、直升机、望远镜、玩具魔方和维生素的发明地。冈布茨中文译作“攻不破”，体现了匈牙利民族性格：无论经历何种困难，总是能像冈布茨那样重新站起来。

16＃ 创新原理：未达到或超过的作用

1. 内容详解

若所期望的效果难以100％实现时，稍微超过或稍微小于期望效果，使问题简化。

例如，注射器抽药液时，先抽取较多的药液，再排出至需要的药量；油印印刷时，喷掉过多的油墨，然后再印刷，使字迹更清晰；大型船只在制船厂的制造，往往先不安装船体上部的结构，以避免船只从船厂驶往港口的过程中受制于途中的桥梁高度，而是待船只到达港口后再安装上部的结构。

2. 创新案例

例 4-30　脱坯制砖

考古发现表明，土坯（日晒干砖）的应用是中国原始建筑艺术上的一个重要成就。新石器时代晚期的龙山文化中已较多地使用土坯来建筑墙壁，在河南龙山文化的许多遗址里，都曾发现过土坯墙的房子。那时的土坯大小无一定规格，一般都比现在的土坯要大要厚。土坯墙比木骨泥墙具有更大的强度和耐久性。土坯的应用，不仅增加了墙体的载重力，同时，由于墙体厚度增加，房屋的保暖性也随之增强。

早期的土坯制作是在土地上划出一片区域，翻松土壤，加入一些麦秸，然后逐渐加水，用马踏土和泥，待泥均匀后，抹平，以刀划切，取出后即成土坯。但是，这样制作的土坯往往大小不一，于是人们想到了用砖模来做。

砖模制砖法的第一步是脱坯，即用木模把和好的砖泥做成坯，泥要填满装实，并且稍微高出砖模边缘一些，然后用铁丝弓沿模面刮平；第二步是在通风并阴凉的地方晾干砖坯；第三步建烧砖窑；最后一步是烧窑。

脱坯制砖要点，添泥高出砖模横面，最终将多余的泥去掉，保证制作的每一块土坯的厚度是一致的。

17＃ 创新原理：空间维数变化原理

1. 内容详解

（1）将一维线性运动的物体变为二维平面运动或三维空间运动。

例如，螺旋梯可以减少所占用的房屋面积。

（2）单层结构的物体变为多层结构。

例如，多碟CD机；立体停车场；在集成电路板两面都焊接电子元器件，比单面焊接节省面积。

（3）使物体倾斜或侧向放置。

例如，自动装卸车。

2. 创新案例

例 4-31　上海世博会中国馆的三维《清明上河图》

上海世博会中国馆最让人难以忘怀的是100多米长的动态宋代名画《清明上河图》。

三维《清明上河图》约是原图的 30 倍，需要 12 台电影级的投影仪同时工作；整个活动画面将以 4 分钟为一个周期，动态地展现宋代城市的昼夜风景。如图 4-23 所示。

图 4-23　中国馆与三维《清明上河图》

例 4-32　会变身的自行车

美国帕杜大学的工业设计师发明出了一种"变身三轮车"，它被美国《时代》杂志评选为"2005 年度最佳发明"之一，2006 年下半年上市，售价 100 美元左右。

图 4-24　会变身的自行车

对很多人来说，学骑自行车可能是件令人烦恼的事，经常会摔倒，尤其是儿童学骑自行车时可能会产生危险。这种变身三轮车，当骑车者加速时，它的两个后轮会靠得越来越近，而减速或停车时，两个后轮又会分开，骑车者根本不用担心车子会侧翻。如图 4-24 所示。

例 4-33　中国历史上第一个军事沙盘

据《后汉书·马援列传》记载，公元 32 年，汉光武帝征讨刘秀陇西的隗嚣，召名将马援商讨进军战略。马援对陇西一带的地理情况很熟悉，就用米堆成一个与实地地形相似的模型，从战术上做了详尽的分析。这就是中国历史上第一个军事沙盘。

马援堆米做沙盘，立体胜平面，无意中表达了空间维数变化创新原理。

18# 创新原理：机械振动原理

1. 内容详解

(1) 让物体处于振动状态。

例如，电动剃须刀。

(2) 已振动的物体，提高振动的频率(甚至到超声波)；

例如，超声波清洗物件。

(3) 利用共振现象。

例如，用超声波共振来粉碎胆结石或肾结石。

(4) 用压电振动代替机械振动。

例如，石英晶体振动机芯驱动高精度的钟表。

(5) 使用超声波振动和电磁场耦合。

例如，超声波加湿器采用超声波高频振荡，将水雾化为 1～5μm 的超微水珠；在高频炉里混合合金；微波炉等。

2. 创新案例

例 4-34　聪明的测量仪

化工厂车间里,一个巨大的容器中装有一种强腐蚀性的液体,生产时,液体从容器流向反应器,但进入反应器的液体量需要进行精确的控制。

工人们尝试使用了各种玻璃或金属制作的仪表,但它们很快就被液体腐蚀了。如果不测量流量,只测量液体高度的变化,因容器很大,高度变化很微小,无法得到准确的结果,而且容器接近天花板,操作上很不方便。

应用机械振动原理的解决方案是:现需要一台聪明的测量仪,不是测量液体,而是测量空隙。利用振动的原理,测量容器中液面以上的空气部分的共振频率,得到空气部分的变化量,从而准确推算出液面的细微变化量。

19# 创新原理:周期性作用原理

1. 内容详解

(1) 将连续动作改为周期性动作。

例如,警车所用警笛改为周期性鸣叫;汽车发动机内的排气阀门。

(2) 已是周期性动作,则改变其运动频率。

例如,可调节频率的电动按摩椅。

(3) 在脉冲周期中利用暂停来执行另一有用动作。

例如,打鼓的鼓点和套路;医用呼吸机在心肺呼吸中,每5次胸腔压缩后进行呼吸。

2. 创新案例

例 4-35　龙骨水车的发明

龙骨水车发明人是我国东汉发明家毕岚,他当时担任汉灵帝的"掖庭令",专门负责宫廷手工制品的制作。龙骨水车的具体结构是以木板为槽,头部和尾部有一大一小两个轮轴,尾部浸入水中间,踩动或手摇时,大轮轴带动小轮轴使槽内板叶刮水而上,灌溉于地势较高的田中。农忙季节车身则固定在堤岸的木架上。

龙骨水车的出现让简单、繁重的人工汲水,变成了由周期性机械运动实现连续汲水。因为水车槽内有一长串刮水板形似龙骨,故名"龙骨水车"。

龙骨水车是世界上最早的提水灌溉工具,它开辟了人类使用水利机械的先例,促进了人类农业的进步与发展。如图4-25所示。

图 4-25　龙骨水车

20＃ 创新原理：有效作用的连续性

1. 内容详解

(1) 物体的各个部分同时满载工作，以提供持续可靠的性能；

例如，连续弯折钢丝，以使其折断；按时缴纳手机话费等。

(2) 消除空闲或间歇性动作。

例如，计算机后台打印，不耽误前台工作。

2. 创新案例

例 4-36 穿山甲打洞的启示

某杂志上刊登了一个问题：在地底下可以随意穿行的车子应该是一个什么样子的？杂志社收到了很多解决方案：

(1) 用一辆拖拉机，前面装上铲子，把土挖开形成通道；

(2) 带翅膀的车子。

所有的设想都是将土从车前移到车后，而车后的土，需要运输处理掉才能形成通道。穿山甲打洞的原理是：将土一点点地用头拍到隧道壁上，这种连续的有效动作不断地重复，最后"挤"出一条隧道来。

应用有效动作连续性原理的"人造穿山甲"专利在苏联诞生，是一种前边带有尖锥形的切土机器，不仅将土切下来，而且挤拍到隧道壁上去。

21＃ 创新原理：减少有害作用的时间

1. 内容详解

将危险或有害的作业在超高速下进行。

例如，牙医使用高速电钻，避免烫伤口腔组织；快速切割塑料，在材料内部的热量传播之前完成，避免变形；照相用闪光灯。

2. 创新案例

例 4-37 "磁速"网球拍

菲舍尔公司推出的"磁速"网球拍不但不会限制你的正手击球，反而能击中最有效的击球点。在正常击球时，球拍的结构在恢复前会稍微变形。然而，一旦拥有"磁速"网球拍，安装在拍头两侧的两个单极磁铁有助于加快球拍恢复的速度，这样，球就有了更大的力量可以弹回到球网的方向。德国网球选手格罗恩菲尔德和其他著名选手都使用这种球拍比赛。

22＃ 创新原理：变害为利原理

1. 内容详解

(1) 利用有害的因素(特别是对环境的有害影响)来取得有益的结果；

例如，用废弃的热能来发电；废品回收二次利用；处理垃圾得到沼气发电；各种疫苗，利用细菌、病毒所产生的毒素来刺激人体产生免疫力。

(2) 将有害的要素相结合变为有益的要素；

例如，在腐蚀性的溶液中添加缓冲剂；在潜水中使用氦氧混合气，来消除空气或其他硝基混合物带来的氧中毒。

(3) 加大有害因素的程度直至有害性消失。

例如，森林灭火时用逆火灭火，"以火攻火"，形成隔离带，来防止森林大火的蔓延。

2. 创新案例

例 4-38　上海世博园的大"温度计"

在上海世博园风景如画的黄浦江边,一支硕大的温度计巍然矗立,随时给世博园区"量体温",入夜时分光芒四射、美不胜收,吸引了许多游客拍照留影。

图 4-26　大烟囱变身城市"温度计"

这支长达 165m 的温度计堪称世界最大的温度计,同时也是全球最高的气象信号塔。"温度计"原来是 100 多年前上海江南发电厂旧址的一根大烟囱改造的。

温度计醒目的红色刻度上,清晰显示了园区的实况温度。塔顶显示屏上,摄氏和华氏温度转换显示,每小时正点显示园区当天的最高和最低温度。到了夜晚,塔顶光芒四射的灯光根据天气情况开启"白色"或"紫色"。白色表示"好天气"(晴天、多云或阴天);紫色表示"坏天气"(下雨或下雪)。如果有灾害性天气来临,塔身屏幕还能显示相应灾害天气预警图案。如图 4-26 所示。

例 4-39　渥伦哥尔船长的遭遇

渥伦哥尔船长要从加拿大乘雪橇前往阿拉斯加,一个叫"倒霉蛋"的团伙给他买了一只"鹿"和一条"狗",但他实际收到的不是鹿和狗,所谓的"鹿"实际是牛,"狗"是狼。

渥伦哥尔船长并没有被难住,他巧妙地利用牛和狼之间的有害因素,顺利完成旅行任务。

渥伦哥尔船长将牛和狼一前一后套在雪橇上,受惊吓的牛拼命地拉着雪橇向前奔,狼想扑牛也拼命地拉着雪橇向前跑。

23# 创新原理:反馈原理

1. 内容详解

(1) 通过引入反馈来改善性能;

例如,声控灯;自动导航系统。

(2) 如果已经引入了反馈,则改变其大小和作用。

例如,自动调温器的负反馈装置。

2. 创新案例

例 4-40　烽火戏诸侯

公元前 1000 年左右,出现在中国古长城上的烽火狼烟是信息远距离传递的"鼻祖"。士兵登台值勤瞭望,当发现紧急情况时,白天即燃柴草、狼粪,冒浓烟的叫"狼烟";夜间燃明火,叫作"烽火"。由此来传递是否有敌人进犯的信息。如图 4-27 所示。

公元前 781 年周宣王去世,他儿子即位,就是周幽王。他有个爱妃名叫褒姒,褒妃虽然很美,但是"从未开颜一笑"。周幽王想尽法子引她发笑,她却怎么也笑不出来,于是有人想出了一个点起烽火戏诸侯的办法,想换取娘娘一笑。一天傍晚,周幽王带着爱妃褒姒登上城楼,命令四下点起烽火。临近的诸侯看到了烽火,以为西戎(当时西方的一个部族)来犯,便领兵赶到城下救援,但见灯火辉煌,鼓乐喧天。一打听才知是周幽王为了取乐于娘娘而干的荒唐事儿,各诸侯汗流浃背,狼狈不堪,敢怒不敢言,只好气愤地收兵回营。褒姒见状,果然淡然一笑。但事隔不久,西戎果真来犯,虽然点起了烽火,却无援兵赶到。原来各诸侯以为周幽王又是故伎重演。结果都城被西戎攻下,周幽王也被杀死了,从此西周灭亡了。

图 4-27　烽火传递信息

例 4-41　声呐工作原理

声呐工作原理与雷达一样,雷达是电磁波,而声呐是超声波。当超声波遇到物体后,就会反射回来,超声波接收器接收的是反射波,可以根据发射时间和接收时间的差,根据超声波在不同物体中传播的速度,计算出精确的距离。这是声呐的工作原理。如图 4-28 所示。

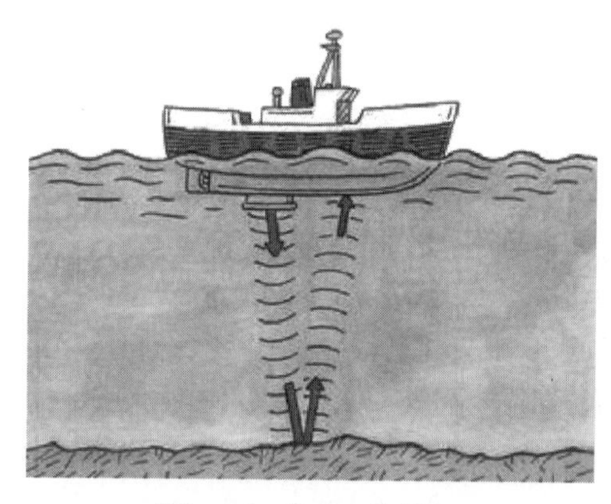

图 4-28　声呐工作原理

例 4-42　上海世博会的德国馆"动力之源"

上海世博会德国馆由自然景区和展馆主体组成,外墙包裹透明的银色发光建筑膜,主体由四个头重脚轻、变形剧烈、连成整体却轻盈稳固的不规则几何体构成,阐释了"和谐城市"的主题。如图 4-29 所示。

德国馆"动力之源"展厅顶端悬挂着巨大的、表面浮动着多种图像和色彩的金属感应球。大球重 1.3t,表面装有 40 万根发光二极管,主要用来显示图像。观众被分成两批跟着解说员的指令呼喊。听到喊声后,金属球上首先会闪现一只眼睛,自动找到声音最响亮的那个方向,然后,哪边的呼喊声大,金属球向那一边的摇摆也更为剧烈,同时,球体表面上亦不断展

图 4-29 上海世博会德国馆

现出一幅幅城市的美好图景，如图 4-30 所示。

图 4-30 德国馆“动力之源”展厅的金属球

据工作人员介绍，在“动力之源”大厅的顶部，围绕金属球一圈安放了 8 个话筒，可以从 8 个方向“收听”观众的呼喊。一台计算机分析这 8 个声音的分贝数，然后传递给安装在金属球悬挂绳索上的“黑盒子”，黑盒子启动传动装置，做出不同的摆动方向和力度等反应。同样，球上的视频展示也是由计算机控制随声音大小而变。

24♯ 创新原理：借助中介物

1. 内容详解

(1) 使用中介物实现所需动作。

例如，用镊子夹取细小的零件，用拨子弹奏琵琶，机器人探险，机器人排雷，等等。

(2) 把一个物体和另一个容易去除物暂时结合在一起。

例如，用托盘把热菜盘子端到餐桌上。

2. 创新案例

例 4-43 胶管上的孔

现在需要在一根长胶管上钻出很多径向小直径的标准孔，因为胶管很软，钻孔操作起来显得非常不容易。

有人建议用烧红的铁棍来烫出小孔。经过尝试,发现烫出的小孔很毛糙,而且很容易破损,不能满足质量要求。

应用借助中介物原理的解决方案是:先给胶管里面充满水,然后进行冷冻,待水冻成冰态时,再进行钻孔加工。加工完成后,冰融化成水,就很容易流出管道。

例 4-44 奥运开幕式上的"活字印刷"道具解密

活字印刷术是古代中国对人类科技文明做出的一项杰出贡献。2008 年奥运会开幕式上,由 896 块字模和 896 个演员构成的"活字印刷"表演不仅凸显了五千年中华文化的中国元素,而且其梦幻般的升降起伏所组成的百变图案和三种字体的"和"字,赢得了全世界的喝彩,如图 4-31 所示。

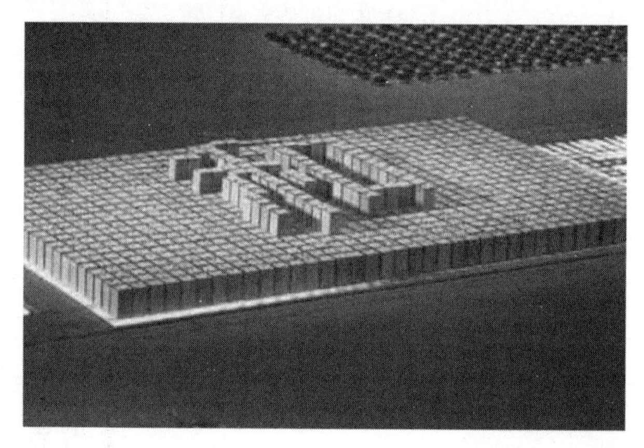

图 4-31 奥运开幕式上的"活字印刷"表演

"让几百个字模活起来,每个字都可以迅速而准确地上下移动,合起来组成一个活的图案。" 这是开幕式总导演张艺谋的一个创意。然而,字模越高,就会晃得越厉害,演员们举了几次后完全没有力量了,就像举哑铃似的。字模不稳定,又太重。

图 4-32 "活字印刷"道具

一个看似简单的创意实施起来却非常困难。根据张艺谋导演的想法,"活字模"道具的设计要轻、能升降且可以折叠。道具的总设计师是毕业于清华大学电机工程系的星光公司总工程师甄何平,他们借助"剪刀撑"的中介物实现所需动作,即将字模道具的骨架设计成像剪刀一样可以张合的活动机关,这个机关被套在两层分离的"字模筒"中,演员在拉动机关时,外层"字模筒"便会上下滑动,而内层的"字模筒"则保证外层"字模筒"上升时,里面的骨架和演员不会"穿帮",如图 4-32 所示。

25# 创新原理:自服务原理

1. 内容详解

(1) 使物体具有自补充和自恢复功能以完成自服务。

例如,饮水机、太阳能电池。

（2）灵活运用剩余的材料及能量或物资。

例如，将麦秸或玉米秆等直接填埋做下一季庄稼的肥料。

2．创新案例

例 4-45 上海世博会的物联网家电

（1）智能电网实现洗衣机自动错峰用电。

物联网洗衣机出现在上海世博会上。该款洗衣机与家庭电网连接，主动错过用电高峰期，寻求在用电低谷的时间段开始洗衣服，在这一过程中并不需要用户插手。该款产品由小天鹅与通用电器合作生产，目前已经在美国上市，得到美国政府的推荐并予以补贴。该款产品最大的优点就是为用户节约时间和能源，减少开支。

（2）物联网冰箱与食品对话。

海尔物联网冰箱在上海世博会山东馆展出。物联网冰箱可以通过与网络连接，实现冰箱与冰箱里的食品进行对话的功能。譬如，它知晓储存其中的食物的保质期、食物特征、产地等信息，并会及时将信息反馈给消费者；同时，部分"物联网冰箱"还能与超市相连，让消费者足不出户就知道超市货架上的商品信息，其次还能够根据主人放入及取出冰箱内食物的习惯，制订合理的膳食方案。

此外，物联网冰箱还是一个独立的娱乐中心，带有网络可视电话功能、浏览信息和播放视频等多项生活与娱乐功能。

例 4-46 钢珠输送管道的难题

在一个输送钢珠的管道中，拐弯部位在工作一两小时后就会坏掉。根本的原因是钢珠在高速气体的驱动下，对弯曲部位的管壁进行着连续撞击，很快就会撞出一个洞来。

应用自服务原理的解决方案是：在拐弯部位的管道外，放置一个磁铁，当钢珠到达磁场范围内时，会被磁铁吸附到管道内壁上，从而形成保护层。钢珠的冲击将作用在由钢珠形成的保护层上，并不断补充那些被冲掉的钢珠。这样，输送管道就被完全保护起来。

26# 创新原理：复制原理

1．内容详解

（1）使用简单、便宜的复制品代替难以获得的、昂贵的、易碎的物体。

例如，虚拟驾驶游戏机；听录音而不亲自参加研讨会。

（2）用图形来代替实物，可以按比例放大或缩小图形。

例如，用空间摄影技术进行调查，而不是实地进行；通过测量其照片来测量一个对象；通过声谱图来评估胎儿的健康状况，而不冒险采用直接测量的方法。

（3）如果已使用了可视的光学复制品，进一步扩展到红外线或紫外线复制品。

例如，利用紫外线诱杀蚊虫，红外夜视仪等。

2．创新案例

例 4-47 "秦俑馆一号铜车马"亮相上海世博会

秦俑馆铜车马共两乘，此次在中国馆展出的是"一号铜车马"，如图 4-33 所示。"一号铜车马"为双轮、单辕、驷马系驾，总重约 1040kg。主体为青铜所铸，通体饰有精美彩绘，配有1000 多件金银配饰。秦代工匠成功地运用了铸造、焊接、镶嵌、销接、活铰连接、子母扣连接、转轴连接等各种工艺技术，其极端复杂的制作工艺和精准的写实主义造型，不仅具有极高的历史研究价值，同时也反映出中国古代文化艺术的成就，代表着中华文明在两千余年前所达到的高度。

铜车马曾经尘封地下 2000 年,破损锈蚀严重,残片多达 3000 多片。陕西秦俑博物馆的考古工作者和文物专家经过 8 年研究、保护、修复,于 1988 年将两乘车马全部修复完成。20 年来,铜车马驻守陕西临潼兵马俑博物馆,接待了全世界超过 5000 万观众前来参观,并以"青铜之冠"的美誉成为当之无愧的国之瑰宝。据陕西秦始皇兵马俑博物馆馆长介绍,"一号铜车马"此次在中国馆的展出,是它出土 30 年后首次走出陕西。运输车都是特种车辆,所有配件均需要卸下单独包装,从数百千克的铜车、铜马到数克重的金银马饰,每件都要制作特别的包装箱和包装囊盒。

图 4-33 上海世博会中国馆"一号铜车马"

例 4-48 上海杜莎夫人蜡像馆的"世博形象大使"

(1) 上海世博会期间,"世博形象大使"郎朗、姚明、成龙的蜡像在上海杜莎夫人蜡像馆展出,引众多游客纷纷与之合影,如图 4-34 所示。

从皮肤到头发,蜡像的逼真程度令人啧啧称奇,郎朗自信满怀,姚明斗志昂扬,成龙笑容满面,惟妙惟肖的神态仿佛在欢迎四海嘉宾做客上海,也将他们所代表的开放与自信心态表露无遗。

图 4-34 "世博形象大使"郎朗、姚明、成龙的蜡像

(2) 素有"足球神童"之称的英国国脚鲁尼的蜡像出现在上海世博会的英国馆门前,如

图 4-35 所示。

27# 创新原理：廉价替代品

1. 内容详解

用廉价的物品代替一个昂贵的物品，同时降低某些质量要求，实现相同的功能。

例如，使用一次性的纸用品，如纸杯、一次性尿布、多种一次性的医疗用品，代替火箭外的隔热涂料，避免由于清洁和储存耐用品带来的费用。

图 4-35 鲁尼蜡像亮相英国馆门前

2. 创新案例

例 4-49 上海世博会概念车“叶子”

上海世博会概念车“叶子”是上海汽车工业集团最新设计的，该车车顶为一张奇异的拟生态叶子。“叶子”追求的是自然能源转换技术。作为最新一款“世博概念车”——“叶子”代表中国新能源汽车，启迪人们不断探索，发展清洁、可持续的汽车新能源。

这种创新性车顶能够像真的叶子一样制造氧气(风电转换器，进行二氧化碳吸附和转换)，同时车顶上的太阳能板可以制造并储存电(光电转换器，能把太阳能转换为电能)，更神奇的是它甚至能引导车子到阳光最充裕的地方。车子开动过程中，轮子中的纺轮也能发电。这种节能车不仅能降低车子的油耗，同时也有利于创造零排放的环境。概念车“叶子”如图 4-36 所示。

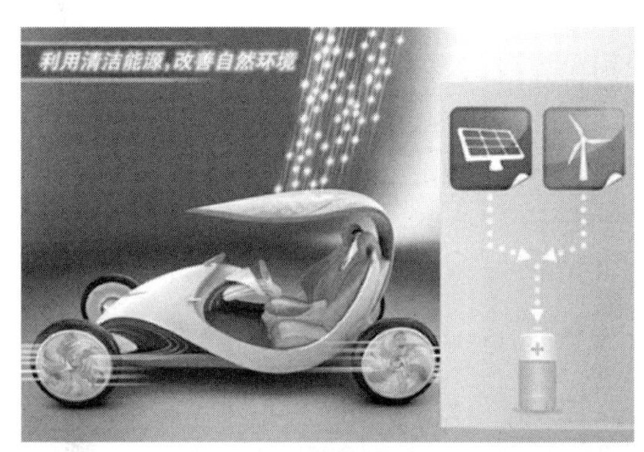

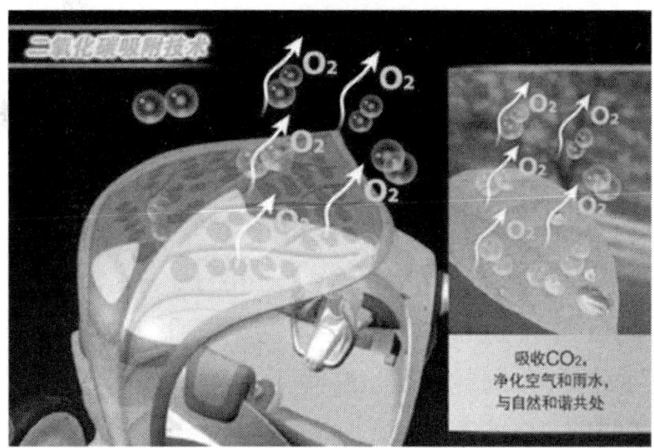

图 4-36 上海世博会概念车“叶子”

例 4-50 造纸术的发明

造纸术是中国古代四大发明之一，是人类文明史上一项杰出的发明创造。在造纸术发明的初期，造纸原料主要是麻纤维。麻纤维质地粗糙，夹带着较多未化解的麻纤维束，表面不光滑，很不适宜书写，一般只能用于包装，还面临产量少、成本高无法推广普及的困境。公元 105 年，造纸术的发明者蔡伦使用树皮、麻屑、破布、破渔网等为原料制成“蔡侯纸”，扩大了纸的原料来源，降低了纸的成本。

自从蔡伦改进造纸术之后，纸张便以新的姿态进入社会文化生活之中，并逐步在中国大地传播开来，随后又传播到世界各地。

从麻纤维纸到树皮纸，从树皮纸到竹纸，从竹纸到废纸、麦秆和稻草造纸，每一次造纸术的进步，都是以更易获得、更廉价的造纸原料的出现为契机。

28# 创新原理：机械系统替代

1. 内容详解

(1) 用视觉系统、听觉系统、味觉系统和嗅觉系统代替机械手段。

例如，在天然气中加入气味难闻的混合物，警告用户发生了泄漏，而不采用机械或电气类的传感器。

(2) 采用与物体相互作用的电、磁或电磁场。

例如，为了混合两种粉末，用产生静电的方法使一种产生正电荷，另一种产生负电荷。用电场驱动它们，或者先用机械方法把它们混合起来，然后使它们获得电场，导致粉末颗粒成对结合起来。

(3) 场的替代：从恒定场到可变场，从固定的场到随时间变化的场，从随机场到有组织的场。

例如，早期通信中采用全方位的发射，现在使用有特定发射方式的天线。

(4) 将场和铁磁离子组合使用。

例如，铁磁催化剂，呈现顺磁状态。

2. 创新案例

例 4-51 上海世博会门票

上海世博园区的日均客流量高峰一般会达到 80 万人次。如果是依靠人工手撕票或者是人工扫描票，世博会门票系统将面临难以想象的压力；而门票防伪一旦稍有疏漏，更将给参观者、主办方带来时间和经济上的损失。化解这些难题的玄机，就藏在 0.5mm 厚的世博会门票中，如图 4-37 所示。

图 4-37 上海世博会门票

上海世博会的门票内含一颗自主知识产权“世博芯”，其采用特定的密码算法技术，确保数据在传输过程中的安全。电子门票无须接触、无须对准即可验票，持票人只需手持门票在离读写设备 10cm 的距离内刷一下，便可轻松入场。此外，“世博芯”还可记录不同信息并用于不同类别的门票，以便为参观者提供多种类型的服务，比如“夜票”“多次出入票”等。通过“世博芯”采集的参观者信息将汇聚到票务系统的中枢，进行数据处理、分析，便于园区的管理。管理方就可据此了解园区内的人员密度，并进行科学的分流引导。

例 4-52 瓷器的“敲钟”

在瓷器的二次烧制工序之前，要进行检验，俗称“敲钟”，根据检验结果来确定第 2 次烧制的温度。“敲钟”的工序是这样进行的：检验员用一只特制的小锤轻轻敲击瓷器，然后根据声音判断烧制的程度。

由于这个工序对检验员的技能要求很高，而且这种人工判断的方式波动很大，公司决定使用机器人来代替检验员的工作。

于是，工程师们设计制造了有两只手的机器人，一只手拿瓷器，另一只手拿小锤。敲击的声音通过麦克风来接收，然后传送到声音分析仪进行分析判断。

机器人安装到生产线上后，很快又被搬走，恢复到原来人工检验的状态。原因是：机器人检验中，手臂移动得快会敲碎瓷器，缓慢移动将远远低于人工检验的速度。

应用机械系统替代原理的解决方案是：在陶瓷电阻生产的过程测试中，采用的是光测试，从电阻上反射的光强度取决于烧制的程度。所以，瓷器的检验也可以使用光测试来进行。

29# 创新原理：气压和液压结构原理

1. 内容详解

将物体的固体部分用气体或液体代替，如利用气垫、液体的静压、流体动压产生缓冲功能。

例如，充满凝胶体的鞋底填充物，使鞋穿起来更舒服；汽车的安全气囊；儿童的充气城堡(滑梯等)玩具；运输易损品时，经常使用发泡材料保护。

2. 创新案例

例 4-53 渴乌隔山取水

渴乌是东汉末年使用的一种灌溉工具，就是现代所谓的虹吸管。据《后汉书 · 张让传》记载，东汉中平三年(186 年)掖庭令毕岚“作翻车、渴乌，施于桥西，用洒南北郊路”，是渴乌的最早记载。唐李贤在对《张让传》进行注释时，用“以气引水上也”，说明渴乌依靠气压差引水的工作原理，当然其前提条件是进口端的高程高于出口端。唐杜佑所著《通典》载，渴乌可以“隔山取水”。方法是以大竹筒套接成弯管，以麻漆封裹，密不透气，跨过山峦，将临水一端置于水面之下五尺，然后在出口端放松枝叶和干草等易燃物，点燃后，稍冷，筒内形成相对真空，即可吸水而上。明清人又称为过山龙。小型渴乌也用作刻漏的注水部件等，如图 4-38 所示。

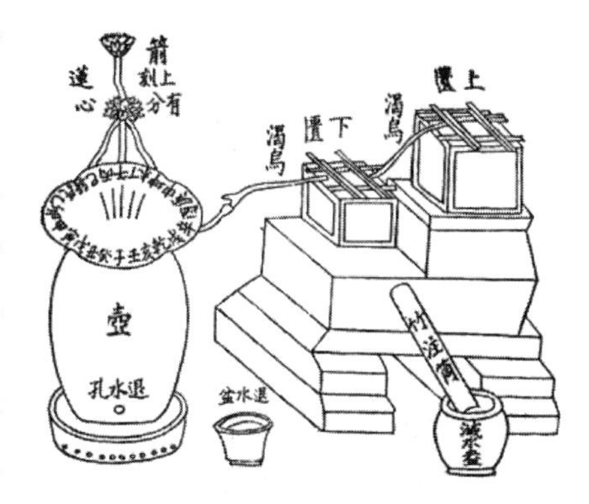

图 4-38 渴乌取水

例 4-54 飘扬的旗帜

在电影拍摄现场，一场激烈的战斗正在进行，兵对兵、将对将捉对厮杀，刀枪飞舞、马嘶人叫，场面好不热闹。可是，导演依然感觉不满意，他希望让旗帜在风中飘舞起来。

应用气压和液压结构原理的解决方案：将旗杆做成中空的，并在旗杆上部靠近旗子的位置钻上小孔。在旗杆的底部装上一个鼓风机，将风送上旗帜部位，从小孔吹动旗帜飘扬。

30# 创新原理：柔性壳体或薄膜原理

1. 内容详解

(1) 使用柔性外壳和薄膜代替传统结构。

例如，充气儿童城堡、农业上塑料大棚种菜。

(2) 用柔性外壳和薄膜把对象和外部环境隔开。

例如，用薄膜将水和油分别储存。

2. 创新案例

例 4-55 章鱼软体机器人

如今，柔性技术已经成为机器人领域的研究热点。2007 年，欧洲研究机构 BioRobotics 开始涉足"柔性机器人"领域，最新的研究项目是模仿章鱼的水下机器人。章鱼软体机器人的外形和章鱼相似，由头部和四个腕足组成，腕足伸展开来长度达 78cm，重量不到 1kg，76.4%的身躯由柔软的人造橡胶构成，如图 4-39 所示。

图 4-39 章鱼软体机器人

图 4-40 软体机器鱼

例 4-56 软体机器鱼

2021 年 3 月 4 日，浙江大学之江实验室高级研究专员李国瑞博士的论文《马里亚纳海沟中的自动软体机器人》荣登国际顶级期刊《自然》封面，如图 4-40 所示。

位于西太平洋的马里亚纳海沟是已知的海洋最深处，深约 10 911m，静水压极高(约 1100atm 的压力)、温度低、完全黑暗，被称为"地球第四极"。受到深海狮子鱼身体构造的启发，李国瑞带领团队开发了一个能进行深海勘探的软体机器鱼。该机器鱼身长 22cm，展翅 28cm，拥有机载电源、操控力以及水下自推进的能力。和那些依赖刚性笨重身体移动的游泳机器鱼不同，这个机器鱼的电子元器件被分散排布，封装在一种柔性有机硅材料中。在马里亚纳海沟最深 10 900m 处和南海最深 3224m 处进行的现场测试揭示了这个机器人极好的耐压和游泳性能。

目前，仿生深海软体机器鱼实现了两项关键性技术突破：适应深海静水压力的软-硬融合机器系统；适用于深海高压低温环境驱动的新型介电高弹体驱动器。

例 4-57 雨天也能工作

在一个码头上，一艘轮船正在装货。突然，大雨不期而至，当吊车将货物送入舱口，舱门被打开时，雨水也淋进货舱。怎样才能既可以阻止雨水进入货舱，又不妨碍货物进入？

应用柔性外壳或薄膜原理的解决方案是：做两扇充气门，当货物进入时，可以将气袋推向两边而顺利进入。没有货物时，两气袋对合形成门扇，可以遮雨。

31# 创新原理：多孔材料原理

1. 内容详解

(1) 使物体多孔或添加多孔元素，如插入、涂层等。

例如，蜂窝煤、机翼用泡沫金属。

(2) 如果一个物体已经是多孔的，则利用这些孔引入有用的物质或功能。

例如，用海绵储存液态氮；用多孔的金属网吸走接缝处多余的焊料；用药棉等。

2. 创新案例

例 4-58 焦炭炼钢

烟煤在隔绝空气的条件下，加热到 950～1050℃，经过干燥、热解、熔融、黏结、固化、收缩等阶段最终制成焦炭，这一过程叫高温干馏。焦炭是高温干馏的固体产物，主要成分是炭，是具有裂纹和不规则的孔孢结构体或孔孢多孔体。

当无孔的煤变成多孔的焦炭，借助焦炭中的气孔，火力得到有效发挥。由高温干馏得到的焦炭主要用于高炉冶炼、铸造和气化。图 4-41 所示为焦炭。

例 4-59 椰碳运动服

Cannondale 公司推出的新款自行车运动服“Carbon LE”是由一种新布料剪裁而成的，它具有防湿、除味、防紫外线等功能。它是由什么制成的呢？原来是从椰子中提取的炭。椰子的外壳被加热到 1600℃ 会生成活性炭(水和空气过滤器中使用的也是这种炭)，与纱线混合，织成“Carbon LE”布料。这些通过一个专利程序保持活性的炭颗粒，形成一种多孔渗水的表面。

图 4-41 焦炭

这种运动服防止异味和有害射线侵入，并能使身体排出的汗液迅速蒸发；经常清洁、晒干，纤维会焕然一新，骑车者穿着它会感觉更轻松。

例 4-60 上海世博会沙特馆

上海世博会沙特馆的投资额达到了十多亿元人民币，是上海世博会耗资最大的展馆。沙特馆形似一艘高悬于空中的“月亮船”，在地面和屋顶栽种枣椰树，形成一个树影婆娑、沙漠风情浓郁的空中花园。馆内介绍沙特阿拉伯地理、人口、历史、政治等内容，重点展示能源之城、绿之城、文化古城、新经济之城，四种类型的城市，揭示水、石油和知识是沙特阿拉伯城市发展的安身立命之本，如图 4-42 所示。

上海众融建筑工程公司参与建设世博会沙特馆泡沫混凝土保温工程，该公司提供的泡沫混凝土是一种轻质多孔材料。它与泡沫玻璃、泡沫陶瓷、泡沫铝并称为四大无机泡沫材料，是四大无机泡沫材料中产销量最大、最有发展前景的品种，比传统保温填充减轻三分之一重量，并在保温效果上更加突出。

图 4-42 上海世博会沙特馆外景

32# 创新原理：颜色改变原理

1. 内容详解

(1) 改变物体或周围环境的颜色。

例如，在冲洗照片的暗房中使用红色暗灯。

(2) 改变难以观察的物体或过程的透明度或可视性。

例如，感光玻璃。

(3) 在难以看清的物体中使用有色的添加剂或发光物质。

例如，利用紫外线识别伪钞；高速道路上施工工人的外衣可以在夜间发光。

2. 创新案例

例 4-61 上海世博会变色的澳大利亚馆

澳大利亚馆外表呈不规则状，俯瞰时就好像是澳大利亚的标志性景观——红色沙漠中的艾尔斯岩。这种红色的泥土是澳大利亚最具代表性的自然景观。即便是没有去过澳大利亚的人，也会在各种关于澳大利亚的图像资料中看过"北领地"那片遗世独立的红色沙漠，以及那突兀于茫茫荒原之上的巨石——艾尔斯岩(又称乌鲁鲁)。澳大利亚馆的设计师们煞费苦心地把它从荒漠搬到了上海，就是为了展现澳大利亚的特色，吸引更多人的眼球。尽管如此，他们还是不甚满意，他们希望在整个世博会期间都能成为人们眼中的焦点，于是，"变色"的创意应运而生。他们在展馆的外部采用了一种特殊的耐风化钢覆材料，令建筑不仅能完全适应上海的气候，还会随着气候改变颜色，到世博会开幕时最终会形成浓重的赭红色。这也正如乌鲁鲁巨岩每天在阳光不同角度的照射下会改变颜色一样，如图 4-43 所示。

33# 创新原理：同质性原理

1. 内容详解

将物体或与其相互作用的其他物体用同一种材料或特性相近的材料制成。

例如，使用与容纳物相同的材料来制造容器，以减少发生化学反应的机会；用金刚石制

图 4-43 会变色的澳大利亚馆

造钻石的切割工具；用旧轮胎修补破损的轮胎；使用可吸收缝合线缝合伤口等。

2. 创新案例

例 4-62 西班牙馆机器人"小米宝宝"

上海世博会西班牙馆第三展厅的入口处，坐着一个 6.5m 高的巨型机器娃娃"小米宝宝"，它能够很好地与观众互动，同时他还每天用中文和西班牙语问候过往的游客。晚上 10 点之后，他还会困，会睡着。最复杂的是，宝宝一共有 20 个动作 70 种表情，眨眼、抬头、微笑、皱眉，都是由一台电脑操控体内一套复杂的电力驱动系统完成，如图 4-44 所示。

图 4-44 西班牙馆机器人"小米宝宝"

"小米宝宝"，西班牙名字叫作米格林。这个巨型机器人在西班牙设计，在美国制作，分成 18 块运抵上海。机器人骨架由钢铝合金构成，身体由聚酯树脂组成，皮肤由透明可拉伸的硅胶做成，一头金发则是用马鬃一根一根做出来的。小米宝宝手上的皱纹清晰可见，如图 4-45 所示。

例 4-63 水果文身

现在一些产品包装员和分发员正在体验一种新的形式，利用一种自然光标签，就是用激光在水果和蔬菜表皮刻上识别信息，例如产地、种类等。用梨子进行味道实验，除了刻标签

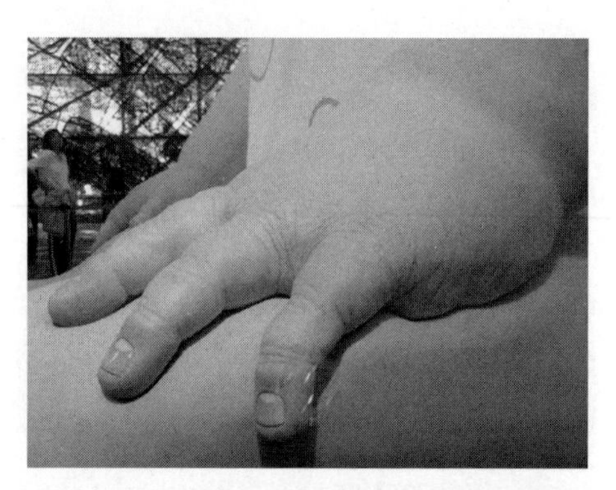

图 4-45　小米宝宝手上的皱纹清晰可见

的地方看上去有点怪怪的之外，吃起来并没有什么两样。

这里应用了同质性原理，就避免了使用额外的标签。

34＃ 创新原理：抛弃或再生原理

1．内容详解

（1）废弃或改造机能已经完成或无用的零部件。

例如，药品中使用的消溶性胶囊；火箭助推器在完成任务后立即分离。

（2）在生产过程中迅速补充物体所消耗和减少的部分。

例如，自动铅笔。

2．创新案例

例 4-64　上海世博会“百岁”砖瓦

在上海世博园区沪上生态家馆里，有一个“垃圾造的房子”，其建筑材料源于“垃圾”。大楼外立面和楼梯踏面铺砌的砖，是上海旧城改造时拖走的石库门砖头。内部的大量用砖是用“长江口淤积细沙”生产的淤泥空心砖，或是用工厂废料“蒸压粉煤灰”制造的砖头；连石膏板都是用工业废料制作的脱硫石膏板。还有大家看不到的木制屋面，其实是用竹子压制而成，由于竹子生长周期短，可以避免木材资源耗费，如图 4-46 所示。

图 4-46　沪上生态家馆的再生墙壁

例 4-65　熔模铸造工艺

熔模铸造又称失蜡法。失蜡法是用蜡制作所要铸成器物的模子，然后在蜡模上涂以泥浆，这就是泥模。泥模晾干后，再焙烧成陶模。一经焙烧，蜡模全部熔化流失，只剩陶模。一般制泥模时就留下了浇注口，再从浇注口灌入铜液，冷却后，所需的器物就制成了。

我国的失蜡法起源于春秋时期。河南淅川下寺 2 号楚墓出土的春秋时代的铜禁是迄今所知的最早的失蜡法铸件。此铜禁四边及侧面均饰透雕云纹，四周有 12 个立雕伏兽，体下共有 10 个立雕状的兽足。透雕纹饰繁复多变，外形华丽而庄重，反映出春秋中期我国的失蜡法已经比较成熟。战国、秦汉以后，失蜡法更为流行，尤其是隋唐至明清期间，铸造青铜器采用的多是失蜡法。图 4-47 所示为熔模铸造。

图 4-47　中国古代熔模铸造

失蜡法一般用于制作小型铸件。用这种方法铸出的铜器既无范痕，又无垫片的痕迹，用它铸造镂空的器物更佳。中国传统的熔模铸造技术对世界的冶金发展有很大的影响。现代工业的熔模精密铸造，就是从传统的失蜡法发展而来的。虽然在所用蜡料、制模、造型材料、工艺方法等方面，它们都有很大的不同，但是它们的工艺原理是一致的。

35＃ 创新原理：物理或化学的参数变化原理

1. 内容详解

改变物体的物理或化学状态、浓度或黏度。

例如，将氧气、氮气或石油气从气态转换为液态，然后运输，以减少体积和成本；用液体肥皂代替固体肥皂，可以定量控制使用，减少浪费，用时也更加卫生。

2. 创新案例

例 4-66　自动消失

铸造厂里，铸件表面需要清洁，常用的方法是吹沙机，用高速运动的沙子将铸件表面的污层冲掉。

但是，这个工序带来的一个问题是，铸件的缝隙里会残留沙子而且不易清除干净，尤其是又大又重的产品，解决起来更是困难。

应用物理或化学的参数变化原理的解决方案是：用冰粒来替代沙子。同理，冰粒也被用在土豆、红薯的清洁工序中。

36＃ 创新原理：相变原理

1. 内容详解

利用物体相变转换时发生的某种效应或现象，例如热量的吸收或释放引起物体体积变化。

例如，水在冰冻后会膨胀，可以用于定向无声爆破；热力泵就是利用一个封闭的热力学循环中，蒸发和冷凝的热量来做有用功的。

图 4-48 Micronal ® PCM 相变材料

2. 创新案例

例 4-67 上海世博会德国馆中的相变材料

巴斯夫是全球领先的化工公司。在上海世博会德国馆的“材料之园”展示区内,巴斯夫展示了用于改善未来生活方式的创新产品。其中,Micronal ® PCM 是由聚合物外壳和石蜡囊材组成的微胶囊相变材料,如图 4-48 所示。Micronal ® PCM 可以被用来控制室内的温度,因为它在白天吸收多余的热量,然后释放到夜晚较冷的环境中,将温度维持在令人舒适的范围内。

例 4-68 上海世博会美国馆中的相变材料

上海世博会美国馆取名“鹰巢”,展馆外观如一只展开双翅的雄鹰,欢迎远道而来的客人。如图 4-49 所示。

与其他国家馆的建设主要动用政府财政经费不同的是,美国馆的费用全部来自企业和个人赞助。特别是美国的化工企业更是一马当先,以创新的产品和技术解决方案参与建设,以科技成果与未来“创想”积极参加展示。这成为美国馆的最大亮点。

相变材料是随温度变化而改变形态并能提供潜热的物质。在由固态变为液态或由液态变为固态的过程中,相变材料可吸收或释放大量潜热。相变材料可调节室内温度。在美国馆二楼的一个展厅,没有空调但感觉温度舒适。因为展厅的墙壁内安装了杜邦的“自动空调”——高科技相变材料。杜邦的爱尼阿简(Energain)相变材料是石蜡与合成树脂的复合产品。石蜡在 18℃以下保持固态,当室内温度升至 22℃以上时会开始融化,吸收并积蓄热量;当室内温度又降到 18℃以下,石蜡就重新固化并释放热量。这种相变材料,把展厅的室内温度自动调节在 18～26℃,让参观者感觉十分舒适。

图 4-49 上海世博会美国馆

37# 创新原理:热胀冷缩原理

1. 内容详解

(1) 利用热膨胀或热收缩的材料;

例如,装配钢双环时,冷却内部件使之收缩,加热外部件使之膨胀,装配完成后恢复到常温,内、外件就实现了紧配合装配。

(2) 组合使用多种具有不同热膨胀系数的材料。

例如,热敏开关(将两种不同膨胀系数的金属片并连接在一起,当温度变化时双金属片会发生弯曲,实现温度控制)。

2. 创新案例

例 4-69 孔明灯的发明

孔明灯又叫天灯,相传是由三国时的诸葛亮(字孔明)所发明。当年,诸葛亮被司马懿围困于平阳,无法派兵出城求救。他算准风向,制成会飘浮的纸灯笼,系上求救的信息,其后果然脱险,于是,后世就称这种灯笼为孔明灯。如图 4-50 所示。

现代人放孔明灯多作为祈福之用。上海世博会台湾馆“天灯”的建筑外形源自中国古老的孔明灯。如图 4-51 所示。

图 4-50 诸葛亮发明的孔明灯

图 4-51 台湾馆“天灯”的建筑外形

例 4-70 李冰与自然爆破

李冰父子修建都江堰水利工程的第一期工程,就是开凿玉垒山,打通宝瓶口,把岷江水引入成都平原。

玉垒山的砾岩非常坚硬,不容易打通。2250 多年前,没有炸药,而且使用的也多为铁器,铁器的硬度也很有限。李冰当时也感到苦恼。有一天,他看见当地的一个老农烧石灰,把石块堆砌起来,然后架在窑里边,下面用火来烧,把石头烧红了以后泼上水,石头就变酥软了,变成了灰,石灰就是这么来的。用这个办法,李冰带了几个民工在玉垒山开凿了一个沟槽,上面堆上了柴火来烧,烧红了泼上冰冷的岷江水。在无火药不能爆破的情况下,李冰以火烧石,使岩石爆裂(热胀冷缩原理),大大加快了工程进度,用 8 年的时间在玉垒山凿出了一个横截面成梯形的山口。因形状酷似瓶口,故取名“宝瓶口”。

2250 多岁的都江堰,经受了历史上多次大地震的考验,又在汶川大地震中,丝毫未损,继续造福人类。

38# 创新原理:加速氧化原理

1. 内容详解

(1) 将普通空气用浓缩空气取代;

例如,水下呼吸器中存储浓缩空气,以保持长久呼吸。

(2) 用纯氧代替空气；

例如，用氧气-乙炔火焰做高温切割；用高压氧气处理伤口，既杀灭厌氧细胞，又帮助伤口愈合。

(3) 将空气或氧气用电离放射线处理，产生离子化的氧气；

例如，空气过滤器通过电离空气来捕获污染物。

(4) 用臭氧代替离子化的氧气。

例如，臭氧溶于水中祛除船体上的有机污染物。

2. 创新案例

例 4-71 上海世博会中国航空馆新材料

上海世博会中国航空馆总高度 22m，馆内部分为两层，身价是 2.8 亿元。这是世博会近 160 年历史上第一个航空主题展馆。

最大跨度 35m 的不规则的网壳结构支撑起 5500m^2、相当于 13 个篮球场面积的 PVC 薄膜。这种厚度仅为 0.7mm 的新材料不仅具有较高的强度和韧性，还具有环保节能的作用。PVC 膜表面的一层特殊的二氧化钛光触媒涂层，使得建筑表面不易附着污染物，经过雨水冲刷就可以清污，达到光洁如新的效果。另外，光触媒是一种在光照下具有极强的氧化还原能力的半导体材料，这种光触媒还能释放负氧离子，可以氧化空气中的二氧化氮、二氧化硫、一氧化碳等有害物质，起到净化空气的作用。如图 4-52 所示。

图 4-52 中国航空馆外景

例 4-72 矿渣吊桶的盖子

矿石熔炼后的矿渣，在 1000℃时倾倒进大吊桶，作为极好的原料被送往工厂加工成建筑材料。但运送过程中，吊桶中的矿渣会冷凝，在表面和铜壁附近会形成坚硬的壳，需要九牛二虎之力才可以破壳，倒出大半液态矿渣进行使用。而另外的少部分凝固的矿渣要倒掉都不容易，需要很多人力来清除吊桶内的残留硬壳。浪费巨大的资源和人力。

苏联发明家美克尔·夏洛波夫解决了这个问题，并马上被很多冶金厂应用。他的解决方案是：给吊桶中的灼热矿渣泼上冷水，矿渣和冷水急速氧化反应后会形成一层矿渣泡沫，泡沫有很好的保温作用，将矿渣和空气隔绝，相当于在矿渣表面加上了一个厚厚的"盖子"。这个"盖子"又不会妨碍矿渣倒出吊桶。显然，这个方案符合加速氧化原理。

39＃ 创新原理：惰性环境原理

1. 内容详解

(1) 用惰性气体环境代替通常环境；

例如，用氩气等惰性气体填充灯泡，防止发热的金属灯丝氧化。

(2) 使用真空环境。

例如，真空包装食品，延长储存时间。

2. 创新案例

例 4-73 霜冻提前来临

气象局通知，今年的霜冻将会提前来到。农场主沮丧地说，"这将是一场灾难。我们的大片菜地怎么办呢？这些蔬菜还未长大，仍然需要温暖的空气。"

应用惰性环境原理的解决方案是：给田地喷上一层惰性气体的泡沫，作为被子进行保温。

例 4-74 垃圾真空回收

上海世博会总接待人数将达 7300 万人次，如此大的人流量也意味着大量生活垃圾的产生。怎样在第一时间处理掉这些垃圾，保证垃圾桶不外溢，不产生异味，维护整个环境的整洁是个难题。无须人工收集，一套新型的智能化垃圾气力输送系统展现了它的本领。

在"一轴四馆"区域，道路两旁有不少智能化垃圾投放口，它的造型像一颗"小绿苗"，两片张开的"叶子"上分别标注有"可回收物"和"其他垃圾"字样，人们可将垃圾从这里分类投入，而"小绿苗"的底部却并没有垃圾储藏室。这种造型别致的垃圾箱是垃圾气力输送系统的一个组成部分。如图 4-53 所示。

图 4-53 智能化垃圾投放口"小绿苗"

气力输送系统属于密相中压气力输送，适用于不易破碎颗粒、粉料物料的输送，曾广泛应用于铸造、化工、医药、粮食的行业。垃圾气力输送系统的工作原理是利用环保型抽风机，使整个系统形成真空管道网络，在压差作用下空气流将垃圾吸往"垃圾收集站"，其平均运送速度可达 60m/s。"垃圾收集站"有个半埋地下的垃圾分离器，实施气、固分离，再经过压缩、过滤、净化、除臭等一系列处理，最后垃圾被送出园区，运至垃圾处理厂。如图 4-54 所示。

40＃ 创新原理：复合材料原理

1. 内容详解

用复合材料代替均质材料。

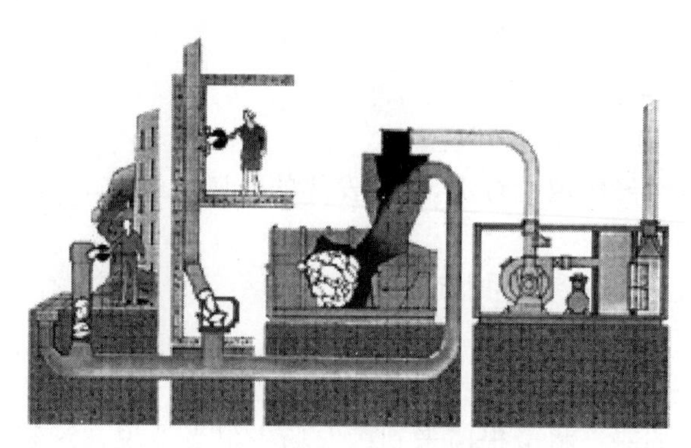

图 4-54 垃圾气力输送系统示意图

例如，复合的环氧树脂，即碳素纤维制成的高尔夫球杆更轻，强度更好，而且比金属更具有柔韧性；玻璃纤维制成的冲浪板更轻、更容易控制，而且与木制的相比更容易做成各种不同的形状。

2. 创新案例

例 4-75 复合材料在上海世博会大放光彩

(1) 园区道路穿新衣

上海世博园区的道路会呼吸、会透水，不会积水，行车不会打滑，也没有水雾和溅水。参观者即使在雨中行走，鞋也不会湿，其中的奥妙是世博园区道路有一层神奇“外衣”。这种神奇“外衣”就是新型的透水沥青混凝土，也叫排水性混凝土。它比普通的沥青混凝土透水率提高了 15%，能使雨水通过该层内部的连通空隙沿路面横坡排出路外，而不至于在道路表面形成径流，排水能力比普通沥青路面提高 4～5 倍。

(2) 展馆建材有玄机

上海世博会大量使用了复合材料。例如，中国馆外墙材料为无放射、无污染的国产高性能氟碳涂料，使用寿命可长达 20 年；连接中国馆、世博中心、文化中心四大场馆及周边轨道交通的“世博轴”在国内首次采用了具有自洁功能的加强型 PTFE 碳素纤维材料，使用寿命可超过 100 年，透明玻璃与金属架连接处则采用了高性能硅橡胶和化学黏合剂。此外，瑞士国家馆的智能 LED 帷幕由大豆纤维制成，既能发电，又能降解；日本国家馆的外墙是采用太阳能发电装置的超轻膜结构，号称“会呼吸的墙”，如图 4-55 所示；意大利国家馆采用的“透明水泥”，在混凝土中加入玻璃质地的成分，还带有不同透明度的渐变；芬兰馆白色“鱼鳞外墙”是新型纸塑复合材料的首次亮相；法国国家馆整座建筑被一种新型混凝土材料制成的线网“包裹”。

(3) 饮水、用餐都环保

世博园区的自来水管道上接出一只只热水瓶大小的水处理装置，每一只装置对应着一高一矮两个直饮水龙头，轻轻按下开关，纯净水便直接流进观众的口中。

这种直饮水设备是由同济大学等单位研制的膜生物反应器，其核心部件 PVC 膜是一根根酷似面条的淡黄色空心塑料管。每一根“面条”的过滤孔径只有 0.01μm，相当于头发丝的万分之一，水分子可以通过，其他大分子污染物则被截留，从而达到净化水质的效果。如图 4-56 所示。此外，世博会期间需要的一次性餐具采用生物质材料玉米制成塑料，对环境

图 4-55 日本馆外景

没有任何污染。

不仅是一次性杯子、托盘、包装盒，世博会上使用的路牌、胸卡、磁卡也是采用生物质材料制成。这种材料是将玉米等农作物通过生物发酵技术制备得到的聚乳酸，再经多种工艺制成多样的聚乳酸制品，用弃后可以自然降解，形成循环链，对环境无污染。

图 4-56 上海世博园园区的"直饮水"

4.3 创新原理的分类

4.3.1 有关创新原理的几点说明

40 个创新原理汇总，如表 4-1 所示。有几点说明如下。

表 4-1 40 个创新原理汇总表

序号	原理名称	序号	原理名称	序号	原理名称	序号	原理名称
1	分割原理	3	局部质量	5	合并	7	嵌套
2	抽取原理	4	非对称	6	多用性	8	重量补偿

续表

序号	原理名称	序号	原理名称	序号	原理名称	序号	原理名称
9	预先反作用	17	空间维数变化	25	自服务	33	同质性
10	预先作用	18	机械振动	26	复制	34	抛弃或再生
11	事先防范	19	周期性作用	27	廉价替代品	35	物理或化学的参数变化
12	等势	20	有效作用的连续性	28	机械系统替代	36	相变
13	反向作用	21	减少有害作用的时间	29	气压和液压结构	37	热胀冷缩
14	曲面化	22	变害为利	30	柔性壳体或薄膜	38	加速氧化
15	动态特性	23	反馈	31	多孔材料	39	惰性环境
16	未达到或超过的作用	24	借助中介物	32	颜色改变	40	复合材料

(1) 表 4-1 中的序号没有特别含义,不代表原理的优劣,只为检索方便;

(2) 各原理之间不是并列的,是相互融合的;

(3) 大部分创新原理都有几个应用方法;

(4) 每一项具体的发明用到的不只是一个原理,而是若干个原理的组合。两个组合就有 780 种,三个组合就有 9880 种,四个组合超过 90 000 种。

4.3.2 40 个创新原理的分类

可将 40 个创新原理进行分类如下:

(1) 提高系统效率的创新原理的序号是:

10、14、15、17、18、19、20、28、29、35、36、37、40

(2) 消除有害作用的创新原理的序号是:

2、9、11、21、22、32、33、34、38、39

(3) 易于操作和控制的创新原理的序号是:

12、13、16、23、24、25、26、27

(4) 提高系统协调性的创新原理的序号是:

1、3、4、5、6、7、8、30、31

本章小结

不同领域的问题,相同的解决方法。创新原理是 TRIZ 理论奠基人阿奇舒勒通过对大约 250 万份发明专利进行分析、归纳,发现并总结出来的,是解决矛盾的行之有效的创新方法。

本章首先介绍了创新原理的由来,然后详细介绍了阿奇舒勒的 40 个创新原理的具体内容,最后对 40 个创新原理进行了分类。

阿奇舒勒的 40 个创新原理是学习和应用 TRIZ 理论的基础。学习和掌握这些创新原理,可以帮助我们提高发明效率,缩短发明周期,使发明问题更具有预见性。

第 4 章测试题

（满分 100 分，共含四种题型）

一、单项选择题（本题满分 30 分，共含 10 道小题，每小题 3 分）

1. 关于“增加不对称性原理”，正确的解释是（　　）。
   A. 减少不对称物体的不对称程度　　B. 将对称物体变为不对称的
   C. 不对称往往要好于对称　　D. 打破物体原有的平衡
2. 以下不属于“预先作用原理”的案例是（　　）。
   A. 美工刀片上的沟槽让使用者可以折断钝的刀片
   B. 树木在砍伐前先注入需要的颜料，产生带颜色的木料
   C. 邮票打孔
   D. 将轮胎的外侧强度设计成大于内侧强度，以增加其抗冲击的能力
3. 在天然气中掺入难闻的气味给用户以泄漏警告，而不用机械或电子的传感器，是利用了 40 个发明原理中的（　　）。
   A. 原理 28：机械系统替代原理　　B. 原理 40：复合材料原理
   C. 原理 24：借助中介物原理　　D. 原理 36：相变原理
4. 伸缩变焦镜头最符合发明原理（　　）。
   A. 嵌套　　B. 机械振动
   C. 一维变多维　　D. 重量补偿
5. 螺旋梯可以减少所占用的房屋面积最符合发明原理（　　）。
   A. 有效作用的连续性　　B. 紧急行动
   C. 非对称　　D. 一维变多维
6. 打印机的回程过程中也进行打印最符合发明原理（　　）。
   A. 紧急行动　　B. 机械振动
   C. 周期性动作　　D. 有效作用的连续性
7. 用软的百叶窗帘代替整幅大窗帘最符合发明原理（　　）。
   A. 分割　　B. 抽取
   C. 非对称　　D. 一维变多维
8. “用氦气球悬挂起广告标志”是利用了 40 个发明原理中的（　　）。
   A. 局部质量　　B. 重量补偿
   C. 预处理　　D. 嵌套
9. 阿奇舒勒在对大量专利进行分析的基础上，提出了（　　）个发明原理。
   A. 25　　B. 30　　C. 40　　D. 45
10. 发明问题解决理论的核心是（　　）。
    A. 技术系统进化法则
    B. 39 个通用工程参数、阿奇舒勒矛盾矩阵、物理效应和现象知识库
    C. 发明问题的标准解法和标准算法
    D. TRIZ 理论中最重要、最有普遍用途的 40 个发明原理

二、多项选择题(本题满分 20 分,共含 5 道小题,每小题 4 分)

1. 在下面案例中,使用了分割原理的是(　　)。

   A. 组合式活动房屋

   B. 凸轮机构

   C. 用百叶窗代替整幅大窗帘

   D. 橡胶软管可利用快速拆卸接头连接成所需要的长度

2. 40 个发明原理来源于(　　)。

   A. 阿奇舒勒的猜想与灵感

   B. 阿奇舒勒所谓的“聪明”专利——应用跨行业知识的专利的总结和概括

   C. 大量专利中提炼出来的公认的科学概念、知识、原理和方法

   D. 阿奇舒勒个人专利的分析和总结

3. 以下属于“事先防范原理”的案例包括(　　)。

   A. 为防止偷窃,在物品上加上磁片。购买后可消磁

   B. 锯开石膏模时,容易使病患受伤。预先安置锯子在石膏模中

   C. 高速路转弯处设置滚筒式防护栏,这种新型旋转桶式防护栏可以对那些来不及减速的汽车起到保护作用

   D. 在水库底部预铺一层塑料,防止水的渗漏

4. 对“抽取原理”描述正确的是(　　)。

   A. 仅从物体中抽出必要的部分和属性

   B. 从物体中抽出可产生负面影响的部分或属性

   C. 把一个物体分成两个

   D. 去除一部分物体

5. 用软的百叶窗帘代替整幅大窗帘不符合的发明原理有(　　)。

   A. 抽取　　B. 预先作用　　C. 分割　　D. 非对称

三、判断题(本题满分 20 分,共含 4 道小题,每小题 5 分)

1. 40 个发明原理中的每一个都有固定的编号。

   A. 否　　B. 是

2. 发明原理是解决发明问题的一个非常重要的工具。既可以结合 TRIZ 理论中其他工具使用,也可以作为一个独立的解决发明问题的工具使用。

   A. 否　　B. 是

3. 40 个发明原理中的每个原理的各子条目(原理说明和解释)之间有层次高低,前面的较为概括,后面的更加具体。

   A. 是　　B. 否

4. 不同领域的问题,可以用相同的方法来解决。

   A. 是　　B. 否

四、简答题(本题满分 30 分,共含 10 道小题,每小题 3 分)

请分析以下问题,并指出它体现了哪个创新原理。

1. 为什么登山队员不能大声说话?
2. 外科医生做手术的时候是如何防止感染的?

3. 诸葛亮发明的孔明灯体现了哪个创新原理？

4. 寒冷的冬天，假如没有吊车，如何将重达一吨的变压器从高处搬运至地面？

5. 牵引式人造卫星

牵引式人造卫星工作原理，如图 4-57 所示。将太空船（每船带有推进系统）定位到某特定轨道。从母船中发射出一个受缆绳牵引的人造卫星，这样就可以通过缆绳将人造卫星定位在二级轨道上。因此，一个太空船可以同时在几个位置进行空间探索，进行更多研究。

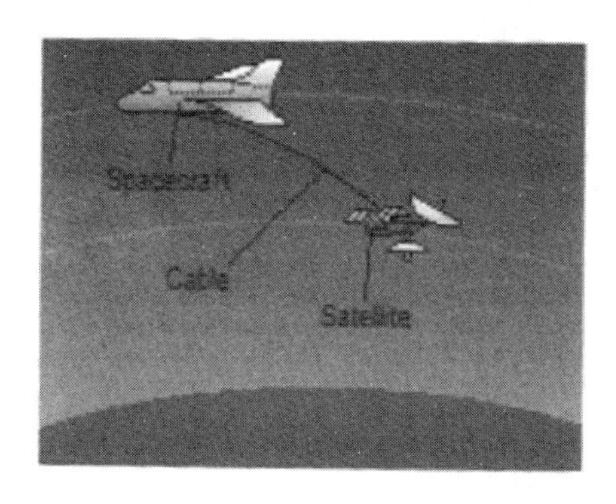

图 4-57 牵引式人造卫星

6. 挖掘机长柄勺唇缘

传统的挖掘机长柄勺唇缘是由一块硬钢成形的。如果唇缘上某部分磨损或损坏，整个唇缘就必须更换。这是一个极其耗费劳动力和时间的工作，会导致挖掘机停机怠工。

为使长柄勺的唇缘更耐用，现将唇缘做成单独的可分开的部分。当某一部分损坏或磨损，可以快速且容易地更换。如图 4-58 所示。

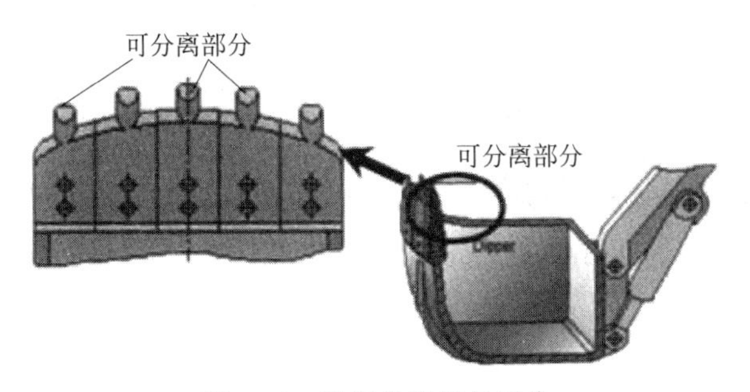

图 4-58 挖掘机长柄勺唇缘

7. 舌头味觉接收功能

人类味觉接收器在舌头及软腭上。接收器正好可以对四种刺激做出反应，它们是甜（如糖）、酸（如柠檬汁）、苦（浓咖啡）、咸（如食盐）。如图 4-59 所示。

8. 轮胎胎面非对称花纹

带有对称胎面花纹的充气汽车轮胎最外侧区域磨损比最内侧区域磨损快得多。而带有非对称胎面的充气轮胎将使磨损更为均匀。如图 4-60 所示。

9. 方形西瓜

方形西瓜可减少西瓜在运输中的占空和滚动。如图 4-61 所示。

10. 燃气阀

为节省钢料，燃气阀将弯把去掉搞直。如图 4-62 所示。

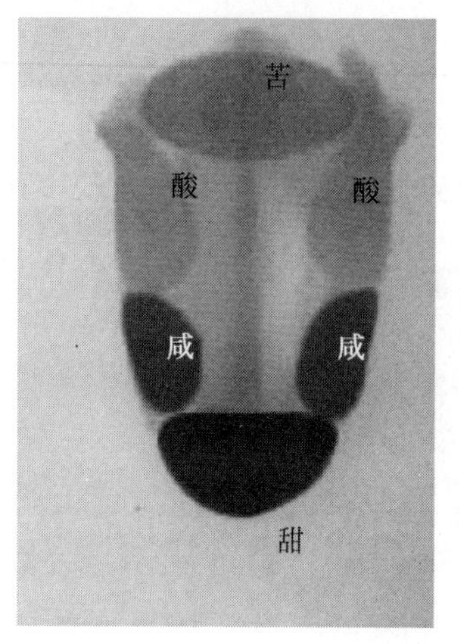

图 4-59　舌头味觉接收功能

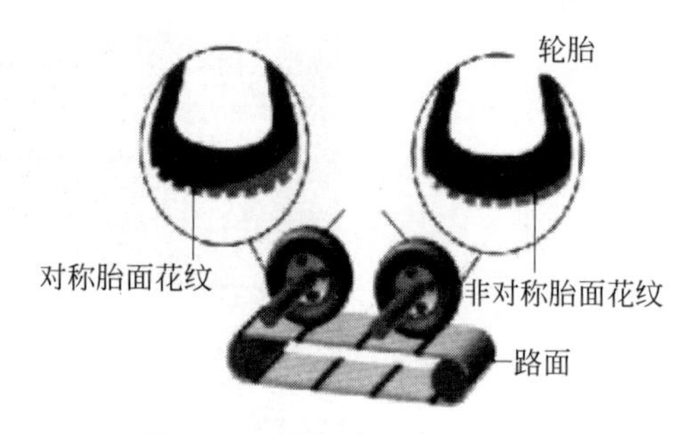

图 4-60　轮胎胎面非对称花纹

图 4-61　方形西瓜

图 4-62　燃气阀

第5章 TRIZ创新工具体系

CHAPTER 5

5.1 TRIZ创新工具体系简介

TRIZ创新工具体系中一共有四种问题模型：技术矛盾、物理矛盾、物场模型和"How to"模型，相对应的创新工具有：矛盾矩阵、分离方法、标准解法系统和知识库。见表5-1。

表5-1 TRIZ创新工具体系

问题属性	问题模型	定 义	创新工具	解决方案模型
参数属性	技术矛盾	两个技术参数之间的矛盾	矛盾矩阵	创新原理
参数属性	物理矛盾	同一个技术参数两个不同要求	分离方法	分离方法
结构属性	物场模型	实现技术系统功能的某机构要素出现问题	标准解法系统	标准解法
资源属性	How to模型	寻找实现技术系统功能的方法与科学原理	知识库	知识库中的方案

阿奇舒勒提出了TRIZ解决问题的一般流程，大致分为三个步骤：

首先，将待解决的实际问题转化为TRIZ中的某种通用问题模型；

然后，利用TRIZ中相应的创新工具，得到TRIZ的解决方案模型；

最后，结合实际问题得到最终解决方案。

可见，TRIZ解决问题一般流程是从"特殊"到"一般"，又从"一般"到"特殊"的数学建模过程。TRIZ创新工具及解决问题的模式，如图5-1所示。

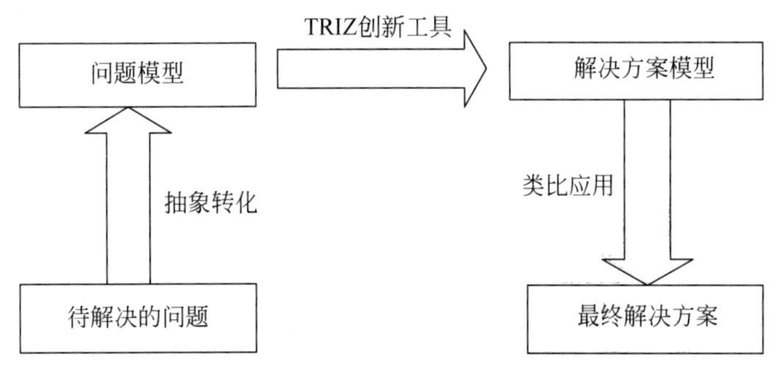

图5-1 TRIZ解决问题的一般流程

5.2 技术矛盾与矛盾矩阵

5.2.1 技术矛盾的定义及特点

1. 技术矛盾的定义

技术矛盾是指两个技术参数 A、B 之间的矛盾，即为了改善技术系统的某个参数 A，会导致该技术系统的另一个参数 B 恶化。技术矛盾符号表示为：A^+、B^- 或 A^-、B^+。技术矛盾两个参数(A、B)之间如同跷跷板的两端，如图 5-2 所示。

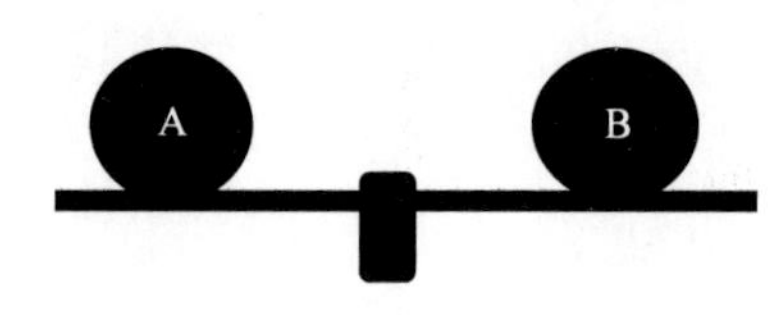

图 5-2 技术矛盾如同跷跷板游戏

技术矛盾描述的是两个技术参数之间的矛盾，例如，人们希望桥的承载力越大越好，但为了获得更大的承载力，就要使用更多的材料建筑桥梁，让桥变“粗”，然而，桥自身的重量太大，将有可能超过桥的强度所允许的范围，降低了桥的安全性。可见，改善的参数 A 为桥的强度，恶化的参数 B 为桥自身的重量，这就是一对技术矛盾。再如，改善了汽车的速度，导致了安全性发生恶化，速度与安全性就是一对技术矛盾。

2. 技术矛盾三种表现

(1) 一个子系统中引入一种有用性能后，导致另一个子系统产生一种有害性能或增强了已存在的有害性能；

(2) 一种有害性能导致另一个子系统有用性能的变化；

(3) 有用性能的增强或有害性能的降低使另一个子系统或系统变得更加复杂。

3. 技术矛盾的解决流程

阿奇舒勒总结了 39 个通用工程参数来描述技术矛盾。实际应用中，把构成矛盾的双方内部性能用 39 个工程参数中的某两个来表示，即把实际工程设计中的技术矛盾转化为标准的技术矛盾，然后运用 TRIZ 理论中 40 个创新原理找到最后解决方案。

5.2.2 工程参数和矛盾矩阵

1. 39 个通用工程参数

阿奇舒勒通过对大量专利的分析、研究、总结、提炼和定义，用 39 个通用工程参数来表述技术系统的性能。39 个通用工程参数的定义，见表 5-2。

表 5-2 39 个通用工程参数的简明注释

编号	工程参数的名称	定义
1	运动物体的重量	在重力场中运动物体所受到的重力
2	静止物体的重量	在重力场中静止物体所受到的重力
3	运动物体的长度	运动物体的任意线性尺寸，不一定是最长的
4	静止物体的长度	静止物体的任意线性尺寸，不一定是最长的
5	运动物体的面积	运动物体内部或外部所具有的表面或部分表面的面积
6	静止物体的面积	静止物体内部或外部所具有的表面或部分表面的面积
7	运动物体的体积	运动物体所占有的空间体积

续表

编　号	工程参数的名称	定　义
8	静止物体的体积	静止物体所占有的空间体积
9	速度	物体运动的方向和位置变化的快慢
10	力	两个系统之间的相互作用。力是试图改变物体状态的任何作用
11	压力、压强	单位面积上的力
12	形状	物体的外部轮廓或系统的外貌
13	稳定性	系统的完整性及系统组成部分之间的关系。磨损、化学分解及拆卸都降低稳定性
14	强度	物体对外力作用的抵抗程度
15	运动物体的作用时间	运动物体完成规定动作的时间、服务期
16	静止物体的作用时间	静止物体完成规定动作的时间、服务期
17	温度	物体或系统所处的热状态，包括其他热参数，如影响改变温度变化速度的热容量
18	光照度	单位面积上的光通量，系统的光照特性，如亮度、光线质量
19	运动物体的能量消耗	能量是物体做功的一种度量
20	静止物体的能量消耗	能量是物体做功的一种度量
21	功率	单位时间内所做的功，即利用能量的速度
22	能量损失	做无用功的能量
23	物质损失	部分或全部、永久或临时的材料、部件或子系统等物质的损失
24	信息损失	部分或全部、永久或临时的数据损失
25	时间损失	指一项活动所延续的时间间隔。改进时间的损失指减少一项活动所花费的时间
26	物质的数量	材料、部件及子系统等的数量，它们可以被部分或全部、临时或永久地改变
27	可靠性	系统在规定的方法及状态下完成规定功能的能力
28	测量精度	系统特征的实测值与实际值之间的误差。减少误差将提高测量精度
29	制造精度	系统或物体的实际性能与所需性能之间的误差
30	作用于物体的有害因素	是指物体对受外部或环境中的有害因素作用的敏感程度
31	物体产生的有害因素	有害因素将降低或系统的效率或完成功能的质量
32	可制造性	物体或系统制造过程中简单、方便的程度
33	可操作性	要完成的操作应需要较少的操作者、较少的步骤以及使用尽可能简单的工具
34	可维修性	对于系统可能出现失误所进行的维修要时间短、方便和简单
35	适应性、通用性	物体或系统响应外部变化的能力或应用于不同条件下的能力
36	系统的复杂性	系统中元件数目及多样性。掌握系统的难易程度是其复杂性的一种度量
37	控制和测量的复杂度	系统复杂、成本高、需要较长的时间建造及使用。控制和测量困难，测试精度高
38	自动化程度	系统或物体在无人操作的情况下完成任务的能力
39	生产率	单位时间内所完成的功能或操作数

2. 39个通用工程参数分类

按照39个通用工程参数本身的内涵，将其分为三大类：物理和几何参数类、技术负向参数类和技术正向参数类，见表5-3。

表5-3 39个工程参数及其分类表

物理和几何参数		技术负向参数		技术正向参数	
编号	工程参数名称	编号	工程参数名称	编号	工程参数名称
1	运动物体的重量	15	运动物体作用时间	13	结构的稳定性
2	静止物体的重量	16	静止物体作用时间	14	强度
3	运动物体的长度	19	运动物体的能量	27	可靠性
4	静止物体的长度	20	静止物体的能量	28	测试精度
5	运动物体的面积	22	能量损失	29	制造精度
6	静止物体的面积	23	物质损失	32	可制造性
7	运动物体的体积	24	信息损失	33	可操作性
8	静止物体的体积	25	时间损失	34	可维修性
9	速度	26	物质或事物的数量	35	适应性及多用性
10	力	30	作用于物体的有害因素	36	装置的复杂性
11	应力或压力	31	物体产生的有害因素	37	监控与测试的困难程度
12	形状			38	自动化程度
17	温度			39	生产率
18	光照度				
21	功率				

(1) 物理及几何参数(共15个)是描述物体的物理和几何特性的参数，编号第1～12，第17、18和21；

(2) 技术负向参数(共11个)是指这些参数变大时，使系统的性能变差，编号第15、16，第19、20，第22～26，第30、31；例如，子系统为完成特定的功能所消耗的能量(编号第19、20)越大，则设计越不合理。

(3) 技术正向参数(共13个)是指这些参数变大时，使系统的性能变好，编号第13、14，第27～29，第32～39。例如，子系统可制造性(编号第32)指标越高，子系统制造成本就越低。

3. 矛盾矩阵

矛盾矩阵是提高解决技术矛盾效率的工具。阿奇舒勒将39个通用工程参数和40个创新原理有机地联系起来，建立对应关系，整理成39×39的矛盾矩阵表。见表5-4。

表5-4 矛盾矩阵表(略表)

	恶化的参数(横)	1	2	3	4	…	39
改善的参数(纵)		运动物体的重量	静止物体的重量	运动物体的长度	静止物体的长度	…	生产率
1	运动物体的重量	+	—	15,8,29,34	—	…	35,3,24,37

续表

	恶化的参数(横)	1	2	3	4	…	39
2	静止物体的重量	—	+	—	10,1,29,35	…	1,28,15,35
3	运动物体的长度	8,15,29,34	—	+	—	…	14,4,28,29
4	静止物体的长度	—	35,28,40,29	—	+	…	30,14,7,26
⋮	⋮	⋮	⋮	⋮	⋮	+	⋮
39	生产率	35,26,24,37	28,27,15,3	18,4,28,38	30,7,14,26	…	+

(1) 矛盾矩阵表中,纵行表示要改善的参数,横行表示会恶化的参数;

(2) 矛盾矩阵表中,第1行、第1列分别表示39个通用工程参数的编码,第2行、第2列分别表示39个通用工程参数的名称;

(3) 矛盾矩阵表中,39个通用工程参数从行、列两个维度构成矩阵的方格共39×39=1521个,在其中1263个方格中,均列有0～4组数字,这些数字表示推荐采用的创新原理的序号,即矛盾矩阵建议的优先采用这些创新原理帮助解决技术矛盾;

(4) 按照序号可查找这些创新原理的含义,并使用这些创新原理来指导解决实际问题;

(5) 矛盾矩阵表中对角线的方格(带"+"的方格)中都没有数字,表示同一名称参数所产生的矛盾是物理矛盾而不是技术矛盾;

(6) 矛盾矩阵表中,行和列对应的方格中是空格(带"—"的方格),表示技术矛盾表述得不准确,需重新表述。

例 5-1　卫星运载中的技术矛盾

将卫星送入太空时希望卫星的重量越小越好,因为这将更加容易运载,同时成本也会降低。但若要减小卫星的重量,势必要缩小尺寸,这样,卫星的性能又会受到影响。在使卫星更易于运载时,卫星的重量和尺寸之间就产生了一对技术矛盾。

(1) 定义技术矛盾。

这里,卫星的重量和尺寸之间是一对技术矛盾。首先,在39个工程参数中,确定要改善的工程参数为"运动物体的重量"(No.1)和恶化的工程参数为"运动物体的长度"(No.3)两个技术参数;

(2) 查询矛盾矩阵表,列写出可参考的创新原理序号。

在矛盾矩阵中查找分别对应参数"运动物体的长度"(纵列 No.1)及"运动物体的重量"(横行 No.3)的行和列位置;

最后,在矛盾矩阵表中两参数的交叉处,即第1列与第3行交叉处所对应的方格里,该方格中的数字8,15,29及34表示所推荐的创新原理序号。见表5-5中的椭圆处所示。

表 5-5　矛盾矩阵表的使用

	No.1	No.2	No.3	No.4	No.5	…
No.1 ⇨	+	—	⇩ (8,15,29,34)	—	29,17,38,34	
No.2	—	+	—	10,1,29,35	—	

续表

	No. 1	No. 2	No. 3	No. 4	No. 5	…
No. 3	8,15,29,34	—	+	—	15,17,4	
No. 4	—	35,28,40,29	—	+	—	
No. 5	2,17,29,14	—	14,15,18,4	—	+	
…						
No. 39	25,26,24,37	28,27,15,3	18,4,28,38	30,7,14,26	10,26,34,3	

5.2.3 技术矛盾应用案例

例 5-2 破冰船的创新设计

冬天破冰船要在厚度为三米多的冰封航道上破冰前进运送货物,破冰船常用尖而硬的船头或使船头翘起、落下,船身左右摇摆,从而压破冰层,在这种情况下,破冰船只能以较低的速度前进。现希望增加其前进速度。这样就要加大发动机的功率,但加大发动机的功率就会带来一系列的负面影响,如传动系统体积增加、破冰船的质量增加等。如图 5-3 所示。

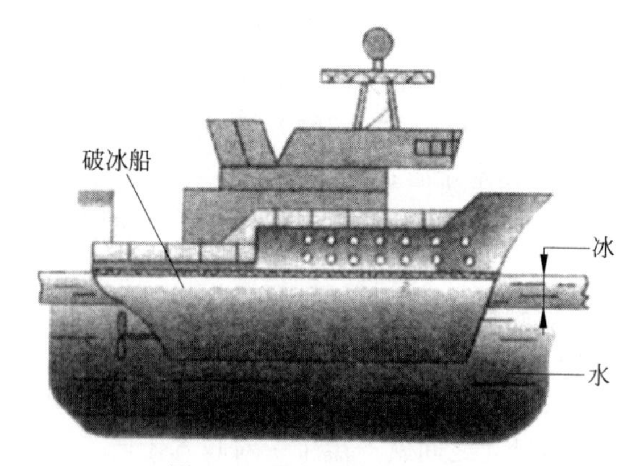

图 5-3 破冰船原设计图示

1. 定义技术矛盾

如何提高破冰船前进速度?技术矛盾定义为:改善的技术参数为速度(No. 9),恶化的技术参数为功率(No. 21)。

2. 查询矛盾矩阵表,列写出可参考的创新原理

查询矛盾矩阵表,列写出可参考的创新原理编号是:19、35、38 和 2,见表 5-6。

表 5-6 例 5-2 矛盾矩阵表

	恶化的参数:功率(No. 21)
改善的参数:速度(No. 9)	19、35、38、2

19#创新原理:周期性作用原理

(1) 将连续动作改为周期性动作;

(2) 已是周期性动作,则改变其运动频率;

(3) 在脉冲周期中利用暂停来执行另一有用动作。

35♯创新原理：物理或化学的参数变化原理

改变物体的物理或化学状态，浓度或黏度。

38♯创新原理：加速氧化原理

(1) 将普通空气用浓缩空气取代；

(2) 用纯氧代替空气；

(3) 将空气或氧气用电离放射线处理，产生离子化的氧气；

(4) 用臭氧代替离子化的氧气。

2♯创新原理：抽取原理

(1) 从物体中抽出产生负影响的部分或属性；

(2) 从物体中抽出必要的部分或属性。

3. 解决方案描述

选择2♯抽取原理来解决该技术矛盾。首先，抽出产生负影响的部分，即把船头与冰相接触的那部分船体抽掉，这样船就变成两个独立的部分：一部分在冰上，另一部分在冰下；然后，想办法把冰上船体与冰下船体连接起来，否则，冰下船体就会沉入海底。冰上船体与冰下船体两个独立的部分可以用一垂直放置的破冰刀刃连接，这样使船的横截面最小化，破冰刀刃在船行进中的破冰阻力就会减小，消耗的功率就会大大降低，可以提高破冰船前进的速度。新改进的破冰船，如图5-4所示。

图5-4　新改进的破冰船图示

例5-3　快捷信封的设计

文具店出售信封的样式，如图5-5所示，不同大小和格式的信件或文档有与之相匹配的信封，大页面的文件可用比其稍大些的信封封装以便拆开。人们往往认为撕开胶粘的信封是快捷方便的，但是，这种方法通常会把信封内的文件撕坏或使信封开口变粗糙。当然，如果借助某种辅助工具如剪刀且在剪开前抖动信封，就可既不损坏文件又获得好看的开口。但是，该方

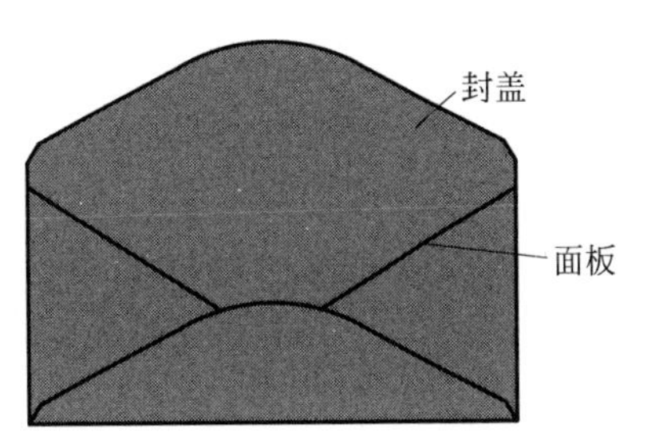

图5-5　常用信封样式

法给用户带来了不便。因此,设计一种能又快又可靠地拆开的信封很有必要。

怎样用最少的时间安全快捷地取出信封内的文件或资料?新的设计方案要求拆信简单方便,为用户节约了时间,在不损坏文件的同时获得美观的信封开口。

方案一

1. 定义技术矛盾1

技术矛盾1定义为节约拆信时间与降低拆信的可靠性之间的矛盾,该技术矛盾中,改善的技术参数为时间浪费(No. 25),恶化的技术参数为可靠性(No. 27)。

2. 查询矛盾矩阵表,列写出可参考的创新原理

查询矛盾矩阵表,列写出可参考的创新原理编号是:10、30和4,见表5-7。

10#创新原理:预先作用原理

(1) 预置必要的动作、功能;

(2) 预先在方便的位置安置相关设备,使其在需要的时候及时发挥作用而不浪费时间;

30#创新原理:柔性壳体或薄膜原理

(1) 使用柔性壳体或薄膜替代传统的三维结构;

(2) 使用柔性壳体或薄膜,将物体与环境隔离;

表5-7 技术矛盾1矛盾矩阵表

	恶化的参数:可靠性(No. 27)
改善的参数:时间浪费(No. 25)	10、30、4

3. 解决方案描述

根据10#和30#创新原理建议的信封设计是通过封装前于封盖下放置拆封线或拆封条来实现的。该方案已申报美国专利。

方案二

1. 定义技术矛盾2和3

技术矛盾2定义为改善拆信的可靠性与恶化拆信方便性之间的矛盾,该技术矛盾中,改善的技术参数为可靠性(No. 27),恶化的技术参数为方便性(No. 33);

技术矛盾3定义为减少信件信息丢失与增加拆信时间之间的矛盾,该技术矛盾中,改善的技术参数为信息损失(No. 24),恶化的技术参数为时间损失(No. 25)。

2. 查询矛盾矩阵,列写出可参考的创新原理

相应于技术矛盾2,查询矛盾矩阵表,列写出可参考的创新原理编号是:17、40和27。

相应于技术矛盾3,查询矛盾矩阵表,列写出可参考的创新原理编号是:24、26、32和28。见表5-8。

17#创新原理:一维变多维

(1) 单层排列的物体变为多层排列;

(2) 将物体倾斜或侧向放置;

(3) 利用给定表面的反面;

24#创新原理:借助中介物

(1) 使用中介物实现所需动作;

（2）把某一物体与另一个容易去除的物体暂时结合在一起。

表 5-8 技术矛盾 2 和 3 的矛盾矩阵表

	恶化的参数：方便性（No. 33）	恶化的参数：时间损失（No. 25）
改善的参数：可靠性（No. 27）	17、40、27	
改善的参数：信息损失（No. 24）		24、26、32 和 28

3. 解决方案描述

根据 17＃和 24＃原理的建议设计了信封，如图 5-6 所示。该方案把中介物或其他媒介物在封信前置入封盖和面板之间，这样，便可简单地通过拉中介物或其他媒介物的一端很方便地打开信封并拿到信封内的文件，从而获得美观而整齐的信封开口。

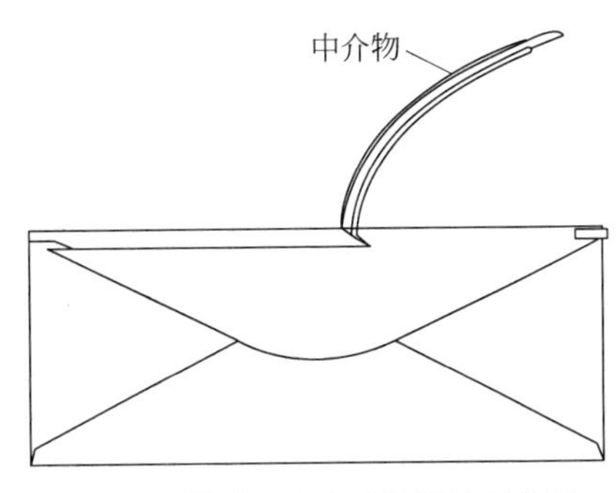

图 5-6 基于 TRIZ 理论设计的信封

例 5-4 减震器的优化设计

发动机在工作时，会产生剧烈的振动，这种振动是有害的，如果直接将发动机和车架相连，振动会直接传向车架、驾驶室、机罩，使得整机噪声很大，对操作人员的听力造成损害，并且整机零部件易提早疲劳损坏。因此，在工程机械设计中为了解决这个问题，都会在发动机支架上安装减震器，以此来减小有害振动。

按照最优设计，每种配置都应有一款相应的减震器。但从实际生产设计、生产成本多方面考虑，这都不太现实。往往减震器厂家只生产几款标准规格的减震器，这就出现了减震器和发动机不相匹配的情况。减震器刚度选大了，振动传递比较明显，噪声大；减震器刚度选小了，发动机振幅大，排气管等连接部件振动位移大，刚性连接处易被拉坏。

1. 定义技术矛盾

改善参数为：强度（No. 14），恶化参数为：可制造性（No. 32）。

2. 查询矛盾矩阵表，列写出可参考的创新原理

查询矛盾矩阵表，列写出可参考的创新原理编号是：11、3、10 和 32，见表 5-9。

11＃创新原理：预置防范原理，即采用事先准备好的应急措施，对系统进行相应的补偿以提高其可靠性。

表 5-9 例 5.4 矛盾矩阵表

	恶化的参数：可制造性（No. 32）
改善的参数：强度（No. 14）	11、3、10、32

3. 解决方案描述

通过分析，11＃原理就可以解决该问题，选用刚度稍小一点的减震器，预先设定好最大振幅，使减震器振幅在规定范围内，迫使其满足性能要求。在这个原理的指导下，设计出了以下结构的减震器，振幅刚度可调，使用性能良好。

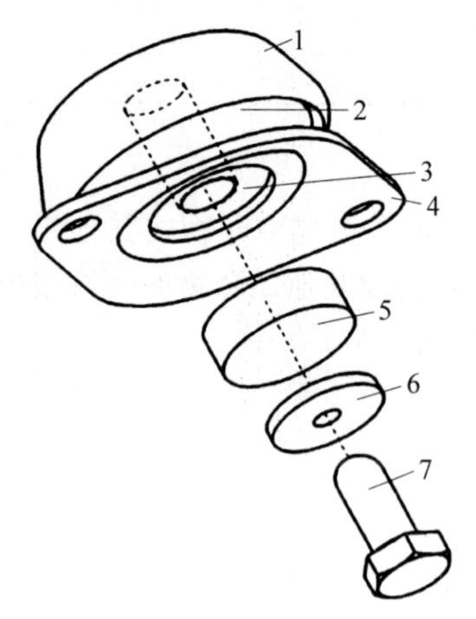

图 5-7 减震器结构图

①—盖板；②—橡胶；③—螺栓套；④—支撑板；⑤—橡胶垫；⑥—减振钢垫片；⑦—调节螺栓。

具体解决方法：在原有减震器的下方先垫一块减振橡胶垫(10mm 厚)，在减振橡胶垫下面加一块钢铁制作的减振垫片(3mm)，垫片底部中心位置钻凹形球面；然后，制作调整螺栓接触面也带球头，使其与垫片球面接触，使其受力均匀。将调整螺栓固定在车架的焊接螺母上，通过调整螺栓的锁紧程度，来调节减震的幅度，使得达到整机的最佳振动状态。如图 5-7 所示。

例 5-5 "绿色"洗衣机的设计

"绿色"洗衣机是能省水、省电、省洗衣剂的洗衣机。

1. 定义技术矛盾

减少物质的浪费是否能达到原来的效果，即"物质的浪费"与"功率"之间的矛盾。改善参数为：物质损失(No. 23)，恶化参数为：功率(No. 21)。

2. 查询矛盾矩阵，列写出可参考的创新原理

查询矛盾矩阵表，列写出可参考的创新原理编号是：28、27、18 和 38，见表 5-10。

28＃创新原理：机械系统替代原理

以光学、声学、热能以及嗅觉的系统取代机械的系统；

18＃创新原理：机械振动原理

假如振动的方式已经存在，提高振动的频率至超声波；

38＃创新原理：加速氧化原理

转换并提高氧化的程度。

表 5-10 例 5-5 矛盾矩阵表

	恶化的参数：功率(No. 21)
改善的参数：物质损失(No. 23)	28、27、18、38

3. 解决方案描述

28＃创新原理，机械系统替代原理提示：用其他系统替代现有机械系统。

18＃创新原理，机械振动原理提示：超声波振动水流把衣物纤维间脏污从缝隙中弹出来。

38＃创新原理，加速氧化原理提示：将自来水电解产生活性氧与次氯酸，以溶解衣物上的有机汗污。

方案合成：利用水电解与超声波振荡相结合的方式，取代原有电机拖动波轮或滚筒的系统。

该方案既可以避免衣物缠绕，也可降低甚至免用洗衣剂，而且洗衣水可以重复利用，达到环保与节能的功效。从大电流的电机驱动到电解与振荡装置的发展，符合技术系统的进化趋势。实现了省水、省电和省洗衣剂的要求。

例 5-6 冬天客车车窗结霜问题

在北方严冬时节，在大客车和小客车的车窗上经常结上厚厚的霜，直接影响了乘务员和乘客观察外部环境，乘客经常坐过了站，给乘客的出行带来不便。

1. 定义技术矛盾

技术矛盾是车厢内外温度不改变的情况下，解决车窗不结霜问题。改善参数为：照度(No. 18)，恶化参数为：温度(No. 17)。

2. 查询矛盾矩阵，列写出可参考的创新原理

查询矛盾矩阵表，列写出可参考的创新原理编号是：32、35 和 19，见表 5-11。

32＃创新原理：颜色改变

在 32＃创新原理中，改变物体或环境的颜色，显然不能解决这对技术矛盾；改变物体或环境的透明度，也不能利用；在物体中增加颜色添加剂，也不行；如果已经用了添加剂，则考虑增加发光成分，也行不通。

35＃创新原理：物理或化学参数改变

在 35＃创新原理中，改变系统的物理状态是我们要解决的问题，就是要把霜的固态变成气态，也难实现；改变浓度或密度和改变灵活性程度也无法解决；改变温度和体积，用热风吹车窗，霜可以融化消失，但停止吹风，车窗又要马上结霜，还浪费能源。目前有的客车在车厢里将汽车尾气排出的余热用于车内取暖，但客车如果夜晚在室外停放，要把车厢内所有车窗上的结霜消除，也需要很长时间，并且汽车尾气泄漏，还会对人体健康造成侵害，显然也不是最理想的办法。

19＃周期性动作

在 19＃创新原理中，将持续运动变成间隙运动(脉冲法)或如果动作已经是间歇性的，则改变间隙频率，这不适用我们提出的技术矛盾；而利用间隙提供附加作用，为我们提供了解决矛盾新的出路。

从物理课程中知道，空气不导热，热量是通过空气对流来传导的。利用间隙，将间隙中的空气封闭，可以直接消除对流，这样车内和车外温度差异由于没有对流，就切断了车窗结霜的路径，这里提出的技术矛盾就迎刃而解了。

如何制造车窗的间隙？以硬币为垫，用通明胶带将一块玻璃固定在靠近的车窗上，虽然很方便，但不美观。这使我们想到了北方冬季塑钢窗双层玻璃防寒，不仅保温，还有效地解决了窗户结霜问题。

表 5-11 例 5-6 矛盾矩阵表

	恶化的参数：温度(No. 17)
改善的参数：照度(No. 18)	32、35、19

3. 解决方案描述

经过上述分析，解决严冬季节大客车和小客车的车窗结霜问题的办法也就出来了，就是将销往北方高寒地区的大客车和小客车的车窗做成双层玻璃的车窗，既可以在夏天拉开车窗，又在冬季解决了车窗结霜问题，还提高了车厢的保温性能，是一种理想的解决方案。

例 5-7 烟囱盖子的改进

为了不让风雪落入烟囱，人们为烟囱安装了盖子，但是，一般形状的盖子不能很好地防止风雪落入烟囱，特别是风较大时，形状复杂的盖子会使烟囱出口变窄，不利于烟的排出。需要设计新型的烟囱盖子。

1. 定义技术矛盾

技术矛盾 1 定义为形状（No. 12）与可操作性（No. 33）之间的矛盾；

技术矛盾 2 定义为形状（No. 12）与系统的复杂性（No. 36）之间的矛盾；

技术矛盾 3 定义为形状（No. 12）与控制和测量的复杂度（No. 37）之间的矛盾。

2. 查询矛盾矩阵，列写出可参考的创新原理

技术矛盾 1，查询矛盾矩阵表，列写出可参考的创新原理编号是：32、15 和 26；

技术矛盾 2，查询矛盾矩阵表，列写出可参考的创新原理编号是：16、29、28 和 1；

技术矛盾 3，查询矛盾矩阵表，列写出可参考的创新原理编号是：15、13 和 39。见表 5-12。

表 5-12 例 5-7 矛盾矩阵表

	恶化的参数：可操作性（No. 33）	系统的复杂性（No. 36）	控制和测量的复杂度（No. 37）
改善的参数：形状（No. 12）	32、15、26	16、29、28、1	15、13、39

3. 解决方案描述

15＃创新原理：盖子做成可转动的，类似风向标的头盔式盖。如图 5-8 所示。

图 5-8 上海世博会零碳馆会转动的“风帽”

上海世博会伦敦案例零碳馆位于上海世博园区城市最佳实践区，在世博园区的零碳馆里，可以领略到零碳生活的各种独特方式，品尝到零碳美食，例如饭后的餐具可以吃掉的。从外面看上去，满眼翠绿的景天植被覆盖了整个零碳馆北向的屋顶。在下雨时屋顶的雨水收集系统开始工作，对屋顶植被自动灌溉，当然不仅仅是作为装饰，绿色屋顶的植被还是中和碳排放不可缺少的角色。在坡型的屋顶上，五颜六色的风帽，跟随风向灵活转动，利用温压和风压将新鲜的空气源源不断地输入每个房间，并将室内空气排除，随时保持室内空气的纯净。零碳馆冬天不冷，夏天不热。可以说不用花费更多的人力和物力，零碳馆从自然界收集阳光、空气、电力和水，并将废弃物处理成电力和热。今后我们如果生活在这样的环境里，不需要空调，不需要热水器，可以说是真正的低碳了。

例 5-8 波音 737 飞机整流罩的改进设计

在历史上著名的波音 737 飞机引擎改进设计中，设计人员遇到了一个技术难题：引擎的改进需要增大整流罩的面积以使其吸入更多的空气，即需要增大整流罩的直径；但整流罩直径的增大将使它的下边缘与地面的距离变小，从而会使飞机在跑道上行驶时产生危险。这样，在“发动机的功率”和“整流罩与地面的距离”之间就产生了一对技术矛盾。

下面运用 TRIZ 理论的 CAI 软件来解决这一问题。

1. 定义技术矛盾

要改善的参数是：功率(No. 21)，恶化的参数是：物质的量(No. 26)。

2. 查找矛盾矩阵

亿维讯的 CAI 软件 Pro/Innovator 中嵌有一个专门的解决技术矛盾的工具——技术矛盾解决矩阵。其中纵轴上的元素表示希望得到改善的技术参数，横轴上的元素表示某技术参数改善时会恶化的技术参数，横纵轴交叉处的数字表示用来解决系统矛盾时所使用的创新原理的编号。进入 Pro/Innovator 软件，运用相应模块分析后，选择两个技术参数为“功率”(希望得到改善的参数)和“物质的量”(恶化的参数)。对照技术矛盾解决矩阵，两个参数交叉处的创新原理编号为：4、34 和 19，见表 5-13。

表 5-13 例 5-8 矛盾矩阵表

	恶化的参数：物质的量(No. 26)
改善的参数：功率(No. 21)	4、34、19

4＃创新原理：不对称原理；

34＃创新原理：抛弃或再生原理；

19＃创新原理：周期性作用原理。

3. 解决方案描述

分析软件所推荐的 4 个创新原理以及相关的实例，显然 34＃创新原理和 19＃创新原理对本例的改进的意义不大，因此单独采用 4＃创新原理：不对称原理。

解决方案为：将整流罩由规则的圆形改为不规则的扁圆形，如图 5-9 所示，这样在增大发动机功率时就不会导致整流罩与地面的距离过小，从而消除了技术矛盾。

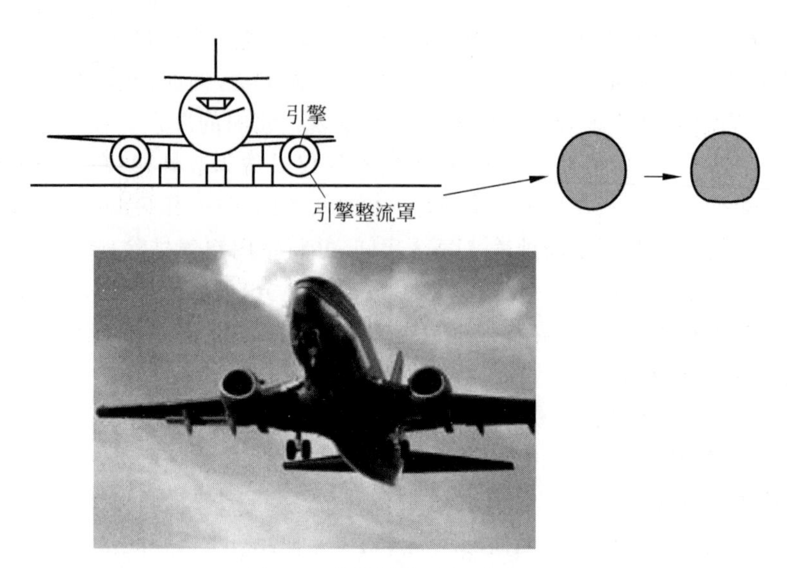

图 5-9　整流罩修改前后对比

5.3　物理矛盾与分离方法

5.3.1　物理矛盾的定义

1. 物理矛盾的定义

物理矛盾是指一个参数内的矛盾，即对同一个参数有两个不同要求。物理矛盾符号表示为：A^+ 或 A^-，如同拔河游戏，如图 5-10 所示。

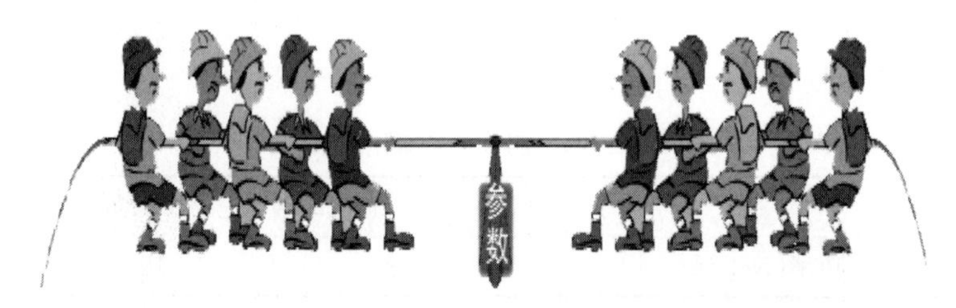

图 5-10　物理矛盾如同拔河游戏

例如，现在手机制造要求整体体积设计得越小越好，便于携带，同时又要求显示屏和键盘设计得越大越好，便于观看和操作。即对手机的体积具有大、小两个方面的设计要求，这就是手机设计中的一对物理矛盾。再如，由于空间所限，电脑中不可能安装很大的散热片。如果想要散热效果好，散热片面积就要大；如果想要节省空间，散热片面积就要小。即对于散热片面积这个参数，既要求大，又要求小，有两个不同的要求，产生了一对物理矛盾。

2. 常见的物理矛盾

常见的物理矛盾，见表 5-14。

表 5-14 常见的物理矛盾

类　别	物理矛盾			
几何类	长与短 圆与非圆	对称与非对称 锋利与钝	平行与交叉 窄与宽	厚与薄 水平与垂直
材料及能源类	多与少 时间长与短	密度大与小 黏度高与低	导热率高与低 功率大与小	温度高与低 摩擦系数大与小
功能类	喷射与堵塞 运动与静止	推与拉 强与弱	冷与热 软与硬	快与慢 成本高与低

5.3.2 分离方法

俗话说:"萝卜白菜,各有所爱",同一块菜地,既要全部种白菜,又要全部种萝卜,爱吃萝卜和爱吃白菜的人就会产生物理矛盾。常规的解决方案是萝卜和白菜各种植一半的面积,这就是传统方法中的"折中法"。结果是,两个需求都只满足了一半,谁都没有达到完全满意。

TRIZ 理论解决问题的思路是将有用的部分结合起来,去除无用的部分。如果种植一种具有白菜叶和萝卜根的蔬菜,即上面长白菜,下面长萝卜的"白菜萝卜",那么,爱吃萝卜和爱吃白菜的两个需求均得到了最大程度的满足。这就是 TRIZ 理论解决物理矛盾的分离方法。

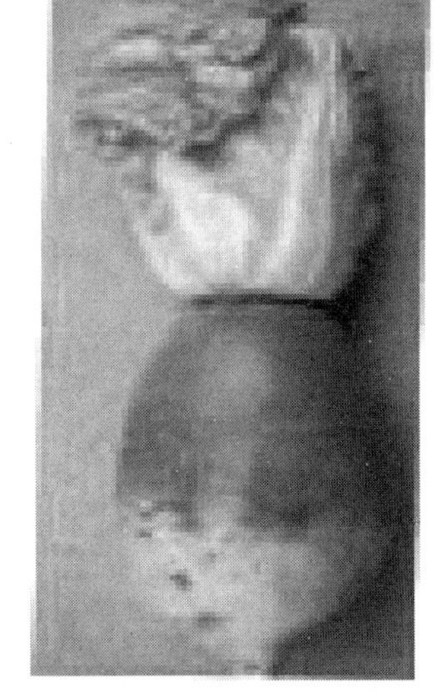

图 5-11 蔬菜新品种:白菜萝卜

TRIZ 解决物理矛盾的工具是分离方法。具体地,分离方法分为四种基本类型:空间分离、时间分离、条件分离和整体与部分分离。

1. 空间分离方法

空间分离方法是将矛盾双方在不同的空间上进行分离,以降低解决问题的难度。例如,蔬菜新品种——白菜萝卜,如图 5-11 所示。

再如,立体农业,分层种植,如图 5-12 所示。

图 5-12 立体农业,分层种植

例 5-9 图书馆搬家故事

大英图书馆老馆年久失修，在新的地方建了一个新的图书馆，新馆建成后，要把老馆的书搬到新址去。这本来是一个搬家公司的活儿，没什么好策划的，把书装上车，拉走，摆放到新馆即可。问题是按预算需要350万英镑，图书馆没有这么多钱。眼看着雨季就到了，不马上搬家，损失就大了。馆长想了很多方案，但一筹莫展。

正当馆长苦恼时，一个馆员告诉馆长一个解决方案。图书馆在报纸上刊登了一条惊人的消息："从即日起，大英图书馆免费、无限量向市民借阅图书，条件是从老馆借出，还到新馆去。"

这个故事中应用了将借书和还书进行空间分离的方法，解决了图书馆搬家中的物理矛盾。

2. 时间分离方法

时间分离方法是将矛盾双方在不同的时间上进行分离，以降低解决问题的难度。

例 5-10 LED灯管暗区问题的改进

LED灯发光时在连接处会产生明显的暗区。经过全面了解，发现LED灯采用COB工艺封装，在固定硅胶的过程中使用了塑料框，而塑料框的存在，影响到光线的射出角度，从而在LED发光时产生明显的暗区，影响了产品品质。

通过分析，这是一个典型的物理矛盾，即塑料框在硅胶固定工艺步骤起到使加固定型效果更佳的作用，而在成品当中却因它的存在易产生暗区，影响成品品质。

应用时间分离方法，把矛盾双方在不同的时段上分离，得到的方案是去掉塑料框或者是让塑料框在LED工作期间消失。

具体解决方案：改变塑料框的材料，同时这种材料需要具有耐高温性、抗渗透、成本低廉等特性，采用新材料制成的塑料框在硅胶固定工艺中起作用，而在后来的加工过程易于分离，成品中不再有塑料框，从而解决暗区问题。

例 5-11 土地爷的哲学

有一次土地爷外出，交代给他的儿子说："如果有祈祷者来，就将他们的话记下来。"土地爷走后，一共来了四个祈祷者：

第一位是船夫前来祈求刮风，以便能乘风远航；第二位是果农前来祈祷别刮风，以避免快要成熟的果子给刮下来；（对"风"有两个不同的要求，产生一对物理矛盾）

第三位是农民前来祈求下雨，以免耽误了播种的季节；第四位是商人前来祈祷别下雨，以便趁着好天气带着大量的货物赶路。（对"雨"有两个不同的要求，产生一对物理矛盾）

土地爷回来看到儿子的记录，提笔在上面批了四句话，四个不同的祈祷者都如愿以偿、皆大欢喜。

"刮风莫到果树园，刮到河边好行船；（"风"的空间分离）

白天天晴好赶路，夜晚下雨润良田。"（"雨"的时间分离）

3. 条件分离方法

条件分离方法是将矛盾双方在不同的条件下进行分离，以降低解决问题的难度。

例 5-12 跳水池里的气泡

高台跳水训练时，对水有两个不同要求：水既要是硬的，防止运动员撞击池底；水又要是软的，防止运动员受伤。出现了物理矛盾。

水在什么条件下会变软？让运动员训练时少受伤呢？

具体解决方案：采用条件分离方法，想到软的物质如泡沫或海绵的结构，于是在水中注入大量的空气，水就变软了。

4. 整体与部分分离方法

整体与部分分离方法是将矛盾双方在不同的层次进行分离，以降低解决问题的难度。

例 5-13　一个欧洲鞋业公司遇到的难题

某欧洲鞋业公司生产一种知名品牌的运动鞋。为了节约生产成本，这个公司把生产地点转移到了东南亚某个国家。一切似乎进展很顺利，但是没过多久，一个新的问题出现了：管理者发现少数当地工人有偷鞋的行为。管理者采用公开警告、降薪、开除等管理手段，但是始终难以奏效。

这个欧洲鞋业公司遇到的难题是：生产过程需要降低成本，因此需要让东南亚国家当地工人生产鞋；但是因为有当地工人偷鞋的行为，所以，又不能让当地工人生产鞋。在这里，“既要”让当地工人生产鞋，又“不要”让当地工人生产鞋，物理矛盾出现了。

杜绝工厂丢鞋的解决方案是：生产地点还是在东南亚，但是在某个国家生产左鞋，在另外一个国家生产右鞋，在第三个国家生产鞋带，对于生产地点来说，应用的是空间分离方法；对于鞋子来说，应用的是整体与部分分离的方法。

同理，在生产诸如枪械等军工产品的时候，也常常采用把枪栓、撞针等零部件在异地生产的空间分离方法，以避免在某一地枪支零件丢失以后被组装成整枪的危险。

例 5-14　十字路口道路交通问题

道路的十字路口对于车辆来说是非常危险的地段。来自不同方向的车辆要经过十字路口的相同地段，就产生了物理矛盾。道路既应该交叉，以便于车辆改变行驶的方向，道路又不应该交叉，以免车辆发生碰撞；车辆既应该经过十字路口，又不应该经过十字路口。现实生活中怎样解决这种矛盾的呢？

目前，常用方法有四种，如图 5-13 所示。

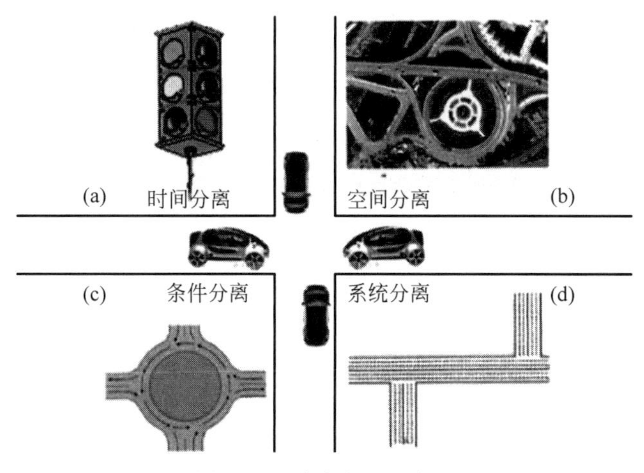

图 5-13　道路交通示意图

(1) 通过设置信号灯进行“时间分离”，从时间上将矛盾分离开；

(2) 通过建设立交桥、过街天桥和地下通道进行“空间分离”是交通效率最高的方法，从空间上将矛盾分离开；

(3) 通过设置中心转盘，各个方向的车辆进入十字路口后按逆时针绕行，附加车辆运行规则进行“基于条件的分离”；

(4) 将十字路口分解成两个丁字路口，进行整体和部分的“系统分离”，也可以解决这些矛盾。

5. 分离方法与创新原理的关系

四个分离方法与40个创新原理之间存在一定关系。如果能灵活地、综合地运用这些关系，就可以扩展解决物理矛盾的解决思路。四个分离方法与40个创新原理的关系，见表5-15。

表5-15 分离方法与创新原理的关系

分离方法	创新原理编号	实　例
空间分离	1、2、3、4、7、13、17、24、26、30	鸳鸯火锅
时间分离	9、10、11、15、16、18、19、20、21、29、34、37	折叠自行车
条件分离	1、5、6、7、8、13、14、22、23、25、27、33、35	近视眼镜
整体与部分分离	12、28、31、32、35、36、38、39、40	无绳电话

5.3.3 物理矛盾应用案例

例 5-15 鸳鸯火锅

鸳鸯火锅，如图5-14所示，就是利用1＃分割原理，即在同一个火锅中把不同口味的火锅汤进行了空间分离。解决了吃火锅时，“火锅既要辣，又要不辣”的物理矛盾。

图5-14 鸳鸯火锅

例 5-16 折叠自行车

自行车在使用时人们要求它的体积足够大，以便载人骑乘；在停放或携带它乘坐地铁时又要求它体积尽量小，以便不占空间。这里对自行车存在“既要求其大，又要求其小的”物理矛盾。

折叠自行车，如图5-15所示，利用了15＃动态化原理，采用多铰接车身结构，让刚性自行车车身变得可以折叠，体现了“用时大，不用时小”的时间分离方法，解决了物理矛盾。

例 5-17 平视加近视的眼镜

为了防止青少年长期佩戴近视镜，而使近视的度数不断增长的弊端，可以利用1＃创新

图 5-15 折叠自行车

原理：分割原理，使镜片上部分的度数稍低一点或是平镜，下半部分的度数为正常近视镜的度数。

这样当看书时，眼镜通过下半部分的镜片看书，平时不低头看书时，目光是平视的，相当于没有戴近视镜，这样就可以有效地抑制近视度数增长的速度。

这个实例应用条件分离方法和1#分割原理相结合来解决物理矛盾。

例 5-18 无绳电话

为了能保持通话，话机必须与电话机身连在一起；为了在房间里任意地方接听电话或者接电话的人可以随时走动，话机就不应该与电话机身连在一起。这是一对物理矛盾。

无绳电话应用28#机械系统替代原理，用电磁场连接替代了电线连接，采用整体与部分分离方法解决了物理矛盾。

5.3.4 综合应用案例

例 5-19 攀爬机器人迁移性的改进设计

攀爬机器人主要应用于城市设施的清洗和维护，例如，高层建筑物清洗、维护；还可以进行复杂、危险环境下的管道、支撑物等设备的检修，特别是在发生地震、火灾、化学污染、核泄漏等突发性自然灾害和人为不慎引起的突发性灾害环境下的检修。

目前，攀爬机器人攀爬运动方式有轮式、履带式、蛇形攀爬、磁吸式和蠕行式。但是，在工作过程中的迁移性都比较差，例如，爬杆机器人在相邻杆之间不能实现迁移性攀爬，另外，现有的爬杆机器人在弯曲杆或者T型、L型杆中攀爬效果较差，而蠕行式爬杆机器人对杆状物的形状具有更大的依赖性，不能实现在有分支或者弯曲的杆状物攀爬等。以下是对杆状物攀爬机器人迁移性的技术矛盾分析及新型翻转式攀爬机器人设计方案。

1. 定义技术矛盾

通过对杆状物攀爬机器人迁移性的技术矛盾分析发现，攀爬机器人的迁移性差的矛盾发生在攀爬机器人的工作环境适应性及工况多用性与装置的复杂性上。即可以通过改善机器人的环境适应性及工况多用性来解决这些矛盾，然而装置的复杂程度将增大。技术矛盾定义为：改善的技术参数为适应性、通用性(No. 35)，恶化的技术参数为系统复杂性(No. 36)。

2. 查询矛盾矩阵表，列写出可参考的创新原理

查询矛盾矩阵表，列写出可参考的创新原理编号是：15、29、28 和 37，见表 5-16。

表 5-16　例 5.18 矛盾矩阵表

	恶化的参数：系统复杂性(No. 36)
改善的参数：适应性、通用性(No. 35)	15、29、28、37

15＃创新原理：动态特性原理

(1) 自动调节物体使其各动作、阶段的性能最佳；

(2) 将物体的结构分成既可变化又可相互配合的若干组成部分；

(3) 使不动的物体可动或自适应。

29＃创新原理：气压和液压结构原理

将物体固体部分用气体或液体代替，如利用气垫、液体的静压、流体动压产生缓冲功能。

37＃创新原理：热胀冷缩原理

(1) 利用热膨胀或热收缩的材料；

(2) 组合使用多种具有不同热膨胀系数的材料。

28＃创新原理：机械系统替代

(1) 用视觉系统、听觉系统、味觉系统和嗅觉系统代替机械手段；

(2) 采用与物体相互作用的电、磁或电磁场；

(3) 场的替代：从恒定场到可变场，从固定的场到随时间变化的场，从随机场到有组织的场；

(4) 将场和铁磁离子组合使用。

3. 解决方案描述

15＃创新原理，动态特性原理提示：使攀爬机器人实现在一定距离之内的杆状物之间迁移性攀爬及 L 型等杆状物上越障攀爬，这样就保证了机器人具有良好的动态性；将物体的结构分成既可变化又可相互配合的若干组成部分。因此，设计了一种新型翻转式攀爬机器人，如图 5-16 所示，其主要由躯干、安装在躯干上的 2 个翻转臂、安装在翻转臂上的旋转臂、安装在旋转臂上的夹紧手爪和控制器组成。该结构的运动由控制器控制 5 个电机的正反转来完成。翻转运动是由翻转电机输出的力矩，经过传动装置输出带动翻转臂和躯干翻转。

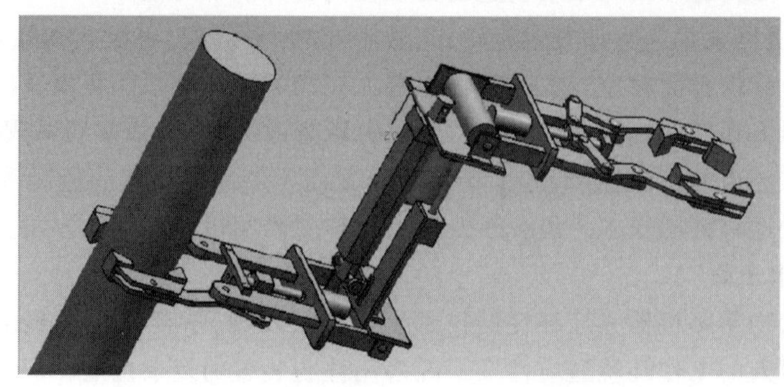

图 5-16　新型翻转式攀爬机器人整体结构

其攀爬过程为：初始状态时，手爪均夹紧在杆状物上，当机器人向上攀爬时，其中一只手爪仍处于夹紧状态，另一手爪松开，翻转电机旋转使得整个机器人向外翻转。当松开的手爪的传感器信号反馈到控制系统，翻转电机停止转动，该手爪开始夹紧。当该手爪夹紧后，机器人完成一个完整的上翻动作。当机器人要实现迁移性攀爬时，一只手爪夹紧，另外一个松开，躯干翻转运动，直到松开手爪接收到夹紧信号，躯干停止翻转，手爪开始夹紧。当手爪夹紧后，另一只手爪开始松开，躯干翻转运动，直到两只手爪均迁移到相邻杆状物时，机器人的迁移性攀爬动作完成。此外，如果相邻杆状物不在一个平面时，可以通过旋转手臂调整角度，以完成迁移性攀爬。

29#创新原理，气压和液压结构原理提示：该原理可以引入到连接部件中解决该问题，但成本会大大增加；

37#创新原理：热胀冷缩原理提示：通过分析该原理与本问题没有直接关系，不予采用。

28#创新原理：机械系统替代原理提示：通过分析该原理的适用范围，发现不能较好地解决该问题；

综上所述，15#创新原理（动态特性原理）能够较好地解决攀爬机器人不能完成迁移性动作的问题，新型翻转式攀爬机器人具有爬行速度快，运动灵活，结构新颖等特点。

例 5-20 纳米机器人的设计

1959年，诺贝尔奖得主理论物理学家理查德·费曼率先提出利用微型机器人治病的想法。纳米机器人是根据分子水平的生物学原理为，设计制造可对纳米空间进行操作的“功能分子器件”，如图5-17所示。

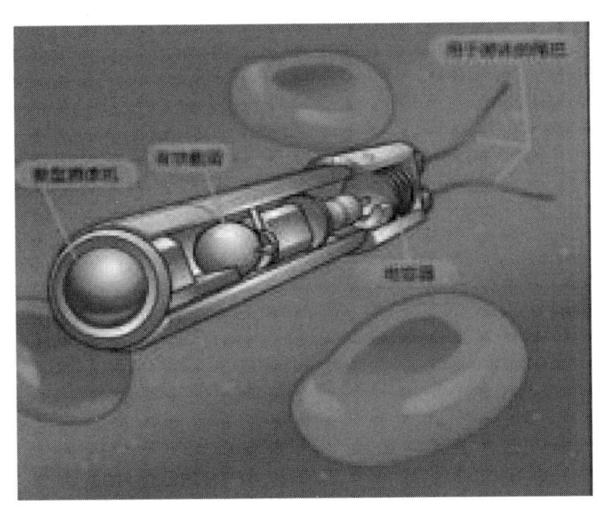

图5-17 纳米机器人

纳米机器人是纳米生物学与电子设计领域最为吸引人类探究的内容。纳米机器人可以通过2～3mm的直导管，找到需要治疗的特定区域，纳米技术被认为是未来对抗癌症最理想的武器。

1. 技术矛盾分析及解决方案

(1) 定义技术矛盾。

纳米机器人体积小，难以携带大量物质进入体内。技术矛盾定义为：改善的技术参数为运动物体的体积(No.7),恶化的技术参数为物质的量(No.26)。

(2) 查询矛盾矩阵表,列写出可参考的创新原理。

查询矛盾矩阵表,列写出可参考的创新原理编号是:29、30和7,见表5-17。

表5-17 例5-20矛盾矩阵表

	恶化的参数:物质的量(No.26)
改善的参数:运动物体的体积(No.7)	29、30、7

29#创新原理:气压和液压结构原理

将物体固体部分用气体或液体代替,如利用气垫、液体的静压、流体动压产生缓冲功能。

30#创新原理:柔性壳体或薄膜原理

使用柔性外壳和薄膜代替传统结构;用柔性外壳和薄膜把对象和外部环境隔开。

7#创新原理:嵌套原理

把一个物体嵌入另一个物体,然后再嵌入第三个物体。

(3) 解决方案描述。

7#创新原理,嵌套原理提示:将生物系统与纳米机械装置相融合成为嵌套组合体的具备特定功能的分子机器人,并将机器人体积修改成一定线度,并将其注射到一个特定的组织。生物系统探知周围环境信息并做出判断,机械系统完成生物系统所发出的指令动作,在人体血管内,有效地进行身体健康检测和疾病治疗。

30#创新原理:柔性壳体或薄膜原理提示:纳米机器人应该具有细胞膜的基本结构,在人体内部则不会发生免疫排斥反应。例如,可以为其安置由纳米薄膜材料做成的小型鳍片或尾巴,从而可以自动旋转,进而流入病人的血流中。

2. 物理矛盾分析及解决方案

(1) 定义物理矛盾。

人们既希望设计的纳米机器人体积足够小,可以在微小空间内工作,探知生物分子内部的细小组成;又希望纳米机器人体积足够大,可以携带大量物质进入体内。

(2) 采用空间分离原理。

(3) 解决方案描述。

为了保证纳米机器人足够微小,直接从原子或分子这样的微观空间对纳米分子器件进行组装,使其具有特定的功能。或者嵌入纳米计算机,成为一种可以进行人机对话的智能装置。

例5-21 "复兴号"动车组座椅优化设计

"复兴号"动车组是由中国国家铁路集团有限公司牵头组织研制、具有完全自主知识产权、达到世界先进水平的动车组列车。"复兴号"是目前世界上运营时速最高的高铁列车,代表着中国速度,是最亮丽的一张国家名片,如图5-18所示。2019年10月9日,我国铁路部门发布《复兴号动车组客室优化提升方案征集公告》,向全社会公开征集复兴号动车组一、二等座椅和商务客室的优化方案,希望能增加复兴号运量,并提升座位的舒适性、便捷性和经济性。

为了提高运送乘客的效率,通过增加车厢内乘客座位数是有可能实现的。如何在增加乘客座位数量的同时 又能提升座位的舒适性、便捷性、经济性?

图 5-18 “复兴号”动车组

1. 定义技术矛盾

为了提高运送乘客的效率，需要增加座椅的数量，在 39 个工程参数中，物质的数量与适应性、通用性构成了一对技术矛盾，即改善的技术参数为物质的量(No. 26)，恶化的技术参数为适应性、通用性(No. 35)。

2. 查询矛盾矩阵，列写出可参考的创新原理

查询矛盾矩阵表，列写出可参考的创新原理编号是：15、3 和 29，见表 5-18。

表 5-18 例 5-21 矛盾矩阵表

	恶化的参数：适应性、通用性(No. 35)
改善的参数：物质的量(No. 26)	15、3、29

15＃创新原理：动态特性原理

(1) 自动调节物体使其各动作、阶段的性能最佳；

(2) 将物体的结构分成既可变化又可相互配合的若干组成部分；

(3) 使不动的物体可动或自适应。

3＃创新原理：局部质量原理

(1) 将均匀的物体结构、外部环境或作用改为不均匀的；

(2) 让物体的不同部分各具不同功能；

(3) 让物体的各部分处于各自动作的最佳状态。

29＃创新原理：气压和液压结构原理

将物体固体部分用气体或液体代替，如利用气垫、液体的静压、流体动压产生缓冲功能。

3. 解决方案描述

2020 年 12 月 22 日，中国铁道科学研究院集团公司公布了复兴号动车组一、二等座椅和商务客室优化提升方案征集结果，中车四方股份公司的方案从百余份竞争方案中脱颖而出，荣获一等奖。据介绍，“鱼骨式布局方案”等成熟设计方案已进入样车试制阶段。

新方案优化了平面布局，采用同排座椅鱼骨式交错排列的布局方案，使每位乘客拥有自己“专有”的过道，不仅增加了乘客座位数量，还提升了座位的私密性，如图 5-19 所示。

座椅罩壳设计灵感来源于“太极图”，采用流畅的 S 曲线造型，如图 5-20 所示。

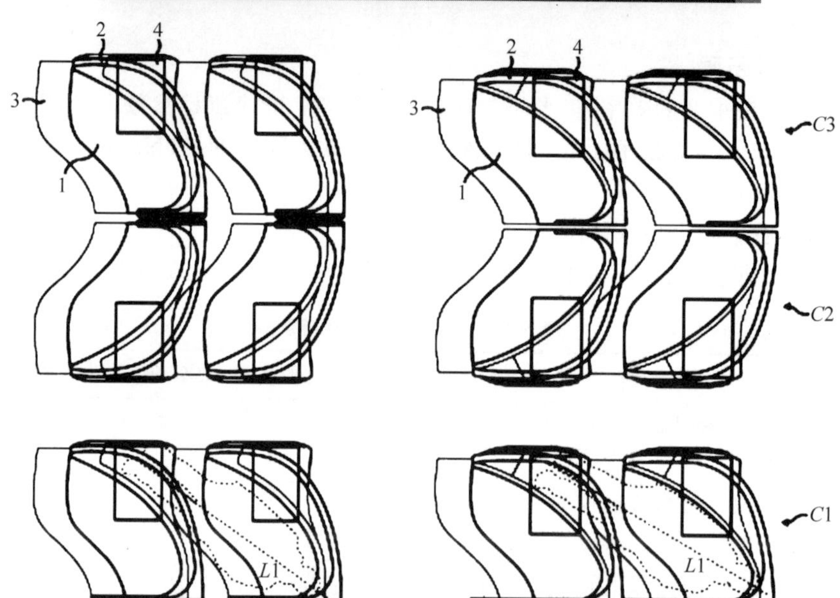

图 5-19　鱼骨式布局

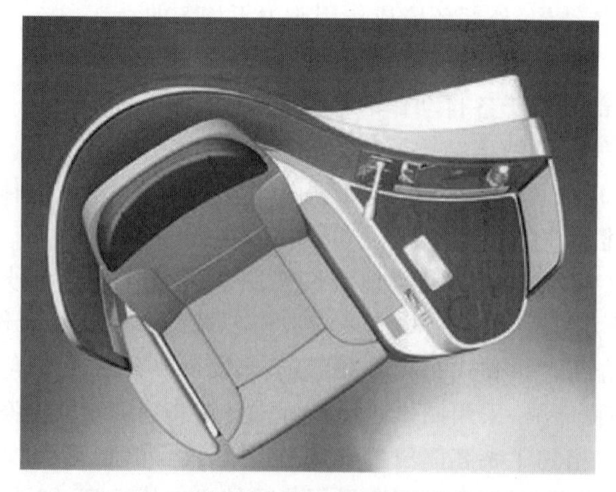

图 5-20　座椅罩壳采用流畅的 S 曲线造型

新方案应用局部质量原理，集成优化了座椅侧边柜及储物格，让小件常用物品取用更方便。设置小桌板，满足乘客办公及用餐需求；设置触屏电视，满足乘客休闲娱乐需求，提升了座位的便捷性。

新方案应用动态特性原理，头枕和腿靠增加可调功能，以增强不同人群对头枕和腿靠的适应性；增设空调送风口调节装置，给了每位乘客可自主调节的机会，让旅行过程更加适合自己。

新方案运用气压和液压结构原理，改进靠背造型、设气动腰靠，增强腰部支撑；采用复合发泡材料，改善触感；优化座椅运动机构，减弱半躺、平躺时下滑感，提升了座位的舒适性。

例 5-22 搪瓷反应釜技术改进

搪瓷反应釜系统功能是搅拌混合物料。技术系统基本要素有①动力装置：电机；②传动装置：减速机、联轴器；③执行装置：锚式搅拌；④控制装置：开关按钮；⑤制品：物料；⑥能源：电。搪瓷反应釜系统结构图，如图 5-21 所示。

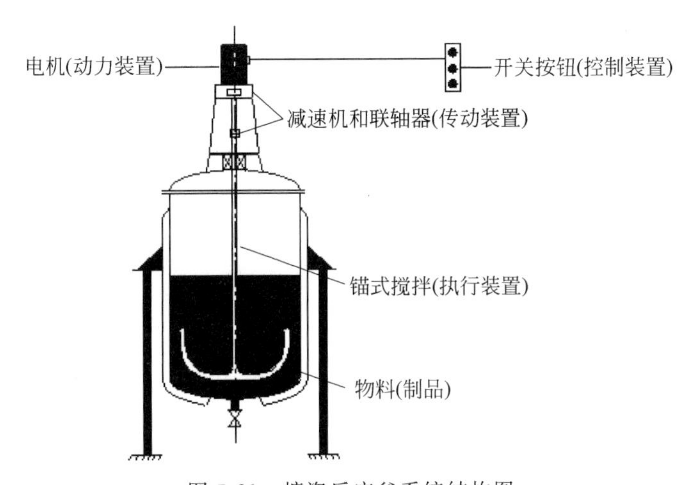

图 5-21 搪瓷反应釜系统结构图

问题 1：为了充分混合物料，如何改进搪瓷反应釜的锚式搅拌装置？

1. 技术矛盾定义

为了充分混合物料，必须提高搅拌的速度(改善的参数 No. 9)，而速度提高后，搅拌的强度就会降低(恶化的参数 No. 14)。

2. 查询矛盾矩阵，列写出可参考的创新原理

查询矛盾矩阵表，列写出可参考的创新原理编号是：8、3、26 和 14，见表 5-19。

表 5-19 例 5-22 矛盾矩阵表

	恶化的参数：强度(No. 14)
改善的参数：速度(No. 9)	8、3、26、14

8＃创新原理：重量补偿原理；

3＃创新原理：局部质量原理；

26 ＃创新原理：复制原理；

14＃创新原理：曲面化原理。

3. 解决方案描述

利用3＃创新原理，局部质量原理：搅拌的上部加粗，实心，搅拌的下部变细，空心。

问题2：根据车间工艺要求搅拌15min正转，15min反转，如何改进搪瓷反应釜控制装置？

1. 物理矛盾定义

根据车间工艺要求搅拌15min正转，15min反转。物理矛盾描述：搅拌的转向，既要正转又要反转。

2. 列写出采用的分离方法

利用解决物理矛盾的时间分离方法。

3. 解决方案描述

装一个双联开关控制，15min按正转按钮，15min按反转按钮。

例5-23 北京奥运火炬“祥云”设计

北京奥运会火炬“祥云”造型的设计来自中国传统的纸卷轴，如图5-22所示。在工艺方面使用锥体曲面异型一次成型技术和铝材腐蚀、着色技术，外形制作材料还是可回收的环保材料，符合环保要求和“绿色奥运”的理念。北京奥运会的火炬在北京奥运火炬的设计中，创造性地解决了很多技术难题，其中很多关键性的问题解决方案与TRIZ理论不谋而合。

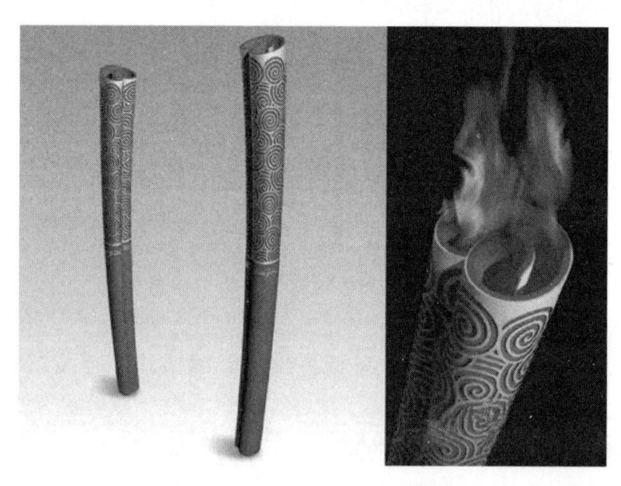

图5-22 北京奥运火炬“祥云”

(1) 燃料问题。

燃料是火炬内部系统设计首要解决的问题。北京奥运会火炬选择了丙烷作为燃料。它燃烧后主要产生水蒸气和二氧化碳，不会对环境造成污染。而且丙烷可以适应比较宽的温度范围，在零下40摄氏度时仍能产生1个以上饱和蒸气压，高于外界大气压，形成燃烧；丙烷可在低温保持一定的压力，不像丁烷在低温时压力就变得很低了，很难喷出来。以往很多火炬传递需要跟着保温车，在保温车里保温，点燃时再把燃气罐拿出来，而丙烷燃料适应的温度范围比较宽。加上它产生的火焰呈亮黄色，火炬手跑动时，动态飘动的火焰在不同背景下都比较醒目。因此，它非常符合作为火炬燃料的各项技术指标。

但是丙烷也存在问题：在低温时压力较小，喷出相对困难，而且在丙烷液体变成气体时需要吸收热量，导致燃气罐温度降低。对于这个技术难题来说，需要提高燃气罐的压力，一般来说，只有充入更多的丙烷气体，或者增加对燃气罐加热的装置，这样就额外损失了能量。

这里实际存在着压力(No. 11)与能量损失(No. 22)这一对技术矛盾。

查询矛盾矩阵表，列写出可参考的创新原理编号是：2、36 和 25，见表 5-20。

表 5-20　例 5-23(1)矛盾矩阵表

	恶化的参数：能量损失(No. 22)
改善的参数：压力(No. 11)	2、36、25

2＃创新原理：抽取原理；

36＃创新原理：相变原理；

25＃创新原理：自服务原理。

根据第 25＃自服务原理，可以利用火炬燃烧时本身会释放出热量，设计增加回热管，用火炬火焰的热量来加热燃气罐，这样就可以使得丙烷燃料始终保持一定的温度，很好地解决了这一技术难题。

(2) 不灭的火焰。

火炬在传递过程中要求不能熄灭，而且不论刮风还是下雨，都必须保持火炬燃烧的状态。尽管大家过去也都想了很多方法，但是在奥运会历史上还是经常出现意外。例如，上一届雅典奥运会在火炬传递的两个最重要的仪式上都曾出现熄火现象。与此不同，在悉尼奥运会上，奥运火炬还首次实现在海底传递。

对于一般的奥运火炬来说，要保证火焰不灭，必须能够始终产生大量的热才能维持火焰的。在各种极端情况下，要求气体燃料足够多，燃烧室中产生火焰热量足够大才能抵御各种情况。因此，就要求燃烧系统所占的体积很大，相应火炬的重量也会增加。但是从奥运火炬传递手安全的角度考虑，火焰的热量不应过大，同时，为了使用方便，火炬的体积和重量也不应过大。因此，技术系统中对同一参数出现了完全相反的要求，这是一对物理矛盾。

对于火焰不灭问题，采用 TRIZ 理论解决物理矛盾的空间分离方法，与北京奥运火炬所采用的是“双火焰方案”设计思想是完全一致的，将整个燃烧系统分为：预燃室和主燃室。

整个火炬燃烧系统的工作方式是：当稳压阀打开以后，燃气以气态形式从气罐里出来，然后经过稳压阀。气体从稳压阀出来后，会经过回热管，到达阀门后气体“兵分两路”，一路流到燃烧器的预燃室，另外一路流到主燃室。到达预燃室的气体与空气形成预混火焰；到达主燃室的气体，将进行空气的补燃，形成饱满的火焰。在预燃室，在火炬内保持一个比较小的但却是十分稳定的火焰，如果出现极端情况，主燃室火焰熄灭，预燃室仍能保持燃烧，保证火炬不熄灭。另外，火炬的燃气罐和稳压阀是连接在一起的，稳压阀的作用是使从气罐里出来的气体经过稳压阀后，保持一定的压力。如果气体压力稳定的话，在各种气候变化时，火炬的火焰能保持一定高度。

这样的设计使得北京奥运会火炬在燃烧稳定性与外界环境适应性方面达到了新的技术高度，在每小时 65km 的强风和每小时 50mm 大雨的情况下仍能保持燃烧。

(3) 防止风的回旋问题。

火炬顶端的纸卷形状,容易形成风的回旋,如图 5-23 所示。因此,需要改进燃烧系统的抗风性。而实际上,只要预燃室不灭,整个火焰也就不会灭。那么对于提高预燃室抗风性的问题,需要改进火炬燃烧系统的可靠性,但要提高火焰的可靠性,就必须提供更大的热量,这样就造成了火炬能量损失。

这里,提高火焰的可靠性(No. 27)和火炬能量损失(No. 22)是一对技术矛盾。

查询矛盾矩阵表,列写出可参考的创新原理编号是:10、11 和 35,见表 5-21。

表 5-21 例 5-23(3)矛盾矩阵表

	恶化的参数:能量损失(No. 22)
改善的参数:可靠性(No. 27)	10、11、35

10#创新原理:预先作用原理;

11#创新原理:事先防范原理;

35#创新原理:物理化学参数改变原理。

根据 11#事先防范原理建议,可以在预燃室上方加盖板,提高它的抗风性能。遇到瞬时的风变,火炬仍然可以正常燃烧。

图 5-23 祥云火炬顶部

5.4 物场模型与标准解法系统

物场分析法是 TRIZ 理论中一种常用的解决问题的方法。技术矛盾、物理矛盾研究的是系统的参数问题模型,而物场分析法则研究的是系统的结构问题模型。同样,它遵循着 TRIZ 问题解决的一般流程。物场模型作为问题模型,中间工具是标准解法系统,对应的解决方案的模型是标准解法系统中的标准解。

5.4.1 物场模型的定义

1. 物场模型的定义

物场(su-field),即物质(substance)和场(field)两个英文单词的组合缩写。阿奇舒勒对大量的技术系统分析后发现,一个技术系统如果能发挥其有用功能,就必须具备三个必要的元素,即两个物质 S_1、S_2 和一个场 F,如图 5-24(a)所示。利用物质和场来描述系统问题的方法叫物场分析方法。

物场模型是由两个物质 S_1、S_2 和一个场 F 这样三个元素所构成的完全的、最小的技术系统。例如，磁铁吸铁丝的系统、榔头砸钉子系统等物场的基本模型，如图 5-24(b)和图 5-24(c)所示。

S 表示物质、任何东西(客观对象)，例如，电脑、桌子、房屋、空气、水、太阳等；

S_1 表示作用承受者(对象物质)；

S_2 表示作用发出者(工具物质)；

F 表示物质间的相互作用，物质依靠场连接，例如，重力场、电磁场、机械场、热场、化学场、电场、磁场，电磁场，放射场、生物场、嗅觉场、声场等。

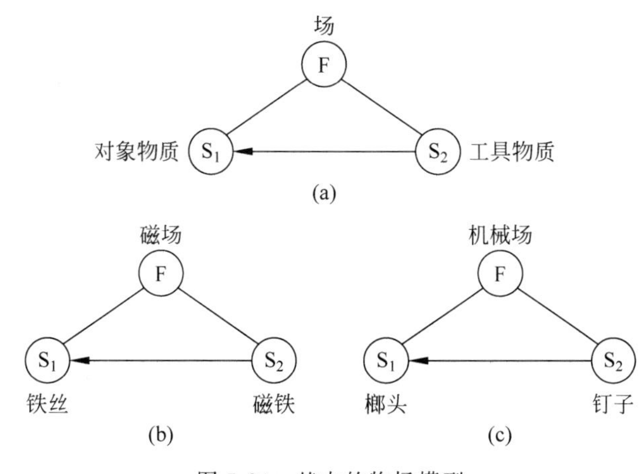

图 5-24　基本的物场模型

2. 物场模型的四种问题模型

(1) 有效作用模型。

这是一种理想的状态，也是设计者追求的状态。物场模型的要素齐全、功能正常，并且相互之间的作用充分。例如，手握住杯子，杯子不会落到地上，这时实现的就是有用并且充分的相互作用。建立起这种系统的物场模型，如图 5-25 所示。其中，图形化符号“——►”，表示有效、充分的作用。

(2) 不充分作用模型。

物场模型的三要素都存在，但是设计者追求或预期的相互作用未能实现或者只是部分实现。例如，手握住杯子，但是力度不够，杯子还是不断地往下滑，比如小孩拿一个很沉的杯子。这就是有用但不充分的相互作用，建立起这种系统的物场模型，如图 5-26 所示。其中，图形化符号“----►”，表示有效、但不充分的作用。

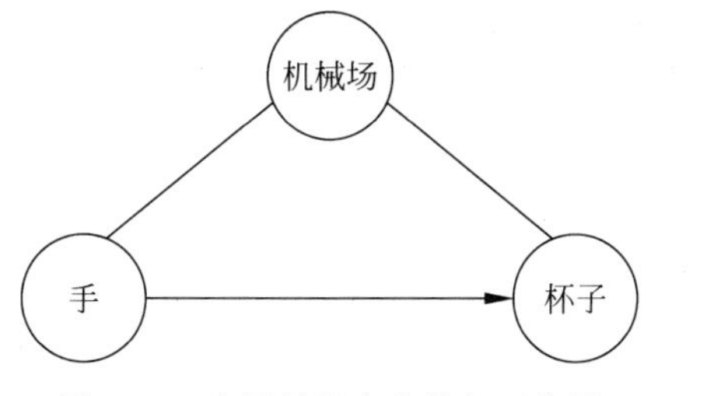

图 5-25　有用并且充分的相互作用

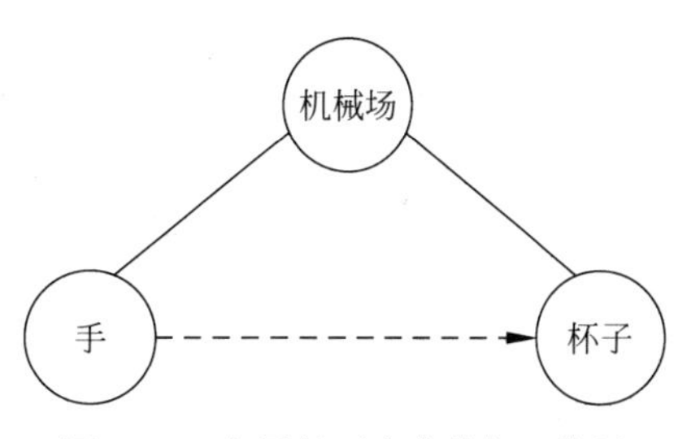

图 5-26　有用但不充分的相互作用

（3）过度作用模型。

物场模型的三要素都存在，但是设计者追求或预期的相互作用过度实现。例如，手握住杯子，但是力度太大，杯子被手捏得变形。这就是有用但过度的相互作用，建立起这种系统的物场模型，如图5-27所示。其中，图形化符号“++++►”，表示有效、充分的作用。

（4）有害作用模型。

物场模型的三要素都齐全，但物质之间的作用效应与预期效果相冲突。例如，汽车废气排放污染环境；空调噪声过大等。再如，玻璃杯没有打磨圆滑，手被玻璃边缘或小的凸起割破了。这就是有害的相互作用，建立起这种系统的物场模型，如图5-28所示。

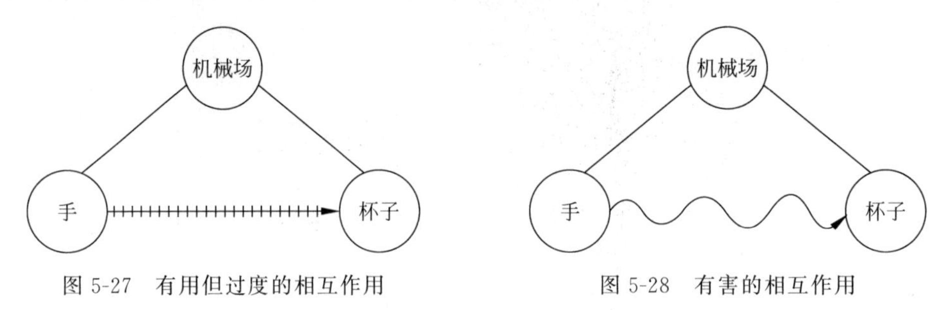

图5-27　有用但过度的相互作用　　　图5-28　有害的相互作用

其中，图形化符号“∿∿►”，表示有害、定向的作用。

物场分析法中相互作用的图形化符号，见表5-22。

表5-22　TRIZ物场分析法中相互作用的图形化符号

	图形化符号	含　义
1	—►	有效、充分的作用
2	---►	有效、不充分的作用
3	++++►	有效、过度的作用
4	∿∿►	有害、定向的作用

5.4.2　标准解法系统

物场分析法产生于1947—1977年，阿奇舒勒经过分析大量的专利后发现，如果解决问题的物场模型相同，那么最终解决方案的物场模型也相同。针对不充分作用模型、过度作用模型和有害作用模型，TRIZ物场分析法有6种一般解法，见表5-23。

表5-23　TRIZ物场分析的一般解法

编　　号	物场模型类型	解决措施
解法1	不充分作用模型	补全缺失的元素（场、物质），使模型完整
解法2	有害作用模型	加入第三种物质，阻止有害作用
解法3		引入第二个场，抵消有害作用

续表

编　　号	物场模型类型	解 决 措 施
解法 4	过度作用模型	引入第二个场，增强有用的效应
解法 5		引入第二个场和第三种物质，增强有用的效应
解法 6		引入第二个场或第二个场和第三种物质，代替原有场或原有场和物质

由于面临的问题复杂且广泛，经过不断完善，1985 年阿奇舒勒又创立了物场分析的标准解法系统。标准解法系统包括 86 种标准解法，共分为 5 级，18 子级，各级中解法的先后顺序也反映了技术系统必然的进化方向。见表 5-24。

表 5-24　86 种标准解法

第一级	建立或破坏物场模型	13 个标准解
第二级	增强物场模型	33 个标准解
第三级	向超系统或微观级系统跃迁	6 个标准解
第四级	检测和测量	17 个标准解
第五级	应用标准解法的标准	17 个标准解

第一级：建立物场模型(8 个)或破坏物场模型(5 个)，共 13 个标准解，见表 5-25。

表 5-25　标准解第一级手册

标准解编号		问 题 描 述	举　　例
1.1 建立物场模型	1.1.1 完善一个不完整的物场模型	标准解法 1，如果发现只有 S_1，那么应增加 S_2 和一个场 F，完善系统三要素，这样才能实现系统必要的功能	用锤子钉钉子，就必须有三要素：锤子 S_2、钉子 S_1 和锤子作用于钉子上的机械场 F，才能实现系统功能
	1.1.2 内部合成物场模型	标准解法 2，如果系统中已有的对象无法实现需要的变化，可以在 S_1 或 S_2 中引入一种永久的或临时的内部添加物 S_3，帮助系统实现功能	和面时，若面团硬时，则加水；若面团软时，则加干面粉，这些都是 S_3
	1.1.3 外部合成物场模型	标准解法 3，如果系统中已有的对象无法实现需要的变化，也可以在 S_1 或 S_2 的外部引入一种永久的或临时的添加物 S_3，帮助系统实现功能	可以通过在滑雪橇上涂上蜡 S_3 改善雪 S_1 和滑雪橇 S_2 组成系统的功能
	1.1.4 利用环境的资源	标准解法 4，如果系统中已有的对象无法实现需要的变化，若不允许在物质的内部引入添加物，则可以利用环境中已有的资源(超系统)实现需要的变化	在车内吸烟时会污染空气，这是需开窗换气
	1.1.5 改变系统环境	标准解法 5，如果系统中已有的对象无法实现需要的变化，也可以通过改变系统环境或其变形来解决问题。即可以通过在环境中引入某种资源作为添加物	办公室中台式电脑 S_2 发热量较大，增加了室内温度，可以在办公室 S_1 内加上空调(添加物)降低温度

续表

标准解编号		问题描述	举　　例
1.1 建立物场模型	1.1.6 施加过度物质	标准解法 6，当很难精确地达到需要的量时，可以通过多施加需要的物质，然后再把多余的部分去掉	向一个立体容器加入混凝土，通常的做法是，将混凝土加满立体容器并超出一部分，然后再把多余的部分抹掉，抹出一个平面，这样就能很好地实现精确控制
	1.1.7 传递最大化作用	标准解法 7，如果由于各种原因不允许达到要求作用的最大化，那么让最大化的作用通过另一物质 S_2 传递给 S_1	要蒸煮的食物是不能直接接触到火焰的，可以利用蒸锅将火焰加热水，然后让水把热量传递给食物。而这时加热的温度是不可能超过水的沸点的，不会破坏食物
	1.1.8 选择性最大化作用	标准解法 8，系统中有时既需要很强的场，同时又需要很弱的场的作用。这时给系统施以很强的作用场，然后在需要较弱场作用的地方引入物质 S_3，起到一定的保护作用	当玻璃药瓶 S_2 用火焰封口时，由于火焰的热量很高，从而使药瓶内的药物 S_1 分解，如果将药瓶盛药的部分放在水 S_3 里，就可以使药保持在安全的温度之内，免受破坏
1.2 破坏物场模型	1.2.1 引入 S_3 来消除有害作用	标准解法 9，系统中有用及有害作用同时存在，S_1 和 S_2 不必互相接触，可以在 S_1 和 S_2 之间引入 S_3 来消除有害作用	医生的手 S_2 需要在病人身上 S_1 做外科手术，穿戴一双无菌手套 S_3 可以消除细菌带来的有害作用
	1.2.2 引入变形的 S_1 或 S_2 来消除有害作用	标准解法 10，系统中有用及有害作用同时存在，S_1 和 S_2 不必互相接触，但不允许引入新的物质，可以改变 S_1 和 S_2 来消除有害作用。包括增加"不存在的物质"(空穴、真空、空气、气泡等)	组织培养在无菌状态下进行，空气变为无菌空气
	1.2.3 引入物质消除有害作用	标准解法 11，如果由某个场对物质 S_1 产生有害作用，则引入第二种物质 S_2 来消除有害作用	为了防止 X 射线对病人身体的伤害，在病人身体前方放一个铅屏，从而保护病人的其他部位不会受到 X 射线的照射
	1.2.4 用场 F_2 抵消有害作用	标准解法 12，系统中有用及有害作用同时存在，且 S_1 和 S_2 必须直接接触，通过引入 F_2 来抵消 F_1 的有害作用，或将有害作用转换为有用作用	脚腱拉伤手术后，脚必须固定起来。可以利用绷带 S_2 作用于脚 S_1 起到固定的作用，场 F_1 是机械场。但是，肌肉如果不用就会萎缩，这个机械场就会产生有害的作用。解决方法是在物理治疗阶段向肌肉加入一个脉冲的电场 F_2 来防止肌肉萎缩
	1.2.5 消除磁场的有害作用	标准解法 13，若系统内的某部分磁性产生了有害作用，则可以通过加热，使是这部分处于居里点以上，从而消除磁性，或者引入一种相反的磁场	加工中，让带研磨颗粒的铁磁介质在旋转的磁场的作用下运动，来打磨工件的内表面，如果是铁磁材料的工件，其本身对磁场的响应会影响加工过程，解决方案：提前将工件加热至居里温度以上

第二级：增强物场模型，共 33 个标准解，见表 5-26。

表 5-26 标准解第二级手册

标准解编号		问题描述	举 例
2.1 转化为复杂的物场模型	2.1.1 链式物场模型	标准解法 14,引入一个 S_3,将 S_2 及 F_2 作用于 S_3;再将 S_3 产生的场 F_1 作用于 S_1	锤子砸石头完成碎石分解功能。可以通过在石头 S_1 和锤子 S_2 之间加入凿子 S_3,将锤子的机械场 F_2 传递给凿子 S_3,然后凿子 S_3 的机械场 F_1 传递给石头 S_1
	2.1.2 双物场模型	标准解法 15,现有系统的有用作用 F_1 不足,需要进行改进。但又不允许引入新的物质,则可加入第二个场 F_2 来增强 F_1 的作用	用超声波清洗眼镜
2.2 加强物场模型	2.2.1 使用更可控的场	标准解法 16,对可控性差的场,用易控场来代替,或增加易控场。选择易控场的进化路径:重力场、机械场、电场	将一个机械控制系统用电控制系统代替
	2.2.2 增加物质的分割程度	标准解法 17,提高完成工具功能的物质分裂度	纳米材料
	2.2.3 使用毛细管和多孔物质	标准解法 18,在物质中增加空穴或毛细结构	油漆刷子
	2.2.4 使系统具有更好的柔性、适应性,动态性	标准解法 19,如果系统中具有刚性、非弹性元件,那么就尝试让系统具有柔性、适应性,动态性来改善其效率	变速自行车
	2.2.5 使用异构场	标准解法 20,由动态场代替静态场,由可控场代替不可控场,来增强物场模型	超声波焊接
	2.2.6 使用异构物质	标准解法 21,将均匀的物质空间结构变成不均匀的物质空间结构,来增强物场模型	混凝土中加入钢筋来提高强度
2.3 通过协调频率加强物场模型	2.3.1 协调场与物质的频率	标准解法 22,使 F 的频率与 S_1 或 S_2 的频率相协调	肾结石可以通过超声波使其共振破碎成小碎颗粒,然后排出体外
	2.3.2 协调场与场的频率	标准解法 23,场 F_1 与 F_2 的频率相协调	机械振动可以通过产生一个与其振幅相同但是方向相反的振动消除
	2.3.3 两个动作间隙	标准解法 24,两个独立的动作可以让一个动作在另一个动作停止的间隙完成	在尚未找到承租者之前装修出租房屋,可以租更高的价钱
2.4 利用磁场和铁磁材料加强物场模型	2.4.1 加入铁磁物质	标准解法 25,向系统中加入铁磁物质	磁悬浮列车
	2.4.2 铁磁场	标准解法 26,将标准解法 16 应用更可控性的场与标准解法 25 铁磁材料结合在一起	橡胶模具的刚度可以通过加入铁磁物质,通过磁场进行控制
	2.4.3 使用磁流体	标准解法 27,磁流体可以是悬浮有磁性颗粒的煤油、硅树脂或者水的胶状液体,这是标准解法 26 的一个特例	计算机电机的旋转轴承中,用磁流体替代原来的润滑剂

续表

标准解编号		问题描述	举　　例
2.4 利用磁场和铁磁材料加强物场模型	2.4.4 多孔结构的铁磁场	标准解法 28，应用包含铁磁材料或铁磁液体的毛细管结构	过滤器的过滤管中填充铁磁颗粒，利用磁场可以控制过滤器内部的结构
	2.4.5 转变为复杂的铁磁场模型	标准解法 29，若原有的物场模型中禁止用铁磁物质替代原有的某种物质，可以将铁磁物质作为某种物质内部的添加物引入系统	为了使药物分子到达身体需要的部位，在药物分子上加入铁磁颗粒，并且在外界磁场的作用下，引导药物分子转移到特定的位置
	2.4.6 与环境一起的铁磁场模型	标准解法 30，如果一个物体不能具有磁性，将铁磁物质引入到环境之中	磁铁块可以把纸贴在铁黑板或具有磁性的物质上
	2.4.7 使用物理效应的铁磁场模型	标准解法 31，利用自然现象和效应，如物体按场排列或在居里点以上使物体失去磁性的性质	磁共振成像
	2.4.8 动态化的铁磁场模型	标准解法 32，利用动态的、可变的或自动调节的磁场	木材加工时，有磁铁在木头中寻找钉子
	2.4.9 有结构化的磁场铁磁场	标准解法 33，利用结构化的磁场来更好地控制或移动铁磁物质颗粒	塑料磁性零件制作过程：把铁磁粉加热到居里点以上，均匀地放入注塑模具中加工定型
	2.4.10 协调铁磁场频率	标准解法 34，宏观系统中，应用机械振动来加速铁磁颗粒的运动，在分子及原子级别变换磁场频率可实现系统功能	微波炉是通过微波与水的共振频率使水分子产生振动，从而起到加热水的效果
	2.4.11 应用电磁场	标准解法 35，应用电流产生磁场，而不是应用磁性物质	电磁铁开关
	2.4.12 运用电流变液体	标准解法 36，通过电流可以瞬间改变液体状态，实现固态化	电流变仿真机器人，肌肉随电流变化而变硬或变软

第三级：向超系统或微观级系统跃迁，共 6 个标准解，见表 5-27。

表 5-27　标准解第三级手册

标准解编号		问题描述	举　　例
3.1 向双系统或多系统转化	3.1.1 合并系统	标准解法 37，创建双系统或多系统	将薄玻璃堆砌在一起，并且用水做临时的粘贴物质，便于加工
	3.1.2 连接系统	标准解法 38，增强双系统或多系统间的连接	双体船最早是刚性连接，现在是柔性连接，允许船体之间的距离可以改变
	3.1.3 改变系统	标准解法 39，增加系统之间的差异性	多功能复印机
	3.1.4 简化系统	标准解法 40，双系统及多系统的简化	瑞士军刀
	3.1.5	标准解法 41，部分或整体表现相反的特性或功能	液压钳是刚性的，液压是柔性的
3.2 向微观级进化	3.2.1 微观级	标准解法 42，转换到微观级	计算机的发展就是向微观级发展

第四级：检测和测量，共 17 个标准解，见表 5-28。

表 5-28　标准解第四级手册

标准解编号		问题描述	举　例
4.1 间接方法	4.1.1 改变系统	标准解法 43,改变系统,从而使原来需要测量的系统现在不再需要测量	电扇吹空瓶
	4.1.2 测量复制品	标准解法 44,利用复制品进行测量替代对对象的直接测量	测量航拍照片判断实际状况
	4.1.3 间断测量	标准解法 45,利用两次间断测量代替连续测量	在长度一定时测量原木的体积,只用测量大、小头直径,即可换算出木材体积
4.2 建立新的测量的物场模型	4.2.1 测量物场模型的合成	标准解法 46,若一个不完整物场模型不能被检测或测量,则增加单一或双物场模型,且一个场作为输出。若已存在的场是不充分的,在不影响原系统的条件下,改变或加强该场,使它具有容易检测的参数	检查轮胎哪里漏气,把充气轮胎放在水中
	4.2.2 测量引入的附加物	标准解法 47,若引入的附加物与原系统的相互作用产生变化,可以通过测量附加物的变化,再进行转换	煤气无色无味,在煤气中加入有刺激气味的气体,就容易发现煤气泄漏
	4.2.3 测量引入环境的附加物	标准解法 48,若不能在系统中添加任何东西,可以在外部环境中加入物质,并且测量和检测这个物质的变化	GPS 定位原理是:卫星提供了覆盖全球的连续信号,手持全球定位系统接收器,就能接收卫星提供的信号,根据信号可以测量出自己精确的位置
	4.2.4 从环境中获得附加物	标准解法 49,若系统或环境不能引入附加物,可以将环境中已有的东西进行降解或转换,变成其他的状态,然后测量和检测这种转换后物质的变化	超声波探伤原理是:在均匀的材料中,缺陷的存在将造成材料的不连续,这种不连续往往又造成声阻抗的不一致。超声波在两种不同声阻抗的介质的交界面上将会发生反射
4.3 增强测量物场模型	4.3.1 利用自然现象	标准解法 50,利用系统中出现的已知效应,检测因此效应而发生的变化,从而知道系统的状态,提高测量效率	海拔仪是通过气压的变化来测量海拔的高度
	4.3.2 利用受控物体的共振	标准解法 51,若不能直接测量或通过引入一种场来测量,可以通过让系统整体或部分产生共振来解决,测量共振频率	测量血压时是通过人体血液的高压、低压和血压计产生共振实现的
	4.3.3 利用附带物体的共振	标准解法 52,若不允许系统共振,可以通过与系统相连的物体或环境的自由振动,获得系统变化的信息	电报原理是:将文字信息变成电磁波组码(几个滴、嗒组合成一个数字),以相同的电磁波频率发送和接收,实现异地无线通信
4.4 测量铁磁场	4.4.1 利用铁磁场	标准解法 53,增加或利用铁磁物质或磁场,从而方便测量	超市商品贴上磁性条码,结账时快速准确

续表

标准解编号		问题描述	举　例
4.4 测量铁磁场	4.4.2 测量铁磁场	标准解法 54,增加磁场颗粒或改变一种物质成为铁磁粒子,通过检测磁场实现测量	在油墨中加入铁磁粒子来印刷货币,可以防伪
	4.4.3 建立复杂化的测量铁磁场	标准解法 55,如果磁性颗粒不能直接加入到系统,建立一个复杂的铁磁测量系统,将磁性物质添加到系统已有的物质中	在非磁性物体的表面涂敷含有磁性的材料,可检测物体表面的裂纹
	4.4.4 在环境中引入铁磁物质	标准解法 56,如果系统中不允许增加铁磁物质,则将其添加到环境中	船舶设计时要考虑到波浪的因素,为了研究波浪的形成特性,可将铁磁颗粒添加到水中以辅助测量
	4.4.5 利用物理科学原理	标准解法 57,通过测量与磁性有关的自然现象,如居里点、磁滞等来实现测量	磁共振成像
4.5 测量系统的进化趋势	4.5.1 向双系统或多系统进化	标准解法 58,若单系统精度不够,可向双系统或多系统转化	体检是要抽血化验、B超检查、X射线检查等一系列设备来确定人体多项指标
	4.5.2 测量衍生物	标准解法 59,不直接测量,而是在时间或空间上测量第一级或第二级的衍生物	测量速度或加速度,而不是测量距离

第五级：应用标准解法的标准,共 17 个标准解,见表 5-29。

表 5-29　标准解第五级手册

标准解编号		问题描述	举　例
5.1 引入物质	5.1.1 间接方法	标准解法 60,(1)应用“不存在的物质”替代引入新的物质,如增加空气、真空、气泡、泡沫、缝隙等 (2)用外部添加物代替内部添加物 (3)引入少量高活性的添加物 (4)引入临时添加物等	(1) 泡沫材料做救生衣 (2) 创可贴；自行车补胎 (3) 用洗洁精清洗油腻的碗筷 (4) 创伤切开较大时先用针线缝合,待伤口愈合后再拆线
	5.1.2 分割物质	标准解法 61,将物质分为更小的组成部分	飞机燃油通过形成更多小油滴来提高燃烧率
	5.1.3 添加物自动消失	标准解法 62,添加物在使用完毕后自动消失	用冰打磨
	5.1.4 引入虚空的物质	标准解法 63,若条件不允许加入大量的物质,则加入虚空的物质	在物体内部增加空洞以减轻物体的重量
5.2 引入场	5.2.1 利用现有的场	标准解法 64,利用一种场来产生另一种场	电场产生磁场
	5.2.2 利用环境中的场	标准解法 65,利用环境中已存在的场	电子设备产生大量的热,这些热可以使周围空气流动,从而冷却电子设备
	5.2.3 利用能产生场的物质	标准解法 66,利用能产生场的物质	将放射性的物质植入到肿瘤位置,然后再进行消除

续表

标准解编号		问题描述	举　　例
5.3 相变	5.3.1 改变相态	标准解法 67，相变 1：改变物质的相态	利用干冰的相变来做舞台烟雾
	5.3.2 双相互换	标准解法 68，相变 2：两种相态相互转换	在滑冰过程中，摩擦力通过将刀片下的冰转化成水来减少阻力；水又可以冻成冰，形成平整的表面
	5.3.3 利用相变中物理现象	标准解法 69，相变 3：利用相变过程中伴随出现的现象	病人高烧时，用酒精棉球擦身体，酒精挥发时吸热，可实现物理降温
	5.3.4 转化为双相态	标准解法 70，相变 4：转化为物质的双相态	当蒸煮食物时，水处于液和气双相状态，使锅内保持 100℃ 温度，从而保证食物稳定加热
	5.3.5 利用相态交互	标准解法 71，利用系统的相态交互，增强系统的效率	交流讨论能互相启发，大幅度提高学习效果
5.4 利用自然现象	5.4.1 状态的自动调节和转换	标准解法 72，若一个物体必须具有不同的状态，使其自动从一种状态转换到另外一种状态	太阳镜在阳光下颜色变深，在阴暗处又恢复透明
	5.4.2 将输出场放大	标准解法 73，出口处场的增强	真空管、继电器和晶体管可以通过很小的电流控制很大的电流
5.5 产生物质的高级和低级方法	5.5.1 利用降解	标准解法 74，通过降解获得物质颗粒（离子、原子、分子等）	如果系统需要氢，但系统本身不允许引入氢时，可以向系统引入水，再将水通过电解转化成氢和氧
	5.5.2 利用结合	标准解法 75，通过结合，获得物质粒子	树木吸收水分、二氧化碳，并且运用太阳光进行光合作用生长壮大
	5.5.3 利用 5.5.1 和 5.5.2	标准解法 76，若一个高级结构的物质需要降解，但又不能降解，就利用次高水平的物质；反之，若物质需要低级结构的物质组合起来，则利用较高级结构的物质	通过电解生成氢和氧

5.4.3 标准解法应用步骤及实例

1. 应用步骤

（1）确定所面临的问题类型。

首先，识别组成功能的三个要素：场 F 和物质 S_1、S_2；然后，识别作用对象，确定当前系统的功能效应处于何种状态。

（2）建立问题的物场模型。

根据问题的功能状态，表述相关元素间的作用，确定作用的程度，建立与问题实际状态相一致的物场模型。

(3) 选择标准解法。

按照物场模型所表现出的问题,简单问题查找此类物场模型的一般解法,复杂问题在86个标准解中选择适用于该特定问题的标准解法。如果有多个解法,就逐个进行比较,寻找最佳解法。

(4) 形成方案。

根据得到的最佳解法,建立解决方案的相应物场模型。

(5) 最终优化。

比较TRIZ所求解法与实际问题,考虑实现条件的约束与限制,形成问题的最终优化解决方案。

物场分析法的一般流程,如图5-29所示。

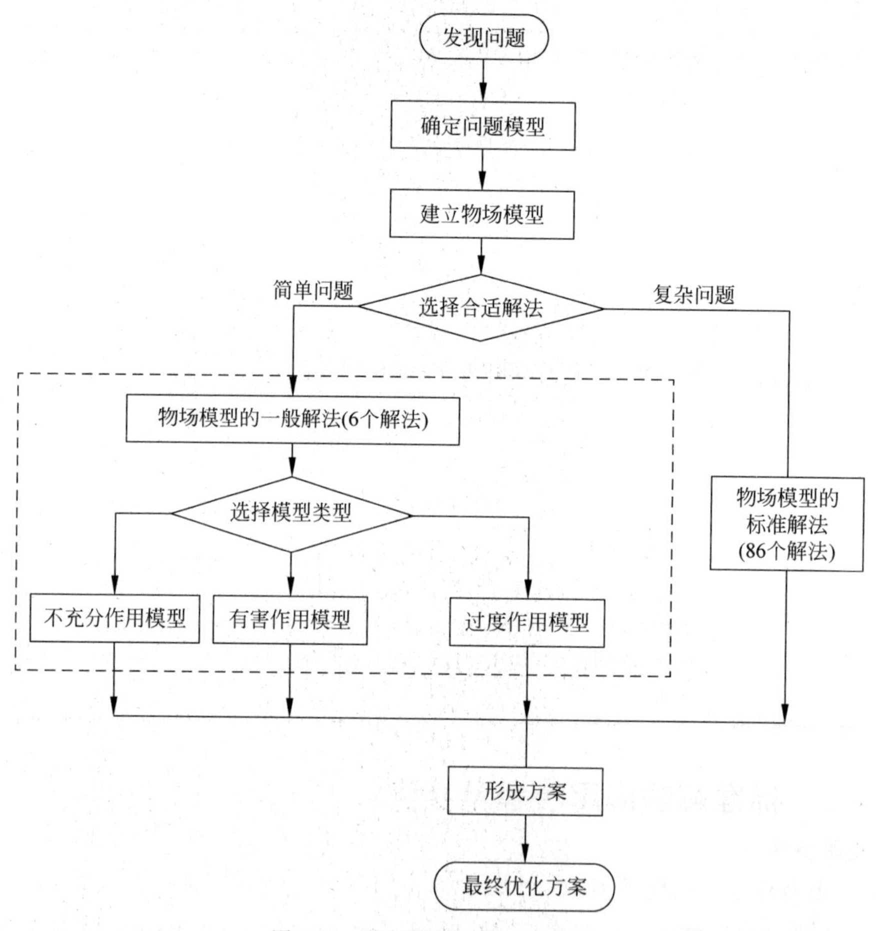

图5-29 物场分析法的一般流程

2. 应用实例

例5-24 防止钢珠发送机弯管破损

问题描述:高压空气输送的钢珠会使转弯处的管壁严重磨损,如何防止这种磨损的发生?

第一步:确定问题类型

问题的发生点位于弯管转弯处；关键点是钢珠对管壁产生冲击作用而造成磨损；因此，核心要素包括：钢珠为作用发起者 S_2；管壁作用承受者 S_1；两者产生冲击作用 F；钢珠对管壁产生冲击，属于有害的作用。

第二步：建立物场模型，如图 5-30 所示。

第三步：选择合适解法

选用一般解法 2：加入第三种物质，阻止有害作用；

选用一般解法 3：引入第二个场，抵消有害作用。

第四步：形成方案

方案 1，引入新物质 S_3，通常是现有两种物质 S_1 或 S_2 的变形，以减小有害冲击，如图 5-31 所示。

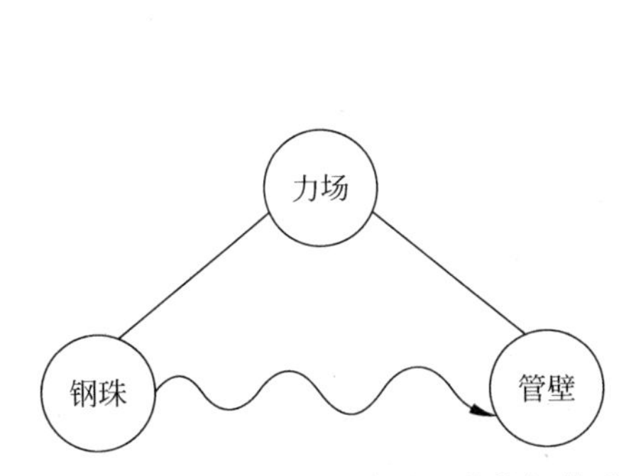

图 5-30 钢珠与管壁有害作用的物场模型

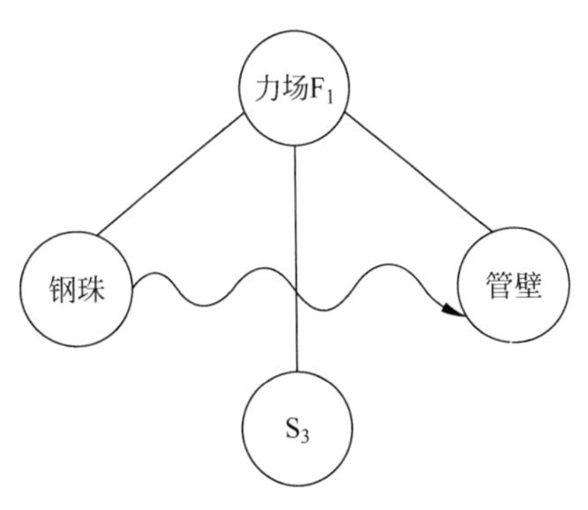

图 5-31 方案 1 物场模型

方案 2，引入新的场，即在弯管强烈磨损区引入一种场，磁铁 F_2，吸收钢珠 S_3 驻留，抵消钢珠对管壁的有害冲击，如图 5-32 所示。

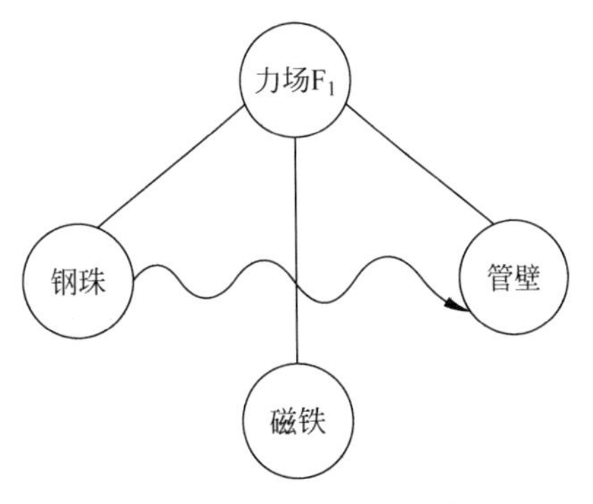

图 5-32 方案 2 的物场模型

第五步：最终优化方案

综合方案 1 和方案 2，利用钢材的铁磁性特性，在管壁外加装磁铁，吸引钢珠在管道转弯处聚积，从而保护管壁免受冲击磨损，如图 5-33 所示。

例 5-25 扫地机器人打扫中止问题

近年来，扫地机器人已经作为家庭日常智能电器走进千家万户。扫地机器人主要包含清扫刷和真空吸尘等工作模块，其组成结构，如图 5-34 所示。扫地机器人工作原理为：先通过清扫刷对地面杂物进行清扫，然后采用真空吸尘方式将杂物吸纳进入自身的垃圾收纳盒(集尘室)内，再配合组件拖布，从而完成地面清理的功能。

某公司某型号的扫地机器人在打扫过程中，经常出现打扫中止问题，并伴随发出异常提示音等现象。经过分析发现，造成该款扫地机器人打扫出现中止问题的主要原因有：集尘室体积小、V 形刷直径小、静电吸附等。请用运用物场分析法，找到解决方案。

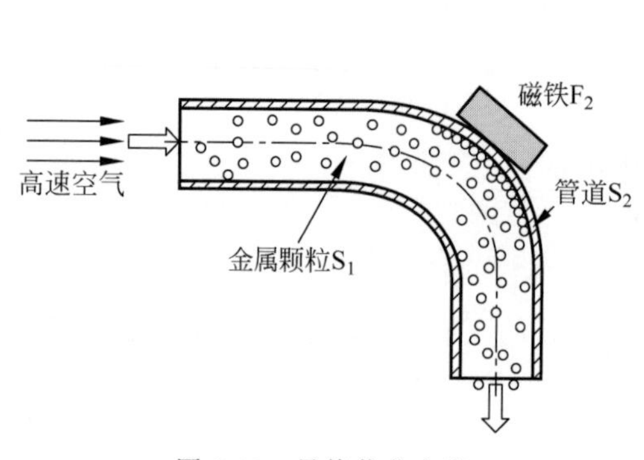

图 5-33 最终优化方案

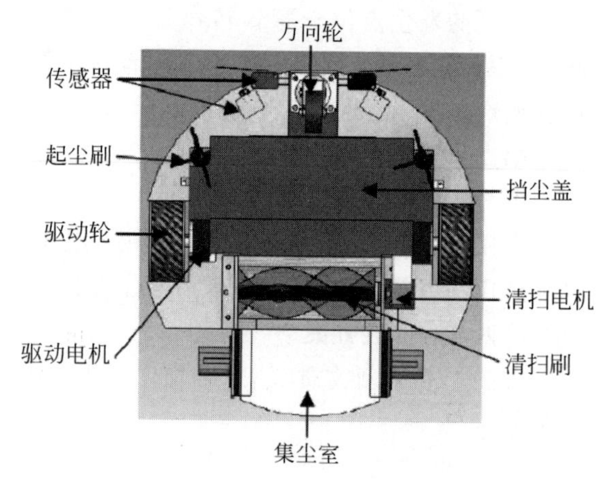

图 5-34 扫地机器人组成结构

1. 以“集尘室体积小”为入手点解决问题

建立集尘室和灰尘间过度作用的物场模型 1,如图 5-35 所示。应用一般解法 6:引入第二个场 F_2 和第三种物质 S_3,来提高有用效应。

方案 1,在感应器感应到集尘室内灰尘已满时,引入压力装置(第三种物质 S_3)自动伸入集尘室内挤压灰尘,同时可以挤压阻塞吸气通路的较大垃圾,挤压完成后退出集尘室,以增大集尘盒容量,如图 5-36 所示。

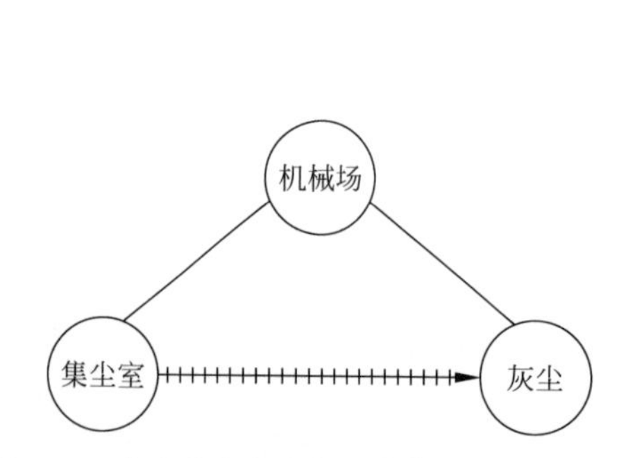

图 5-35 集尘室和灰尘间过度作用的物场模型 1

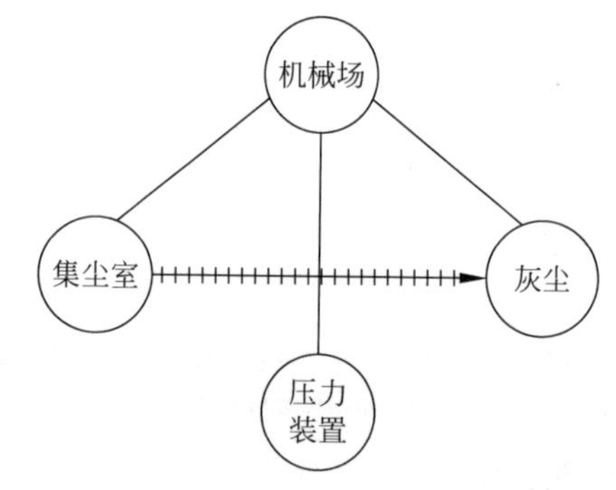

图 5-36 方案 1 的集尘室和灰尘物场模型

2. 以“V 形刷直径小”为入手点解决问题

建立 V 形刷和长发的有害作用物场模型 2,如图 5-37 所示。应用一般解法 2:加入第三种物质 S_3,S_3 用来阻止有害作用。

方案 2,在 V 形刷镶嵌锯齿状刀片(第三种物质 S_3),及时切割毛发或较大垃圾等物品,防止缠绕卡壳,如图 5-38 所示。

3. 以“静电吸附”为入手点解决问题

(1) 建立微尘感应器和灰尘的有害作用物场模型 3,如图 5-39 所示。

应用一般解法 3,引入第二个场 F_2,抵消有害作用。

方案 3,在集尘室和微尘感应器之间增加一个电场(第二个场 F_2),防止灰尘因静电作用吸附在微尘感应器上，尽量使其吸附在集尘室内，如图 5-40 所示。

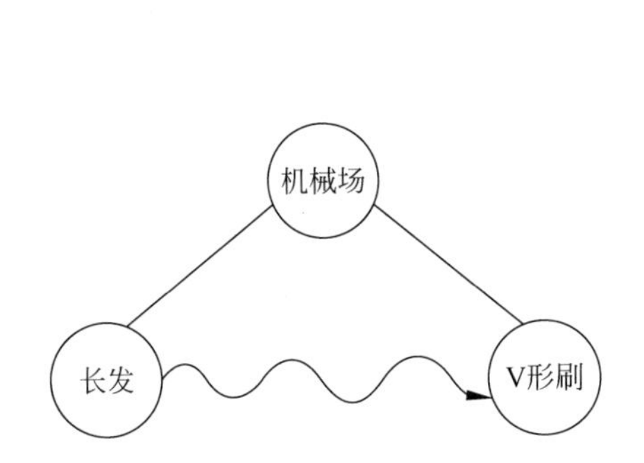

图 5-37 V 形刷和长发的有害作用物场模型 2

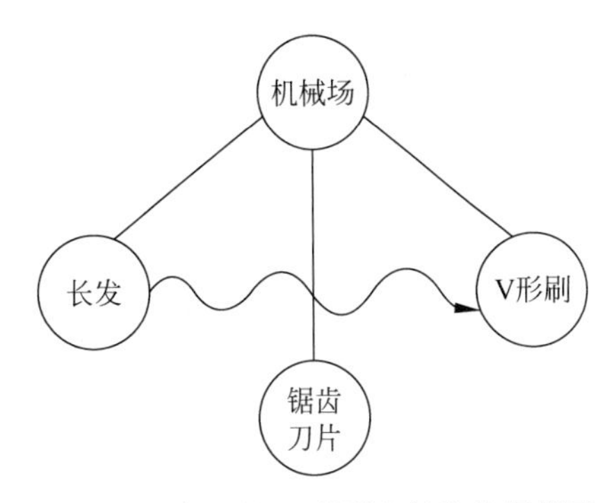

图 5-38 方案 2 的 V 形刷和长发物场模型 2

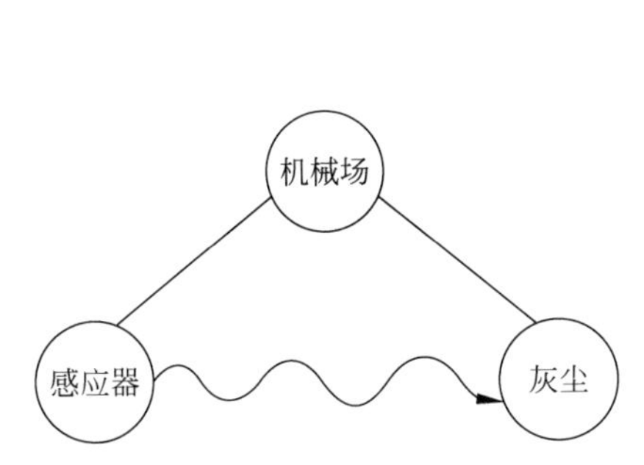

图 5-39 微尘感应器和灰尘的有害作用物场模型 3

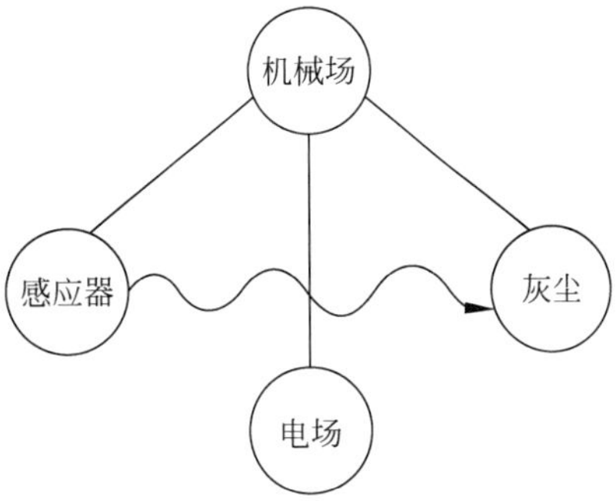

图 5-40 方案 3 的微尘感应器和灰尘的物场模型

(2) 建立微尘感应器和灰尘有害作用的物场模型 4，如图 5-41 所示。

应用一般解法 6，引入第二个场 F_2 和第三种物质 S_3，来提高有用效应。

方案 4，在集尘盒和微尘感应器之间增加一个毛刷(第三种物质 S_3)，毛刷能够清理微尘感应器表面，防止灰尘因静电作用吸附在微尘感应器上，如图 5-42 所示。

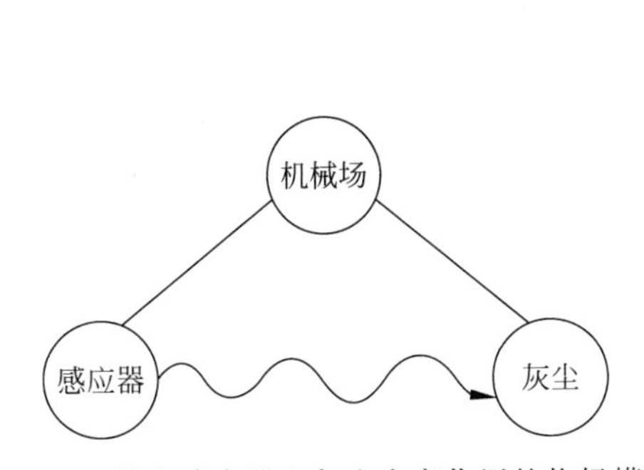

图 5-41 微尘感应器和灰尘有害作用的物场模型

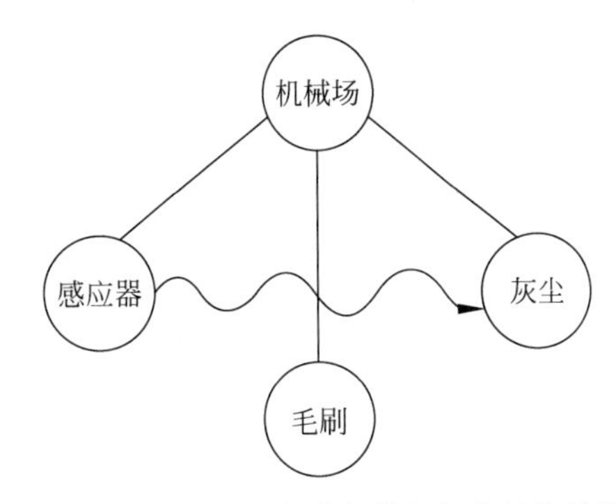

图 5-42 方案 4 的微尘感应器和灰尘的物场模型

运用物场分析法，共得到 4 个解决方案，通过对方案 1、方案 2、方案 3 和方案 4 进行方案优化，最终为解决扫地机器人打扫中止问题，提出以下最优方案：在微尘感应器前安装小毛刷，及时清除因静电黏附的灰尘。

5.5 "How to"模型

5.5.1 "How to"模型的定义

"How to"模型与知识库也是TRIZ理论中一种常用的解决工程问题的方法。应用"How to"模型与知识库解题时也遵循TRIZ理论解题的基本流程，首先，将实际问题转化为"How to"模型，其基本形式为：

"How to"模型＝"如何＋动词＋名词"

其中，名词多为某一物体的性质或参数，例如，温度、尺寸、力等，构成"How to"模型有："如何升高温度""如何改变尺寸""如何控制力"等；然后，利用科学效应知识库这种中间工具，获得解决方案模型，即知识库中的方案。

"How to"模型与其他三类问题模型相比，是最容易定义的一种问题模型，因为这符合人们提出问题时的常用方式。阿奇舒勒统计出30个标准"How to"模型，见表5-30。

表5-30　30个标准"How to"模型

序　　号	"How to"模型	序　　号	"How to"模型
1	测量温度	16	传递能量
2	降低温度	17	建立移动物体和固定物体之间的相互作用
3	提高温度	18	测量物体的尺寸
4	稳定温度	19	改变物体的尺寸
5	探测物体的位移和运动	20	检查表面的状态和性质
6	控制物体的运动	21	改变表面的性质
7	控制液体及气体的运动	22	检查物质容量的状态和特征
8	控制浮质(悬浮颗粒)的流动	23	改变物体空间性质
9	搅拌混合物，形成溶液	24	形成要求的结构，稳定物体结构
10	分离混合物	25	探测电场和磁场
11	稳定物质位置	26	探测辐射
12	产生(或控制)力	27	产生辐射
13	控制摩擦力	28	控制电磁场
14	破坏(解体)物体	29	控制光
15	积蓄机械能与热能	30	产生及加强化学变化

5.5.2 科学效应库

知识库是解决"How to"模型的中间工具，但在经典TRIZ理论当中最早的知识库是科学效应库。科学效应库由许多的科学效应组成，这些科学效应都对应解决30个标准"How to"模型，最常见的科学效应有物理效应、化学效应、几何效应，见表5-31。

表 5-31 常见的科学效应

序号	科学效应名称	序号	科学效应名称	序号	科学效应名称
1	空化作用	21	霍尔效应	41	耿氏效应
2	热磁效应	22	对流	42	电磁感应
3	热膨胀	23	热传导	43	电磁场
4	超导电性	24	热辐射	44	电介质
5	热双金属	25	热敏材料	45	电晕放电
6	莫比乌斯带	26	干涉	46	电弧放电
7	X射线	27	焦耳-汤姆孙效应	47	电火花放电
8	魏森贝格效应	28	电离	48	弹性波
9	振动	29	佩尔捷效应	49	电致发光物体
10	汤姆孙效应	30	磁场力	50	电阻
11	热电效应	31	磁流体	51	扩散
12	形状记忆合金	32	磁致伸缩	52	毛吸作用
13	驻波	33	渗透	53	离心力
14	共振	34	电泳	54	浮力定律
15	折射	35	1类相变	55	伯努利定律
16	巴克豪森效应	36	2类相变	56	包辛格效应
17	放射性	37	光生伏打效应	57	吸附
18	辐射光谱	38	光敏材料	58	驻极体
19	弹性形变	39	压磁效应	59	爆炸
20	塑性形变	40	压电效应	60	霍普金森效应

在TRIZ理论里，科学效应库中的科学原理共有一百多条，在表5-31中只罗列了其中的一部分，这些科学效应都对应实现标准“How to”模型中的某种功能，并且在各个领域得到了大量应用。

例 5-26 热磁效应

19世纪末，物理学家居里发现磁铁的一个物理特性，就是当磁石加热到一定温度时，原来的磁性就会消失，人们把这一温度称为“居里点”。这种在居里点温度以下有磁性，高于居里点温度时磁性消失的效应，就是热磁效应。

工程应用：电饭锅的热敏开关。电饭锅能够自动断电，进入保温状态，就是应用了热磁效应，其原理为：在电饭锅的底部安装一块磁铁和一块“居里点”为105℃的磁性材料，当锅里的水分干了以后，食品的温度将继续上升，当温度达到105℃时，磁性材料因磁性消失而失去磁铁对它的引力，这时磁铁和磁性材料之间的弹簧就会把它们分开，同时带动开关断开电源，停止加热。

通过上面科学效应的实例，可以看出科学效应能够实现“How to”模型中需要的功能。例5-26中热磁效应能够实现“如何控制温度”。当我们将实际问题转化为“How to”模型后，可以利用科学效应库中的科学效应得到最终解决方案。

5.5.3 知识库

传统的科学效应库里仅仅为我们提供了100多条科学效应，这些是远远不够的。随着计算机辅助创新软件的发展，科学效应库升级为知识库。

现今的知识库不仅包括传统科学效应库中的一百多条科学效应，还囊括了更多的专利技术，它是不同领域的科学效应和专利技术的总结，而且采用了统一的功能性描述和查询方式，可以快速得到针对问题的解决方案。例如，亿维讯的 Pro/Innovator 中方案的数量已经达到了 10 000 多条，使知识库的应用和作用得到了质的飞跃。

5.5.4 综合应用实例

例 5-27 如何提高散热功效？

夏季长时间使用电脑，常使电脑“发高烧”，如何提高散热功效，让它更好地实现对芯片的冷却？请将 CPU 散热器问题（如图 5-43 所示）分别用四种问题模型进行描述。

图 5-43 CPU 散热器

1. 技术矛盾

散热器是通过对流的形式将热散发掉，表面积越大，散热效果越好。若增大表面积就会使散热器体积变大，就能使热量很快地散发出去。这里，改善了温度却导致散热器体积的增大，温度与体积是一对技术矛盾。

2. 物理矛盾

散热片表面积越大，散热效果越好；散热片表面积越小，越适应电子设备的尺寸。这里，对面积既要求其大，又要求其小，就构成了一对物理矛盾。

3. 物场模型

散热器不能很好地散热，这里对象物质 S_1 是散热片；工具物质 S_2 是芯片；物质间的相互作用力 F 为不足，其构成的物场模型，如图 5-44 所示。

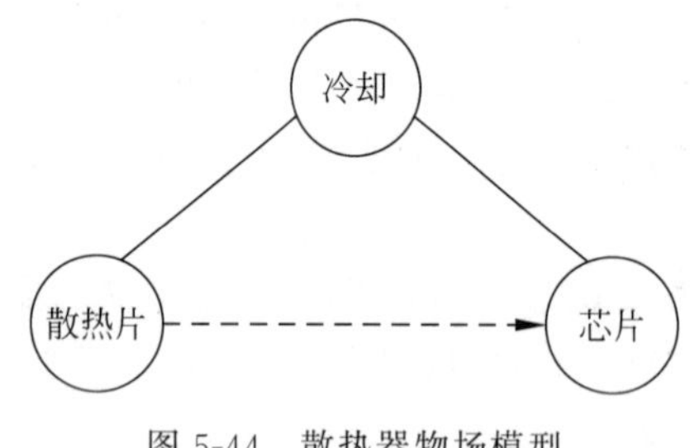

图 5-44 散热器物场模型

4. “How to”模型

将散热器定义为“How to”模型：“如何提高散热功效？”“如何降低温度？”。

本章小结

1. TRIZ 创新工具解决问题的模式

阿奇舒勒提出了 TRIZ 解决技术创新问题的通用模式。首先，它将一个实际问题转化为问题模型；然后，针对不同的问题模型，应用不同的 TRIZ 创新工具。

四种问题模型：技术矛盾、物理矛盾、物场模型和“How to”模型。

相对应的创新工具：矛盾矩阵、分离方法、标准解法系统和知识库。

2. TRIZ 理论将矛盾分为两类：技术矛盾和物理矛盾。解决技术矛盾的创新工具——矛盾矩阵

技术矛盾是指两个参数(A、B)之间的矛盾，即为了改善技术系统的某个参数 A，会导致该技术系统的另一个参数 B 恶化。

通用工程参数共 39 个，它们与 40 个创新原理共同构成了矛盾矩阵。应用矛盾矩阵查找解决具体技术矛盾的创新原理。

3. 解决物理矛盾的创新工具——分离方法

物理矛盾是指一个参数内的矛盾，即对同一个参数有两个不同要求。

解决物理矛盾的分离方法有四个，即空间分离、时间分离、条件分离和整体与部分分离。

每个分离方法都可与 40 个创新原理中的若干个原理相对应。

4. 计算机辅助创新 CAI 软件能高效、准确地指导人们解决技术问题，降低人们掌握 TRIZ 理论的门槛

5. 物场分析方法是 TRIZ 理论中一种常用的解决问题的方法。技术矛盾、物理矛盾研究的是系统的参数问题模型，而物场分析方法则研究的是系统的结构问题模型

常见的物场模型问题四种类型：有效作用模型、不充分作用模型、过度作用模型和有害作用模型。针对以上四种问题类型，共有 6 种一般解法。

物场分析方法同样遵循着 TRIZ 问题解决的一般流程。物场模型作为问题模型，中间工具是标准解法系统，对应的解决方案的模型是标准解法系统中的标准解。标准解法系统包括 86 种标准解法。

6.“How to”模型与其他三种问题模型相比，是最容易定义的，它符合人们提出问题时的常用方式。其基本形式为：

“How to”模型＝“如何＋动词＋名词”

当将实际问题转化为“How to”模型后，可以利用科学效应库中的科学效应找到最终解决方案。

第 5 章测试题

(满分 100 分，共含五种题型)

一、单项选择题(本题满分 30 分，共含 15 道小题，每小题 2 分)

1. 以下(　　)不是解决物理矛盾的有效方法。

A. 时间分离　　B. 空间分离　　C. 条件分离　　D. 材料分离

2. 将矛盾双方在不同的条件下分离开来，以获得问题的解决或降低问题的解决难度是利用(　　)原则。

A. 空间分离　　B. 整体与部分分离

C. 时间分离　　D. 条件分离

3. 关于 TRIZ 理论的基本想法，正确的是(　　)。

A. 试错法　　B. 一种系统性的方法

C. 利用前人的作法　　D. 以上皆是

4. TRIZ 理论中，解决技术矛盾时用来表述系统性能的工程领域通用工程参数一共有(　　)个。

A. 40　　B. 39　　C. 30　　D. 76

5. 相对于传统的头脑风暴法、试错法等创新方法，TRIZ 理论具有鲜明的特点和优势。以下描述不正确的是(　　)。

A. 它是基于技术的发展演化规律来研究整个设计与开发过程的，而不再是随机的行为

B. TRIZ 理论的技术系统进化理论和最终理想解(IFR)理论，可以有效地帮助设计人员在问题解决之初，首先确定“解”的位置，然后利用 TRIZ 理论各种工具去实现这个“解”

C. 它成功地揭示了创造发明的内在规律和原理，着力于认定和强调系统中存在的矛盾，而不是逃避矛盾

D. 以上描述皆非

6. 发明问题解决理论的核心是(　　)。

A. 39 个通用工程参数、阿奇舒勒矛盾矩阵、物理效应和现象知识库

B. 技术进化原理

C. 发明问题的标准解法和标准算法

D. TRIZ 理论中最重要、最有普遍用途的 40 个发明原理

7. TRIZ 理论中，当系统要求一个参数向相反方向变化时，就构成了(　　)矛盾。

A. 技术　　B. 系统　　C. 物理　　D. 以上皆非

8. 一个作用同时导致有用及有害两种结果，也可指有用作用的引入或有害效应的消除导致一个或几个子系统或系统变坏。这种冲突称为(　　)。

A. 文化冲突　　B. 技术矛盾　　C. 物理矛盾　　D. 组织冲突

9. 物理矛盾的描述为：“为了完成封口操作，安瓿瓶必须提高封口温度；为了使药剂保存完好，安瓿瓶又必须降低封口温度”，则物理矛盾为(　　)。

A. 安瓿瓶封口温度既高又低　　B. 药剂保存完好和药剂保存不全

C. 药剂完好和药剂变质　　D. 封口与不封口

10. 以下对矛盾矩阵的特征描述正确的是(　　)。

A. 矛盾矩阵像乘法口诀表一样，是一种三角形的矩阵

B. 矛盾矩阵可以用来解决物理矛盾

C. 应该从根本原因入手定义技术矛盾

D. 矛盾矩阵是 TRIZ 理论中唯一解决问题的方法

11. 以下情景中，用横线标明的两种物质之间属于过度的物场模型的是(　　)。

A. 汽车过桥时，桥面正好能支撑住超载的汽车

B. 由于电池供电电压过低，灯泡无法发光

C. 为了室内照明的蜡烛，产生了大量的浓烟，污染了室内的空气

D. 自行车拐弯减速时，刹车闸摩擦车轮，致使车轮停止转动，结果车毁人伤

12. 当系统的(　　)属性比较明显时,我们可以运用物场分析法来解决问题。

A. 性能属性　　B. 结构属性　　C. 参数属性　　D. 形状属性

13. 发明问题标准解法共有(　　)种。

A. 66　　B. 76　　C. 86　　D. 96

14. TRIZ 理论的使用步骤包括(　　)。

A. 具体问题描述—技术矛盾—解决具体问题的方法—40 个创新原理

B. 技术矛盾—具体问题描述—40 个创新原理—解决具体问题的方法

C. 具体问题描述—技术矛盾—40 个创新原理—解决具体问题的方法

D. 具体问题描述—40 个创新原理—技术矛盾—解决具体问题的方法

15. TRIZ 理论是由苏联发明家阿奇舒勒和他的团队研究了世界各地(　　)份高水平专利,总结出各种技术发展进化遵循的规律模式,并综合多学科领域解决各种技术矛盾和物理矛盾的创新原理和法则而建立起来的一个由解决技术问题,实现创新开发的各种方法、算法组成的综合理论体系。

A. 250 万　　B. 350 万　　C. 25 万　　D. 2500 万

二、多项选择题(本题满分 20 分,共含 10 道小题,每小题 2 分)

1. 如果对 39 个通用技术参数进行分类的话,可以包括(　　)。

A. 一般物理参数　　B. 系统参数　　C. 技术参数　　D. 几何参数

2. 以下属于技术矛盾的案例是(　　)。

A. 人常说"慢工出细活"其意思是活要干的精细(A+),干活的速度就要慢(B−)

B. 为了增强桌子的强度,就需要加厚桌面和桌腿,这势必会导致桌子重量的增加。提高"强度"参数时(A+),就导致了"重量"参数的恶化(B−)

C. 汽车速度提高了(A+),汽车的安全性必然降低了(B−)

D. 伞在使用时体积要大,以便遮阳避雨,在不用时体积要小,以便收纳。因此,伞的体积既要大又要小

3. 物理矛盾可以使用的分离原理有(　　)。

A. 时间分离　　B. 空间分离

C. 条件分离　　D. 整体与部分分离(系统级别分离)

4. 手机存在的技术矛盾定义正确的有(　　)。

A. 如果提高手机输入可操作性屏幕应该大,如果提高阅读性,手机屏幕应该小

B. 如果提高通话质量,那么需要提高信号强度,但会对人体辐射增加

C. 如果提高设备密封性,间隙要小,如果要降低磨损,设备间隙应该大

D. 如果提高手机便携性,那么需要缩小手机尺寸,但会手机显示屏幕会缩小

5. 解决技术冲突我们需要用到(　　)。

A. 40 个发明原理　　B. 时间分离原理

C. 39 个工程参数　　D. 矛盾矩阵

6. 有害完整场解法有(　　)。

A. 改用新的场

B. 增加一个新的场(F_2)来平衡有害作用场

C. 引入第三种物质屏蔽有害作用

D. 形成链式场增强原有的效果

7. 以下属于物理矛盾的案例是(　　)。

A. 人们希望咖啡尽可能热,以便能保温较长时间;同时,又希望咖啡温度适中,以便随时饮用,不至于烫手烫嘴。因此,要求咖啡的温度既要高又要低

B. 汽车速度提高了(A+),汽车的安全性必然降低了(B-)

C. 伞在使用时体积要大,以便遮阳避雨,在不用时体积要小,以便收纳。因此,伞的体积既要大又要小

D. 人常说“慢工出细活”其意思是活要干的精细(A+),干活的速度就要慢(B-)

8. 解决技术矛盾需要用到(　　)。

A. 40个发明原理　　B. 矛盾矩阵

C. 时间分离原理　　D. 39个工程参数

9. 发明问题标准解法分成5级,以下属于5级中的某一级的是(　　)。

A. 建立和拆解物场模型　　B. 向非标准化过渡到物场模型

C. 检测和测量的标准解法　　D. 简化与改善策略标准解法

10. 解决物理矛盾时所使用的原理包括(　　)。

A. 技术分离　　B. 空间分离

C. 条件分离　　D. 系统分离

三、判断题(本题满分30分,共含10道小题,每小题3分)

1. 阿奇疏勒矛盾矩阵表无法解决物理矛盾。

A. 否　　B. 是

2. 对39个参数进行配对组合,大约有1521对典型的技术矛盾。

A. 是　　B. 否

3. 阿奇舒勒矛盾矩阵中,45度对角线的方格都是空的,没有推荐的发明原理。这些方格对应的“行”和“列”参数是同一工程参数,因此,都是物理矛盾。

A. 是　　B. 否

4. 阿奇舒勒所提出的“发明问题解决理论”强调的是通过发明来解决实际问题,因此他所说的“发明”基本上与创新是同义的。

A. 是　　B. 否

5. 技术矛盾是解决技术系统中一个与系统之间或者系统中两个参数之间的相互制约或相互排斥的问题。

A. 是　　B. 否

6. 发明问题解决冲突所应遵循的规则是:改进系统中的一个零部件或性能的同时,不能对系统或相邻系统中的其他零部件或性能造成负面影响。

A. 是　　B. 否

7. 如果初始物场中出现波浪线、虚线、加号线,代表当前系统需要改进提高。

A. 是　　B. 否

8. 磁性飞镖是利用了标准解“强化完善物场模型”中的“铁-场模型(合成加强物场模型)”。

A. 是　　B. 否

9. 在进行室内装修时，配置单光源，只能解决室内一般的适当亮度问题，如果用多光源来替代，就可以达到多种装饰和照明效果，并能满足个别的特殊功能需要。这是利用了标准解中的“强化完善物场模型”。

A. 是　　　　B. 否

10. 在建立物场模型时，如果发现仅仅只有一种物质 S_1，那么就要增加第二种物质 S_2 和一个相互作用场 F。这样，该问题通过引入缺失的元素来完善物场模型。

A. 是　　　　B. 否

四、填空题（本题满分 20 分，共含 4 道小题，每小题 5 分）

1. 对于一张木制桌子，我们希望这张桌子更加结实牢固，采取的一般技术方案是：增加桌子木材用料，让桌面板更厚，让桌子腿更粗。由此产生的技术矛盾描述如下：

如果“采用增加桌子木材用料的方法”，那么桌子的（　　）得到改善（A＋），但是桌子的重量恶化（B—）；

2. 标准解中的第 1 级主要是建立和拆解物场模型，共 2 个子级、（　　）种标准解法。

3. 物场分析法将作用分为四种形式，分别为：充分、不足、（　　）、有害。

4. 物场模型是由两种物质和（　　）场组成的系统模型，描述系统中组件的相互作用，该模型可用来描述任何工程系统。

五、思考题（不计分）

1. 试解决机器人（自选一种）技术中的技术矛盾，要求按以下步骤提交设计方案：

（1）问题描述

（2）定义一种技术矛盾；

（3）查询矛盾矩阵，列写出可参考的创新原理及编号；

（4）解决方案。

2. 试解决机器人（自选一种）技术中的物理矛盾，要求按以下步骤提交设计方案：

（1）问题描述

（2）定义一种物理矛盾；

（3）列写出所采用的分离原理；

（4）解决方案。

第 6 章 TRIZ 技术系统进化法则

CHAPTER 6

TRIZ 理论的创始人阿奇舒勒在分析大量专利的过程中发现，产品及其技术的发展总是遵循一定的客观规律，而且同一条规律往往在不同的产品技术领域被反复应用。即任何领域的产品改进、技术的变革过程，是有规律可循的。人们如果掌握了这些规律，就能能动地进行产品设计并能预测产品的未来发展趋势。于是，阿奇舒勒和他的合作伙伴不断总结提炼，形成当前著名的技术系统进化法则。

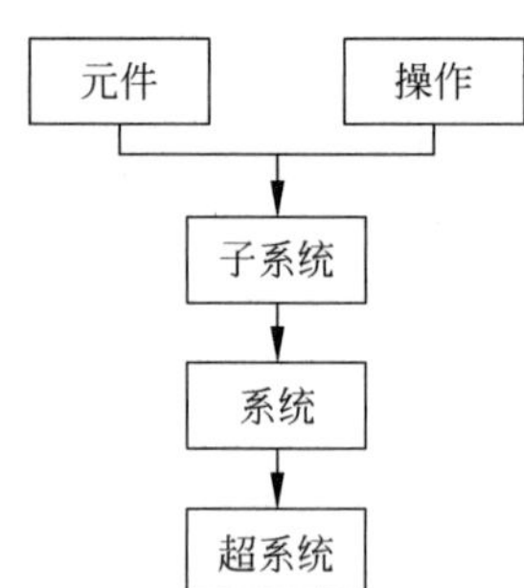

图 6-1　系统、子系统与超系统的关系

6.1　技术系统的定义

所谓技术系统是指所有运行某个功能的产品或物品。技术系统也可以简称为系统。系统之内的低层次系统称为子系统，系统之外的高层次系统称为超系统。任何技术系统均包括一个或多个子系统，每个子系统又可以划分为更小的子系统。系统、子系统与超系统的关系，如图 6-1 所示。

例 6-1　汽车技术系统

汽车是由方向盘、轮胎等子系统组成，汽车的超系统是公路、行车道、信号灯、运动场等。如图 6-2 所示。

图 6-2　汽车技术系统

6.2　技术系统进化八大法则

阿奇舒勒的技术系统进化论可以与自然科学中的达尔文生物进化论和斯宾塞的社会达尔文主义齐肩，被称为“三大进化论”。

技术系统进化法则属于TRIZ的基础理论，它的主要观点是：技术产品的进化并不是随意并无规律所循的，而是遵循着一定的客观规律和模式在不断地向前发展。任何一种产品、工艺或技术都是随着时间的推移向着更高的方向发展和进化的，并且它们的进化过程大致都会经历几个相同的阶段。阿奇舒勒还发现在一个工程领域中总结出来的进化模式及进化路线可以在另一个工程领域实现，即技术进化模式与进化路线具有可传递性。

技术系统进化八大法则包括完备性法则、能量传递法则、协调性法则、提高理想度法则、子系统不均衡进化法则、向超系统进化法则、向微观级进化法则和动态性进化法则。技术系统八大进化法则的核心是提高理想度法则，也就是说，其他七个法则都是围绕提高理想度服务的。如图6-3所示。

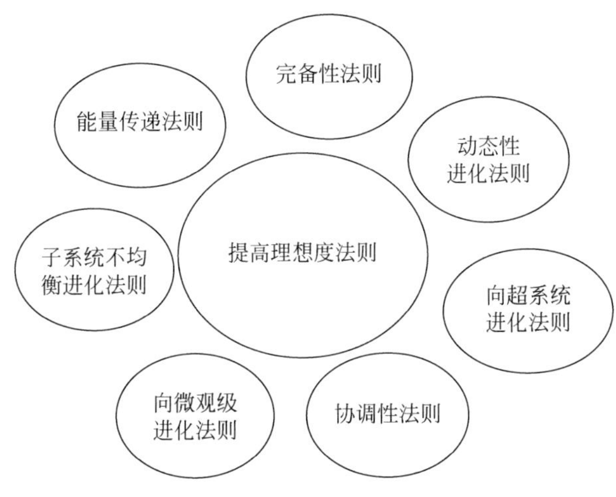

图6-3　技术系统进化八大法则示意图

6.2.1　完备性法则

一个完整的技术系统必须包含以下四个部分：动力装置、传输装置、执行装置和控制装置，它们最终的目标是使产品能够达到最理想的功能与状态，如图6-4所示。

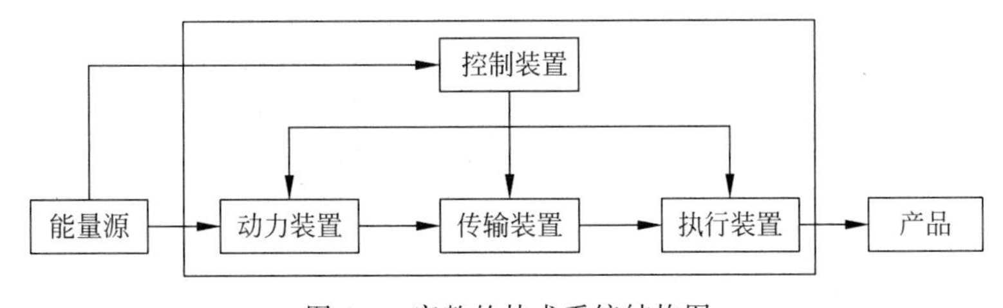

图6-4　完整的技术系统结构图

如果系统缺少其中的任一部件或系统中的任一部件失效，就不能成为一个完整的技术系统。完备性法则有助于确定实现所需要技术功能的方法并节约能源，利用它可对效率低下的技术系统进行简化。

例6-2　自行车技术系统

自行车是由车架、车把、链条和车轮等子系统组成，而脚蹬又由大拐和车蹬等子系统组成。自行车的超系统是公路、行车道和非机动车等。

自行车技术系统动力装置是脚踏板；传输装置是链条；执行装置是车轮；控制装置是人。如图 6-5 所示。

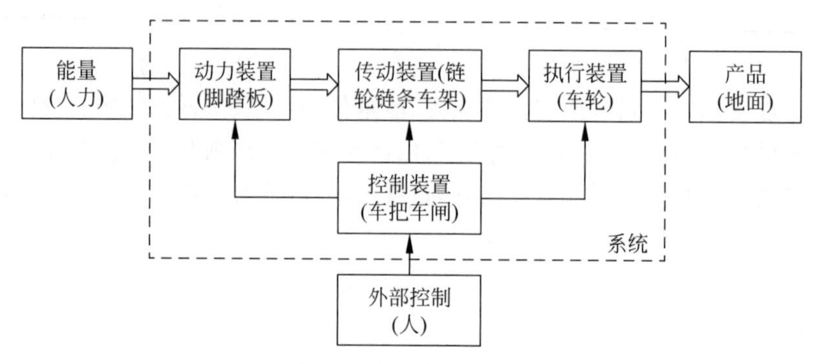

图 6-5 自行车技术系统

6.2.2 能量传递法则

(1) 必须确保能量从能量源流向技术系统的所有元件；

(2) 必须使能量流动的路径向尽可能短的方向发展，以减少能量损失。

例 6-3 收音机天线

收音机在金属屏蔽的环境(如在汽车里)或在地下隧道里就不能够正常收听高质量的广播，能量源的传递就会受阻，要解决这一问题，只要在车外加一根天线就可以了。如图 6-6 所示。

图 6-6 汽车外加天线

6.2.3 提高理想度法则

提高理想度法则是八大技术系统进化法则的首要法则。最理想的技术系统是作为物理实体它并不存在，也不消耗任何的资源，但是却能够实现所有必要的功能。

(1) 技术系统是沿着提高其理想度，向最理想系统的方向进化；

(2) 提高理想度法则代表着所有技术系统进化法则的最终方向。

定量描述：理想度＝有用功能之和/有害作用之和；

最理想的状况：有用功能≈∞，资源的消耗≈0。

例 6-4　无壳子弹的设计

自动步枪每发射一枚子弹，就会从枪膛里面出来一颗空弹壳。这种弹壳是铜质的，浪费资源。德国生产的 C114.7 型自动步枪，是专门为枪靶射击而设计的，这种步枪用的是无壳子弹。

6.2.4　子系统不均衡进化法则

每个技术系统都有多个实现不同的功能的子系统组成。

(1) 任何技术系统所包含的子系统都不是同步、不均衡进化的，每个子系统都是沿自己的进化阶段向前发展；

(2) 不均衡的进化经常会导致子系统之间的矛盾出现；

(3) 整个技术系统的进化速度取决于系统中发展最慢的子系统的进化速度。

掌握了该法则，可以帮助人们及时发现并改进最不理想的子系统，从而提升整个系统的进化阶段。

通常人们容易将精力专注于系统中已经比较理想的子系统的进化，而忽略了“木桶效应”中的短板，结果导致整个系统的发展缓慢。如图 6-7 所示。

图 6-7　木桶效应

例 6-5　自行车的进化

最早，自行车的脚蹬子直接安装在前轮上，自行车速度与前轮直径呈正比，为了提高速度，增加了前轮直径。随着前后轮尺寸差异加大，自行车的稳定性变得很差，于是人们开始研究自行车传动系统，在自行车上装上了链条和链轮。如图 6-8 所示。

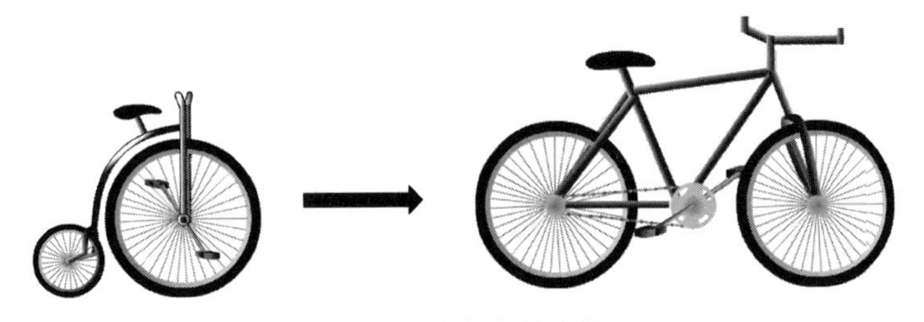

图 6-8　自行车的进化

例 6-6　窗格玻璃的设计

战斗机上使用的防弹玻璃从最开始就有一种严重的缺陷。当子弹击中防弹玻璃时，虽然玻璃不会破碎，但是，整块玻璃上都会有裂痕，这就严重妨碍了驾驶员的工作。

战斗机上的窗格玻璃是由小块的玻璃块组成的，黏结在一块丙烯酸可塑板上。使用透明的黏合剂将玻璃块黏结起来。当子弹击中时，只有受到袭击的那一小块玻璃上才有裂痕。

6.2.5 向超系统进化法则

(1) 技术系统沿着从单系统向双系统和多系统的方向发展；例如，牙刷进化，如图 6-9；再如，船的进化，如图 6-10 所示。

图 6-9　牙刷进化

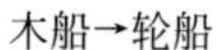

图 6-10　船的进化

例 6-7　瑞士军刀

人们日常所使用的小刀，其功能单一，就是切东西。但是瑞士军刀是一把组合刀，可以从中抽出来的不只是小刀，还有瓶盖启子、指甲剪子、锥子、餐叉、小齿锯、螺丝刀子、镊子等具有其他功能的工具，这些原来各自独立分离的物品最终形成了一个统一的、却又保留了原来功用的新产品。如图 6-11 所示。

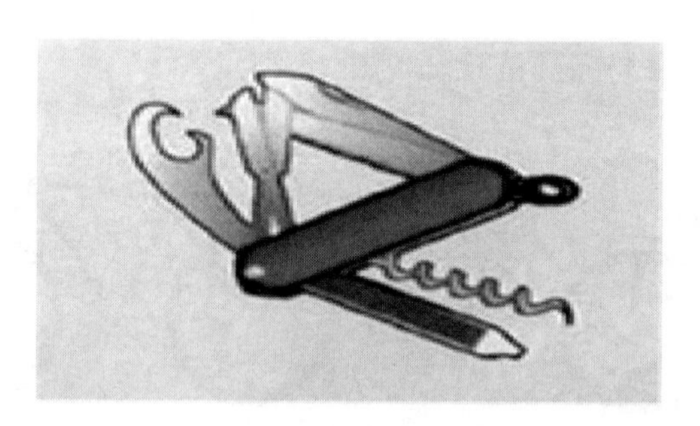

图 6-11　瑞士军刀

(2) 进化到极限时，实现某项功能的子系统会从系统中剥离，转移至超系统，作为超系统的一部分。在该子系统的功能得到增强改进的同时，也简化了原有的技术系统。

例 6-8　飞机空中加油系统

飞机在长距离飞行时，需要在飞行中加油。最初，燃油箱是飞机的一个子系统；进化后，燃油箱脱离了飞机，进化至超系统，以空中加油机的形式给飞机加油，如图 6-12 所示。飞机由于不必再随身携带庞大的燃油箱，既简化了飞机系统，同时也提高了飞行速度等性能。

图 6-12　飞机空中加油

6.2.6　向微观级进化法则

技术系统的进化是沿着减小其元件尺寸的方向发展的。即元件从最初的尺寸向原子、基本粒子的尺寸进化，同时能更好地实现相同的功能。

该法则规定技术系统是沿着其元件分解的大致方向进化的。也就是说，这种技术进化的过程，是由大到小、由宏观系统向微观系统的转化过程。

例 6-9　电子元件的进化

电子元件向微观级的进化路径是：真空管→晶体管→集成电路，如图 6-13 所示。

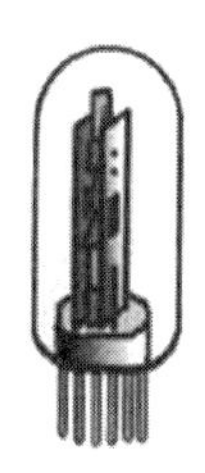

图 6-13　电子元件的进化

例 6-10　播放器的进化

播放器向微观级的进化是：录音机→随身听→便携 CD 机→MP3→耳机，如图 6-14 所示。

图 6-14　播放器的进化

例 6-11　历届奥运火炬燃料的进化

在奥运火炬历史上，曾经出现过使用镁、火药、树脂、橄榄油等各种材料作为火炬的燃料。1936 年，柏林奥运会制作了第一把火炬，由镁为主的燃料供燃。1956 年，奥运会火炬的最后一棒，采用镁和铝做燃料，火焰很亮，但剧烈燃烧产生的灰烬却灼伤了火炬手的手臂。

因此,这种采取固体镁的燃烧方式,逐渐被替代。1960 年,罗马奥运会的火炬用天然树脂松香作燃料。天然的树脂是一种弹性体。后来,到 1972 年,慕尼黑奥运会首次引入了液体燃料。在压力作用下,燃料以液态存储,燃烧时则是气体,这样既安全又易于储存,以后的奥运会火炬大都采用了这种方式。2008 年,北京奥运会火炬选择了丙烷作为燃料。丙烷燃烧后主要产生水蒸气和二氧化碳,不会对环境造成污染。

可见,历届夏季奥运会火炬燃料向微观级进化的路径是:固体→合成体→弹性体→液体→气体,历届奥运会火炬如图 6-15 所示。

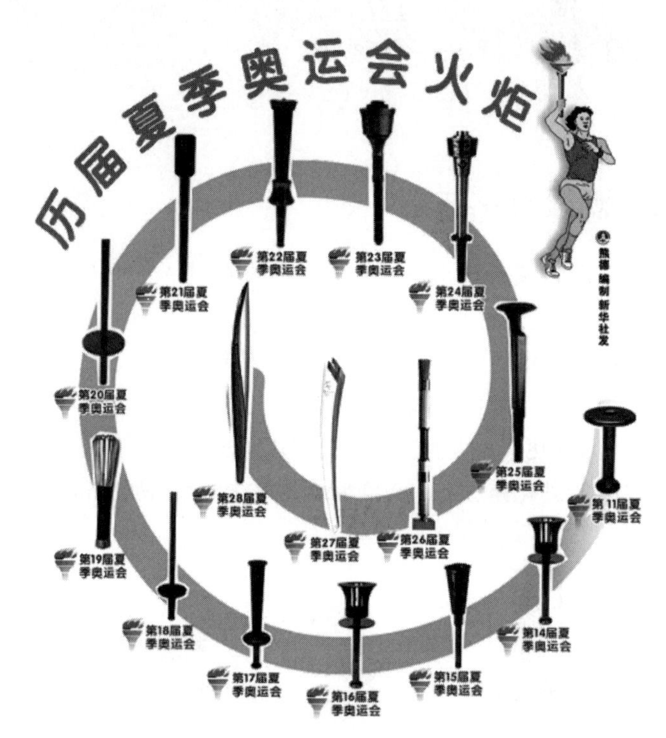

图 6-15　历届奥运会火炬

6.2.7　协调性法则

技术系统的进化是沿着各个子系统相互之间更协调的方向发展。即系统的各个部件在保持协调的前提下,充分发挥各自的功能。

(1) 结构上的协调。例如,早期积木只能摞、搭;现代积木可自由组合、随意插合成不同的形状。

(2) 各性能参数的协调。例如,网球拍需要考虑两个性能参数的协调:将球拍整体重量降低,以提高其灵活性,同时增加球拍头部重量,以保证产生更大的挥拍力量。

(3) 工作节奏、频率上的协调。例如,为提高混凝土强度,建筑工人在浇注施工中,一面灌混凝土,一面用振荡器进行振荡,以确保混凝土的密实。又比如吸尘器.吸力太大,吸嘴会粘住地毯。

如果很好地掌握了协调性法则，就可以让技术系统发挥出最大的功能。例如，现代化军事指挥系统，它是由电子计算机、指挥运算程序、通信网络、终端和各分系统之间的接口形成的体系结构，要搞好这个体系运作，没有结构、性能参数、工作节奏上的协调一致是难以想象的。

6.2.8 动态性进化法则

技术系统的发展变化就像生物进化一样存在着一些客观规律，技术系统的进化是朝着柔性、可移动性和可控性方向发展的，这就是动态性进化法则。例如，楼道里的声控灯，居民只要咳嗽一声或者跺一下脚，灯就亮起来了，这种进化就体现了向可控性方向发展。

例 6-12 电话的进化

电话从固定电话、子母机到手机，这种进化就体现了向可移动性方向发展，如图 6-16 所示。

固定电话　　子母机　　手机

图 6-16 电话的进化

例 6-13 终结者系列机器人的进化

在美国科幻动作片《终结者 1》中，施瓦辛格主演的 T-800 是半人半机械的混合体机器人，里面有超合金的骨骼，属于刚体结构。

在《终结者 2》中，T-1000 是一款液态金属机器人，属于液体结构。

在《终结者 3》中，T-X 是一款女性机器人，它采用类似金属骨架和液态金属皮肤，变形能力极强，她随身携带激光枪，以场的形式存在于网络之间。

终结者系列机器人，形态经历了从刚性结构、液体结构又到场的进化过程，如图 6-17 所示。

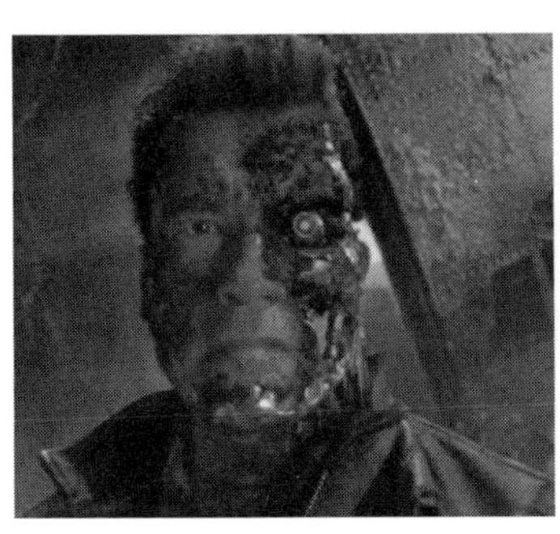

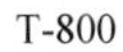

T-800　　T-1000　　T-X

图 6-17 终结者系列机器人的进化

例 6-14 测量长度的工具进化

测量长度的工具经历了从刚性直尺到折叠尺、从柔性卷尺到激光测距的进化过程。如图 6-18 所示。

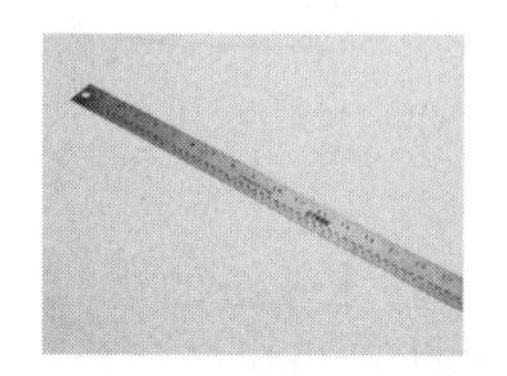

图 6-18 测量长度工具的进化

例 6-15 键盘的进化

电脑键盘的发展历程就充分体现了柔性化：普通键盘→可折叠键盘→柔性键盘→液晶键盘→虚拟激光键盘等。

常见的键盘是一个刚性整体，体积也比较大，不方便携带。在美国海军陆战队配备一种可以折叠的键盘，便于行军中携带。再有就是一些 PDA 产品，将键盘输入功能设置在其柔性的外包装套上，展开后就是一个键盘。而现在液晶触摸屏也可以作为输入设备代替键盘。如图 6-19 所示。

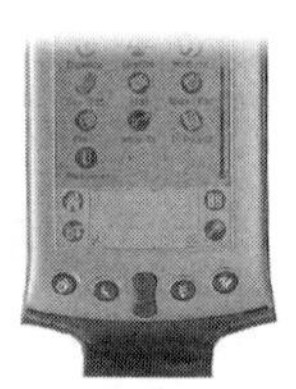

图 6-19 电脑键盘的进化

最近，以色列一家公司推出一种虚拟激光键盘，它通过将全尺寸键盘的影像投影到桌子平面上，用户在上面就可以同使用物理键盘一样直接输入文本。如图 6-20 所示。

图 6-20 以场的形式出现的键盘

从诸多实例中，人们发现“提高产品柔性”是其重要的进化规律之一，即产品沿着“刚体—铰接体—柔性体—气体或液体—场”的路径在发展变化。如图 6-21 所示。

图 6-21 各类产品柔性进化路径

6.3 产品预测的 S 曲线

TRIZ 理论将进化曲线分为四个阶段，即婴儿期、成长期、成熟期和衰退期。产品进化 S 曲线用于表示产品从诞生到退出市场这样一个生命周期的基本发展过程。这条路线用图例表示出来就是一条 S 形的“小路”，即所谓的 S 曲线。如图 6-22 所示。

(1) 一个技术系统的进化一般经历四个阶段，S 曲线是描述一个技术系统的完整生命周期；

(2) 当一个技术系统的进化完成四个阶段后，必然会出现一个新的技术系统来替代它，如此不断地替代。

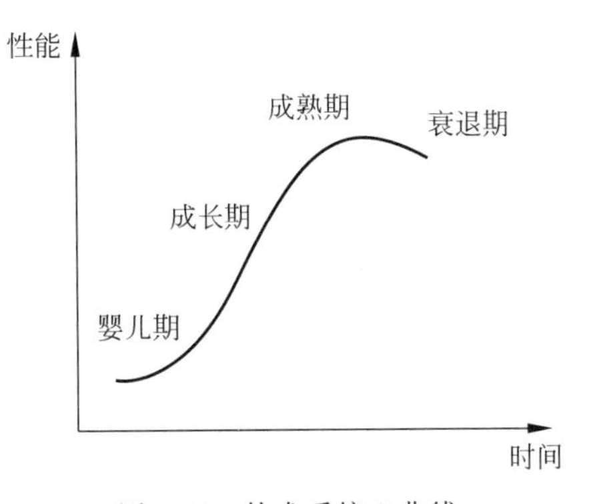

图 6-22 技术系统 S 曲线

常见的技术系统的生命周期一般包括婴儿期、成长期、成熟期和衰退期四个阶段，各阶段的特征见表 6-1。婴儿期和成长期一般代表该产品处于原理实现、性能优化和商品化开发阶段，到了成熟期和退出期，则说明该产品技术发展已经比较成熟，盈利逐渐达到最高并开始下降，需要开发新的替代产品。

表 6-1　技术系统进化不同阶段的特征

时　期	特　点
婴儿期	效率低、可靠性差、缺乏人、物力的投入，系统发展缓慢
成长期	吸引更多的投资，效率和性能得到提高，系统高速发展
成熟期	系统日趋成熟，性能水平最佳，利润最大并有下降趋势，研究成果水平较低
衰退期	技术达极限，将被新的技术系统所替代，开始新的 S 曲线

随着产品进入衰退期，将被新的技术系统所替代，开始新的 S 曲线。形成了该类产品的进化曲线族。如图 6-23 所示。

通过收集当前产品的有关数据，就可以找出时间与产品性能、专利数量、发明级别和市场利润四个方面在技术系统进化的各阶段所表现出来的特点和基本变化规律，如图 6-24 所示。通过对当前产品的相关参数变化情况的分析，人们就可以确定该产品处于生命周期的哪个阶段，从而为制定产品开发策略提供参考。

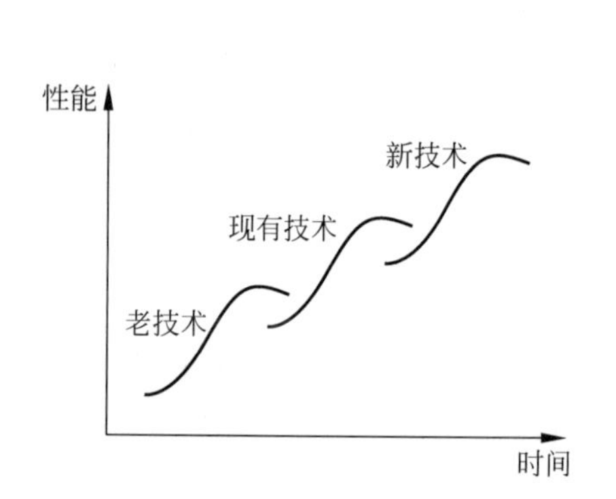

图 6-23　技术系统 S 曲线族

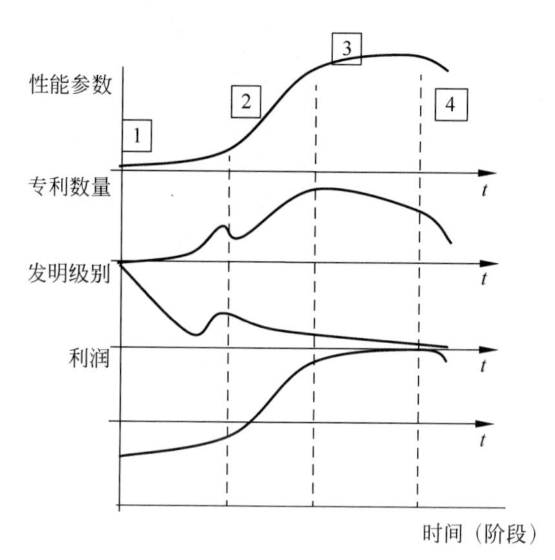

图 6-24　各阶段变化规律

性能参数与时间曲线表明：随时间的延续，产品性能一直处于不断增加的趋势，但到了衰退期后，产品性能很难再有所增加。

专利数量与时间曲线表明：婴儿期专利数较少，在成熟期曲线拐点处达到最大值。在此之前，企业一般都为此产品的改进而不断投入，专利数增加；该产品进入衰退期后，企业进一步增加投入已无任何回报，因此，所以专利数降低。

发明级别与时间曲线表明：一代产品的第一个专利往往是一个高级别的专利，后续的专利级别逐步降低。但当产品从婴儿期向成长期过渡时，会有一些高级别的专利出现。

利润与时间曲线表明：企业开始投入产品时，只有投入没有盈利。到了成长期，产品虽然还需进一步完善，但产品已出现利润，之后利润逐年增加，到成熟期达到利润最大化，以后又开始下降。

显然，一旦掌握了这些规律，就可以在此基础上，确认目前产品所处的发展状态，发现产品存在的缺陷和问题，并预测其未来发展趋势，制定产品开发战略和规划，开发新一代产品。这就是技术预测。

例 6-16 新光源 LED 处于成长期

发光二极管 LED(Light Emitting Diode)，它可以直接把电转化为光，如图 6-25 所示。半导体照明就是采用发光二极管作为新光源。半导体照明等具有寿命长、节能、环保、安全等优点，同样光度下，耗电量仅为普通白炽电灯的十分之一，寿命却可以延长 100 倍，被认为是 21 世纪最有价值的新光源，将会取代白炽灯和日光灯成为照明市场的主导。由于这项新技术正处于成长期和成熟期之间，近年来世界各国相继推出 LED 半导体照明计划，投入巨资开发研究，争先恐后地占领 LED 照明领域的最前沿。

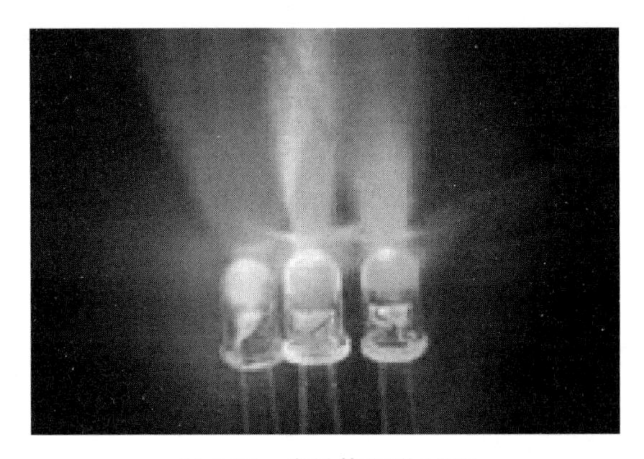

图 6-25 半导体照明 LED

例 6-17 自行车 S 曲线及产品预测

从自行车的技术系统 S 形曲线分析，1791—1817 年为第Ⅰ阶段-诞生期；1818—1887 年为第Ⅱ阶段-成长期；1888 年—现在处在第Ⅲ阶段-成熟期。

1791 年，法国人西弗拉克发明了最原始的自行车。它只有两个轮子而没有传动装置，人骑在上面，需用两脚蹬地驱车向前滚动。

1801 年，俄国人阿尔塔马诺夫设计出世界上第一辆用踏板踩动的自行车。

1817 年，德国人德雷斯在自行车上装了方向舵，使其能改变行驶方向。

1839 年，苏格兰人麦克米伦制造出木制车轮，装实心橡胶轮胎、前轮小、后轮大、坐垫较低、装有脚踏板和曲柄连杆装置，骑者可以双脚离开地面的自行车。同年，麦克米伦又将木制自行车改为铁制自行车。

1867 年，英国人麦迪逊设计出第一辆装有钢丝辐条的自行车。

1869 年，德国斯图加特出现了由后轮导向和驱动的自行车，同时车上采用了滚动轴承、飞轮、脚刹、弹簧等部件。

1886 年英国人詹姆斯把自行车前后轮改为大小相同，并增加了链条，使其车型与现代自行车基本相同。

1887 年，德国曼内斯公司将无缝钢管首先用于自行车生产。

1888 年，英国人邓洛普用橡胶制造出内胎，用皮革制造出外胎，以此作为自行车的充气轮胎。

从此，基本奠定了现代自行车的雏形。目前，自行车已成为全世界人们使用最多，最简单，最实用的交通工具。自行车未来发展趋势是：树脂(碳纤维)自行车，电动自行车，飞行自行车。

电动汽车作为清洁能源汽车代表了未来环保型汽车的发展方向，但目前电动汽车电容量有限和充电时间较长的问题困扰着电动汽车的普及和发展，各国都倾注巨大力量在扩大蓄电池电容量方向上攻关，以求有重大突破，但进展甚微。

根据 TRIZ 理论向超系统进化原理，可建立电动汽车的社会化电池充配中心。电动汽车使用者只要在任何一个充配中心将空电池换成已充好的电池(需支付电费和充电费用)，就可连续行驶了，以汽车上电池的有限电量连接充电中心的无限电量，就可实现一块电池跑天下了。这不仅解决了单个电池电容有限、充电时间过长的问题，还开辟了一个新的产业领域和扩大就业岗位。

6.4 技术系统进化法则的应用

技术系统的八大进化法则是 TRIZ 理论中解决发明问题的重要指导原则，掌握好这些进化法则，可有效提高解决问题的效率。技术系统进化法则主要有三个方面的应用。

1. 产生市场需求

传统的产品需求的获得方法是市场调查，调查人员基本聚焦于现有产品和用户的需求，缺乏对产品未来趋势的有效把握，所以问卷的设计和调查对象的确定在范围上非常有限，导致市场调查所获取的结果往往比较主观、不完善。调查分析获得的结论对新产品市场定位的参考意义不足，甚至出现错误的导向。

TRIZ 理论的技术系统进化法则是通过对大量的专利研究得出的，具有客观性的跨行业领域的普适性。技术系统的进化法则可以帮助市场调查人员和设计人员从进化趋势确定产品的进化路径，引导用户提出基于未来的需求，实现市场需求的创新。从而立足于未来，抢占领先位置，成为行业的引领者。

2. 技术预测

针对目前的产品，技术系统的进化法则可为研发部门提出如下的预测：

(1) 对处于婴儿期和成长期的产品，在结构、参数上进行优化，促使其尽快成熟，为企业带来利润。同时，也应尽快申请专利进行产权保护，以使企业在今后的市场竞争中处于有利的位置；

(2) 对处于成熟期或衰退期的产品，避免进行改进设计的投入或进入该产品领域，同时应关注于开发新的核心技术以替代已有的技术，推出新一代的产品，保持企业的持续发展；

(3) 明确符合进化趋势的技术发展方向，避免错误的投入；

(4) 定位系统中最需要改进的子系统，以提高整个产品的水平；

(5) 跨越现系统，从超系统的角度定位产品可能的进化模式。

技术预测应用分为技术成熟度判定和技术发展方向预测两个方面。

技术成熟度判定是指通过对技术系统数据的分析，建立专利数量时间曲线、专利等级时间曲线、利润率时间曲线和性能时间曲线来判定其在 S 曲线上的位置。

技术发展方向预测，预测某个产品系列分支技术的发展方向，企业可以结合自身状况选择一个方向进行探索，推出新一代产品。

3. 产品设计创新

随着全球性市场竞争日益升级，围绕着产品的品质、性能、技术、价格、服务与行销所展开的竞争逐渐走向尽头，产品的“同质化”现象非常严重，试图以这些优势赢得竞争变得越来越困难。因此产品设计的创新成为提升竞争力的重要途径，21世纪将是设计的竞争。从技术创新，管理创新到设计创新，是一个必然趋势。技术系统演化理论可以给设计创新带来新的启示，技术预测的很多成果就可以带来很多创新的产品设计概念。

6.5 在机器人技术中的应用实例

例 6-18 对机器人相关技术发展方向的预测

机器人是一个典型的复杂的技术系统，其发展轨迹符合技术系统进化法则，因此，可以应用技术系统进化法则预测未来机器人技术发展方向，如图6-26所示。

(1) 纳米机器人的研制，代表了从宏观到微观演化趋势，应用了“向微观级进化法则”。

(2) 从单机器人系统到多机器人协作系统的开发，到高级智能机器人的发展，表示系统的复杂度增加趋势，应用了“协调性法则”。

(3) 关节的直接驱动技术将成为主流，提高机器人手臂的运行效率，代表了能量流缩短趋势，应用了“能量传递法则”。

(4) 电动、气动、液动到分子水平的形状记忆合金驱动技术的发展，代表系统的柔性化和微观化；执行部件的抓取力被电磁力代替，代表场的应用，例如，很多码垛机器人的抓手已经采用磁力；未来的机器人手臂可采用中空材料，在保持强度的同时，降低移动惯性，提高移动速度，定位精度，减少对人撞击产生伤亡的危险程度，代表了系统所用材料的空洞化趋势等。这些都应用了“动态性进化法则”。

(5) 控制通信技术的发展，从局域网、互联网到无线网络传输，代表了自动化、信息技术的应用增加趋势，应用了“提高理想度法则”。

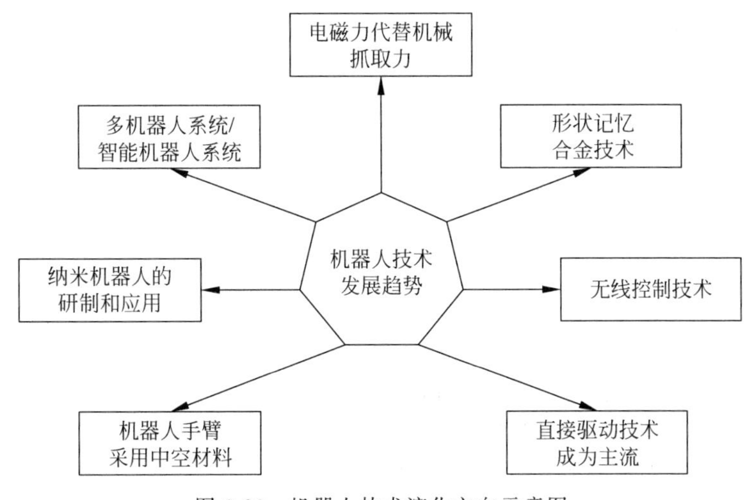

图6-26 机器人技术演化方向示意图

例 6-19 液态金属机器人

美国科幻电影《终结者 2》中曾出现过一款强大的液态金属机器人 T1000，如图 6-27 所示。它无论任何部位遭受打击，都能够迅速复原，甚至还能够随着外界环境自由改变形状。而在我国科学家的不懈努力下，这种原本只存在于科幻电影中的神奇液态金属正逐步成为现实。

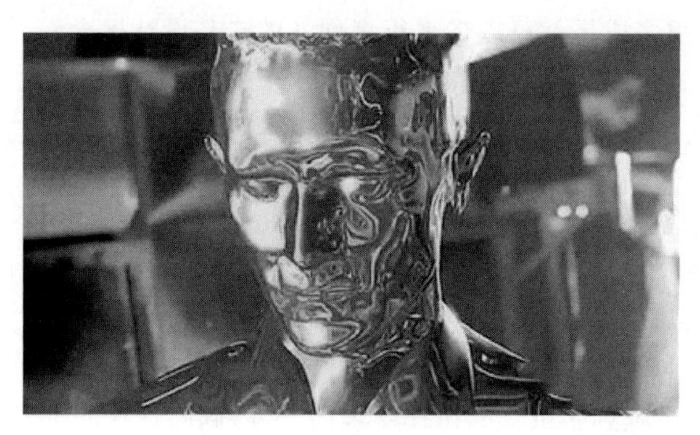

图 6-27 液态金属机器人

液态金属由于熔点较低，在常温下处于液体状态，例如，汞、镓铟合金等。在清华大学医学院生物医学工程系刘静实验室，电解液中，直径约 5mm 的液态镓金属球，吞食了 0.012g 铝之后，能以每秒 5cm 的速度前进。而在各种槽道中前行时，可以随槽道的宽窄自动变形调整，遇到拐弯时停顿下来，略作"思考"后，蜿蜒前行。它的神奇之处在于："吃"食物、自主运动、能变形、能"代谢"、易无缝组合、运动方向可控，这些接近自然界简单软体动物的习性，被称为"液态金属软体动物"。刘静教授解释称，科学家此前发现"液态金属机器"的"电驱动"现象，即电荷会改变液态金属的表面张力，在内部形成旋转，因此控制电荷运动，就能像车轮一样驱动"液态金属机器"往前走。而最新研究发现"液态金属机器"会"吞食"铝片作为产生电荷的"燃料"。

液态金属的自主运动、能变形、导电等特性为研制实用化智能马达、血管机器人、流体泵送系统、柔性执行器乃至更为复杂的液态金属机器人奠定了技术基础。由于"仿生物"液态金属机器人可以实现不同形态之间的自由转换，以执行高难度的特殊任务，因此可以在未来广泛应用于军事、医疗与科学探索等多个领域的多元场景。

本章小结

技术系统进化法则是 TRIZ 理论的重要理论基础，由苏联发明家阿奇舒勒提出。技术系统进化法则涵盖了各种产品在实现其相应功能的过程中改进和发展的进化规律。

1. 子系统、系统、超系统的定义

系统之内的低层次系统称为子系统，系统之外的高层次系统称为超系统。任何技术系统均包括一个或多个子系统，每个子系统执行自身功能，它又可以分为更小的子系统。

(1) 技术系统由多个子系统组成；

(2) 技术系统进化指实现系统功能的技术从低级向高级变化的过程；

2. 技术系统进化八大法则

技术系统进化八大法则包括完备性法则、能量传递法则、协调性法则、提高理想度法则、子系统不均衡进化法则、向超系统进化法则、向微观级进化法则和动态性进化法则。

3. 产品预测S曲线

每个技术系统、子系统的进化一般都要经历S曲线所示的四个阶段：婴儿期—成长期—成熟期—衰退期。

4. 技术系统进化法则的应用领域为产生市场需求，技术预测和产品设计创新等

第6章测试题

（满分100分，共含四种题型）

一、单项选择题（本题满分30分，共含10道小题，每小题3分）

1. 给车加天线，使收音机、手机能够在车中接收信号，属于对进化法则中（　　）的应用。

A. 提高理性度法则　B. 协调性法则　C. 能量传递法则　D. 完备性法则

2. “椅子—转椅—滚轮椅"的发展路径属于（　　）的应用。

A. 提高柔性法则　B. 动态性进化法则

C. 提高理想度法则　D. 提高可控性法则

3. 空中加油机是八大进化法则中（　　）的应用。

A. 向超系统进化法则　B. 提高理性度法则

C. 协调性法则　D. 提高柔性法则

4. 技术系统的进化速度取决于系统中（　　）子系统的进化速度。

A. 发展最慢的　B. 不一定

C. 发展最快的　D. 平均速度

5. 人们逐渐认识到新系统的价值和市场潜力，乐于投入较多的人力、财力等。系统效率和性能得到提高，吸引更多的投资，系统高速发展。描述的是技术系统S曲线进化过程的（　　）阶段。

A. 成熟期　B. 成长期　C. 衰退期　D. 婴儿期

6. 技术达极限，很难有新突破，将被新的技术系统所替代，新的S曲线开始，这属于TRIZ理论将产品分（　　）阶段。

A. 婴儿期　B. 成长期　C. 成熟期　D. 衰退期

7. 将能量源的能量转化为系统所需的能量的是技术系统中的（　　）。

A. 动力装置　B. 传输装置　C. 执行装置　D. 控制装置

8. 多米诺骨牌体现了八大进化法则中的（　　）。

A. 完备性法则　B. 能量传递法则

C. 协调性法则　D. 提高理想度法则

9. （　　）法则代表所有进化法则的最终方向。

A. 动态性进化　B. 向微观级进化

C. 向超系统跃迁　　D. 提高理想度

10. 在S曲线的每个阶段,不同的进化法则所起的作用不同,每个阶段应重点使用相关的进化法则。那么,一般应用向微观系统进化对局部加以改进的是(　　)阶段。

A. 婴儿期　　B. 成长期　　C. 成熟期　　D. 衰退期

二、多项选择题(本题满分20分,共含5道小题,每小题4分)

1. S曲线指出,技术系统的进化需要经过(　　)等几个阶段。

A. 成熟期　　B. 成长期　　C. 婴儿期　　D. 衰退期

2. 系统S型进化曲线中婴儿期的特点是(　　)。

A. 系统日趋完善,性能水平达到最佳,利润最大并有下降趋势,研究成果水平较低

B. 价值和潜力显现,大量的人力、物力和财力的投入,效率和性能得到提高,吸引更多的投资,系统高速发展

C. 价效率低,可靠性差

D. 缺乏人力、物力的投入,系统发展缓慢

3. 属于处于婴儿期技术系统的是(　　)。

A. 量子计算机　　B. 无人驾驶汽车

C. 机器人技术　　D. 超音速飞机

4. 属于衰退期技术系统的是(　　)。

A. 胶片和胶片相机　　B. 计算机磁盘

C. 晶体管收音机　　D. 电子管显示器

5. 属于技术系统进化法则的是(　　)。

A. 提高理想度法则　　B. 动态性进化法则

C. 能量传递法则　　D. 向超系统进化法则

三、判断题(本题满分30分,共含10道小题,每小题3分)

1. 技术进化过程有其自身的规律与模式,是可以预测的。

A. 是　　B. 否

2. S曲线只定性描述技术系统的进化过程,不能定量描述。

A. 是　　B. 否

3. S曲线法则指出,进化需要经过婴儿期、成长期、成熟期、衰退期四个阶段。现在使用的联通iPhone手机所处的阶段是成熟期,因为手机已经向附加功能转化。

A. 否　　B. 是

4. 完备性法则指出一个系统必须具备执行装置、传输装置、动力装置和控制装置四部分。

A. 是　　B. 否

5. 当一个系统自身发展到极限时,系统将与其他系统联合,向超系统进化,使原系统突破极限,向更高水平发展。

A. 是　　B. 否

6. 超系统是指技术系统之外的系统,是不属于系统本身但是与技术系统及其组件有一定相关性的系统。超系统往往表述的是技术系统所隶属的外部环境。

A. 是　　B. 否

7. 技术系统的动态性进化轨迹为刚体—单铰链—多铰链—柔性体—液体或气体—场。

A. 是　　　　　　　　　　　　B. 否

8. 技术系统进化法则主要包含提高理想度法则、完备性法则、能量传递法则、子系统不均匀进化法则、动态性进化法则、向超系统进化法则、向微观级进化法则和协调性法则。

A. 否　　　　　　　　　　　　B. 是

9. “成熟期”即技术系统的快速发展期，在此时期，制约系统的主要“瓶颈”问题逐步得到解决，系统的主要性能参数快速提升，成本降低，发展潜力开始显现，随着收益率的提高，投资额大幅增长，特定资源的引入使系统变得更有效。

A. 否　　　　　　　　　　　　B. 是

10. 处于“成长期”的系统的特征是此时的技术系统的性能达到最佳，仍有大量的发明但发明等级较低，仍有很大的利润空间但增速明显减缓。

A. 是　　　　　　　　　　　　B. 否

四、简答题(本题满分 20 分，共含 2 道小题，每小题 10 分)

1. 如果你问哪个国家控制着世界制表业的市场？答案可能是瑞士。曾经在一百多年间，瑞士一直以自己优良的制表业自豪。在 1968 年，他们占有世界手表市场份额的 65%，利润超过 80%。然而，仅仅在这之后的十年的时间里，他们的市场份额下降到了 10%以下，并且在接下来的三年之中，他们不得不解雇 65 000 名手表工人中的 50 000 个人。而今天，又是哪个国家控制世界手表业呢？日本。不过，在 1968 年瑞士表如日中天时，实际上日本人并没有市场份额。瑞士手表为什么会被迅速打败？试用技术系统 S 曲线分析原因。

2. 试用技术系统 S 曲线分析机器人进化问题。

第7章 创新的知识产权保护制度

CHAPTER 7

7.1 创新的制度保障

专利制度是技术进步的发动机。美国第十六任总统林肯曾说："专利制度为智慧之火加添利益之油"。因为面对别人的发明，竞争者只有两条路可走，或者出钱买专利技术，或者超过对手，搞出更好的发明。这是几百年专利历史带给人们的启示。

专利是知识产权的一种。创新是一种活动，知识产权是保护创新活动的法律制度。创新和知识产权制度是密不可分的关系。有了知识产权制度，创造者的创新成果最大限度地得到合法保护，知识产权才能够不断地健康发展，从而继续促进社会上的创新创造成果的不断出现。

例 7-1 比尔·盖茨成为首富的秘诀

微软成立之初的办公室只是租来的平房，连屋内仅有的沙发都是借来的。那么比尔·盖茨何能恒持世界首富？

比尔·盖茨过人的聪明、睿智并不仅仅表现在他在个人电脑拓荒时代发现了DOS语言程序，而更重要的是他最早发现了软件程序最容易复制，复制应用十分简单的行业秘密。

1975年，比尔·盖茨把自己的BASIC语言程序，转让给了罗伯茨，很快"发烧友"就把BASIC语言程序的打孔纸带变换复制成磁盘，在"发烧友"俱乐部广泛复制流传。这样，每个"发烧友"无须交一美元就可以得到BASIC语言程序。这使比尔·盖茨深感痛心，1976年2月，他终于发表了有别于他人的对反盗版的看法。他讲到："我们把卖给业余爱好者的所收到专利使用费的数额算下来，我们花在BASIC语言上的时间，每小时只值2美元，为什么会这样呢？大多数业余爱好者想必明白，你们许多人用的都是偷来的软件，有谁去问研究出这些成果的人有没有得到报酬呢？"。

比尔·盖茨从此确立了未来微软反盗版的战略决策，并付诸行动。1985年6月，当时的世界计算机龙头老大IBM，要出资500万美元买下微软的OS/2操作系统，后又出资2000万美元欲买断，比尔·盖茨都没有同意，而比尔·盖茨的做法与众不同，微软与IBM签订合同，按照每台计算机收取5美元的使用费，这一条款就注定了比尔·盖茨成为世界首富的根底。这样，微软利用IBM的霸主影响，在短短四年内就使市场占有80%以上的份额，微软就这样轻而易举地赢利20多亿美元。事实上收取OS/2的使用许可费，这在当时的 IBM 霸主是不屑一顾的。当时,IBM 的掌门人洛伊为什么没有比尔·盖茨的知识产权意识呢?洛伊万万没有想到自己授予微软的这种特许权竟成为微软 22 年来最主要的永远无法终止的金钱来源。

比尔·盖茨真正成功的秘诀是他对专利有着独到而过人的超前意识和应用能力。再如,发明大王爱迪生,在他的一生中,总共有 1600 多项专利发明,爱迪生 20 岁以后平均每周就申报一项发明专利。从这些事例可以看出,比尔·盖茨和爱迪生的专利意识,代表了当时美国国民的专利理念和潮流。然而,中国古代的四大发明:指南针、造纸、火药和印刷术却没有一项进入世界专利系列,就连明代的火炮也无偿地让西方占有,并用来轰开中国闭关自守的大门。这就是东西方对专利认识的时代反差,这种反差就形成了截然不同的知识经济的历史进程。

例 7-2 中国 IT 第一案,华为与思科的知识产权诉讼战

2003 年 1 月 22 日,一起知识产权官司吸引了全球的"眼球",全球最大的网络设备制造商思科(CISCO)公司向美国德克萨斯州的马歇尔联邦地区法院起诉我国的华为技术有限公司侵犯其知识产权,要求华为赔偿、并停止销售涉嫌侵权的产品。

图 7-1 华为与思科的标志

2003 年 3 月,华为迅速对此事做出应对,立刻停止销售疑似侵权路由器,并且,华为与美国 3COM 公司在香港成立了合资企业,华为－3COM,共同抵御思科。3COM 公司为华为-思科诉讼案中作证,否认华为侵权,并暗示思科诉讼案带有反竞争性质。华为同样表示:思科的行为旨在阻止华为在美国的市场销售,从而实现其在美国实现利润最大化和控制市场份额。以路由器为例,华为从 2001 年开始大规模进军国际市场,但由于思科在这个领域的垄断地位,华为与思科的直接冲突已不可避免了。这也许就是知识产权诉讼发生的一个非常重要的原因。

2004 年 7 月 28 日,双方达成和解,和解的内容至今是一个谜,法院终止思科对华为的诉讼,结束了持续一年半的诉讼。

WTO 为国内企业敞开了与国际强势企业同台竞技的一扇大门,使得中国企业拥有了越来越多与国际企业短兵相接的机会。据有关部门统计,自加入世贸组织以来,我国企业涉外专利的争端已达到 20 多起,面对各种专利争端,我国企业多数表现出准备不足,实力不强等问题,最后多以支付专利使用费,退出对方市场而告终。历史上,日本和韩国的 IT 企业在崛起的过程中,都经历了多起被欧美大公司起诉知识产权侵权的诉讼。思科诉华为知识产权案又一次使我们清醒地认识到,国内企业一定要重视自主知识产权的研发,增强对知识产权技术的保护意识,同时不断技术创新,增强自身实力。

例 7-3 一美元的利润

芯片是 20 世纪 80 年代产生的高科技产品。它是伴随着个人电脑诞生,经过半个世纪的发展,已广泛应用于微机、MP3、手机、VCD、DVD、生物芯片等众多高科技领域。然而,芯

片和操作系统的制造技术核心几乎都控制在外国跨国公司手里。专利就成了跨国公司利润最大化的法宝。例如，中国出口一台DVD销售价是32美元，交给跨国公司手里的专利费是18美元，成本是13美元，中国企业只能赚取1美元的利润。一台销售价是79美元的国产MP3，跨国公司(外国)专利费是45美元，成本是32.5美元，中国企业获得利润仅仅是1.5美元。所以我国虽然是世界上VCD、DVD、电视机第一生产大国，然而每生产一台就得付给专利国利润94.7%的专利费，而且几十年无法改变。中国成了"世界加工车间"，我们要承受廉价劳动力、大量能源消耗、巨大生态破坏、环境污染、资源浪费，付出代价十分沉痛。

现在市场上有句流行语：一流企业卖标准，二流企业卖专利，三流企业卖产品。目前，中国已成为世界制造大国，全球"中国制造"和专利壁垒已经成为中国经济增长速度的束缚和桎梏。如果我们不走出三流企业，如果不突破专利壁垒，没有自主知识产权，就无法摆脱"中国制造"的困境，不发达国家(发展中国家)就永远成为了发达国家的打工仔。

"实施创新驱动发展战略"，是党的十八大提出的国家发展战略。中国的未来发展，要"坚持走中国特色自主创新道路，以全球视野谋划和推动创新，提高原始创新、集成创新和引进消化吸收再创新能力"，要"深化科技体制改革，加快建设国家创新体系，着力构建以企业为主体、市场为导向、产学研相结合的技术创新体系"，要"完善知识创新体系，实施国家科技重大专项，实施知识产权战略"。从我国的基本国情来看，一是不能走资源耗费型的发展道路。中国资源有限，人均淡水、耕地、石油、天然气以及主要矿产资源的占有量，仅是世界平均水平的四分之一至二分之一不等。因此，我国不能靠牺牲环境、耗费资源、提供廉价劳动力来参加国际分工与协作；二是不能走技术依赖型发展道路。中国对外技术依存度达到50%以上。无论是考虑西方国家维护其技术优势、限制高技术转让的基本立场，还是顾及自身经济安全、文化主权和科技发展的需要，中国都只能走自主创新、建设创新型国家的发展道路。

7.2 知识产权概述

7.2.1 知识产权

产权，即财产权。产权有两种：一种是有形产权，例如，房屋、汽车等的产权；另一种是无形产权，例如，发明、科技著作、文学作品、音乐作品等的产权。无形产权是由知识获得的成果的所有权，因此也叫知识产权(Intellectual Property，IP)。

对于知识产权，许多国家通过授予专有权加以法律保护。根据1967年在斯德哥尔摩签订的《建立世界知识产权组织公约》的规定，知识产权包括对下列各项知识财产的权利：文学、艺术和科学作品；表演艺术家的表演、唱片和广播节目；人类一切活动领域的发明；科学发现；工业品外观设计；商标、服务标记、商业名称和标志；制止不正当竞争以及在工业、科学、文学或艺术领域内由于智力活动而产生的一切其他权利。总之，知识产权涉及人类一切智力创新的成果。

在国际上，通常所说的知识产权是指工业产权和著作权(又称版权)，如图7-2所示。

1. 工业产权

工业产权是知识产权的一种。它包括专利、商标、厂商名称、服务标记、原产地名称和制止不正当竞争等。对于工业产权中的"工业"一词，需作广义的理解，它不仅包括工业，也包

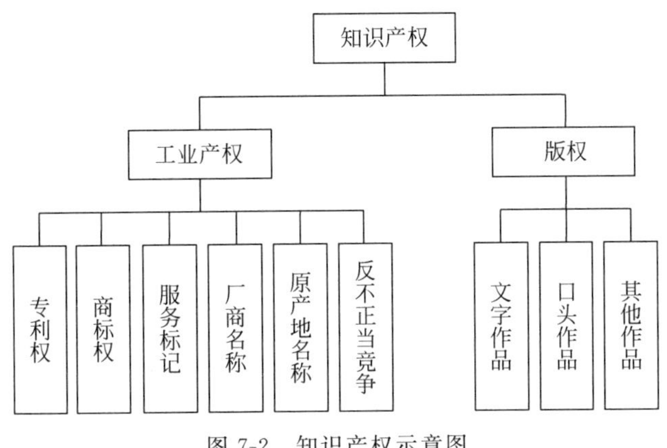

图 7-2　知识产权示意图

括商业、农业、采掘业和一切制成品或天然产品,例如,酒类、谷物、烟叶、水果、牲畜、矿产品等。

1883 年 3 月,在巴黎签署了《保护工业产权巴黎公约》,从那时起,该公约成为各成员国制定工业产权时必须共同遵守的原则。我国于 1985 年 3 月正式成为巴黎公约的第 96 个成员国。

我国已实施了《商标法》(1983 年 3 月 1 日)、《专利法》(1985 年 4 月 1 日)和《著作权法》(1991 年 6 月 1 日),它们构成了我国知识产权保护的主要法律体系。此外,我国施行的《技术合同法》(1987 年 11 月 1 日),也属于知识产权立法范畴。

2. 版权

版权,又叫著作权,是指作者或出版者对作品享有印刷、出版、复制和销售的权利。版权的保护对象包括:

(1) 文字作品,包括著作、译作、改编、选编、译注等;

(2) 口头作品,包括说唱、演讲、报告等;

(3) 其他作品,包括电影、舞蹈、音乐、绘画、摄影、电视、广播、图示等。

大多数国家的法律规定,取得版权保护不需要办理任何手续,只需在出版物上注明“版权所有”的字样或嚧的符号,C 是 Copyright(版权)的缩写。版权的保护期限,一般是从作品问世到作者死后 25 年至 50 年。

版权可以转让和继承。在某个国家取得的版权,只在该国境内受保护。在有版权保护的国家,未经版权所有人的许可,其他人不得以赢利的方式利用受版权保护的作品。

7.2.2　知识产权的发展历程

知识产权制度最早萌芽于文艺复兴时期的意大利。意大利是近代科学技术的发祥地和文学艺术的中心,其中,威尼斯占有突出地位,科技文化尤其繁荣昌盛。为了保护技术发明人的权利和吸引更多的掌握先进技术的人才,1474 年,威尼斯颁布了世界上第一部专利法。该法规定,权利人对其发明享有 10 年的垄断权,任何人未经同意不得仿造与受保护的发明相同的设施,否则将赔偿百枚金币,并销毁全部仿造设施。这部法律确立了专利制度的基本原则,其影响延续至今。

16世纪以后，工业革命浪潮席卷了欧洲，英国早期资产阶级为了追求财富和保持国家经济的繁荣，鼓励发明创造。1623年，英国颁布了《垄断法规》，这是世界上第一部具有现代意义的专利法，它确立了现代专利制度基本原则和框架。18世纪末、19世纪初，欧洲大陆各国和美国相继实行了专利制度。

在专利制度确立的同时，著作权制度也产生了。随着人类造纸和印刷技术的发明和传播，书籍成为科技知识和文学艺术的载体，由于书籍能使文化知识在大范围内传播，于是产生了对作者和出版商利益保护的需求。1709年，英国颁布了《安娜女王法》，率先实行对作者权利的保护。《安娜女王法》为现代著作权制度奠定了基石，被誉为著作权法的鼻祖。1790年，依照《安娜女王法》的模式，美国制定了《联邦著作权法》。在英美强调版权的普通法系确立的同时，以法国和德国为代表的强调人格权的大陆法系也诞生了。1793年法国颁布著作权法，不仅规定了著作财产权，还注意强调著作权中的人格权内容，该法成为许多大陆法系国家著作权法的典范。

对商标和商号的保护制度也在19世纪初建立起来，这一制度起源于法国。1803年法国在《关于工厂、制造厂和作坊的法律》中将假冒商标按私造文书处罚，确立了对商标权的法律保护。1857年法国又颁布了《关于以使用原则和不审查原则为内容的制造标记和商标的法律》，随后欧美等国家相继制定了商标法，商标保护制度逐步发展起来。

到19世纪中期，知识产权制度逐渐在欧美国家确立起来，促进了人类科学技术和文化的繁荣和发展。知识产权的发展历程，见表7-1。

表7-1 知识产权的发展历程

世界上第一部专利法	1474年，威尼斯颁布了世界上第一部专利法
世界上第一部知识产权法	1623年，英国颁布了《垄断法规》
世界上第一部著作权法	1709年，英国颁布了《安娜女王法》
世界上第一部商标法	1803年，法国颁布了《关于工厂、制造厂和作坊的法律》
世界上第一部反不正当竞争法	1890年，美国颁布了《谢尔曼法》
中国第一部专利法	1898年，清朝《振兴工艺给奖章程》
中国第一部商标法	1802年，清朝《商标注册试办章程》
中国第一部版权法	1910年，清朝《大清著作权律》
(1949年10月后)	1983年施行《商标法》；1985年施行《专利法》；1991年施行《著作权法》

7.2.3 知识产权的特性

知识产权是一种无形财产，它与有形财产一样，可作为资本投资、入股、抵押、转让、赠送等，但有其三大特性：

1. 专有性

专有性，又称独占性、垄断性、排他性，同一内容的发明创造只给予一个专利权，由专利权人所垄断。

例7-4 静电喷漆工艺专利

美国人哈罗德-兰斯伯格发明了静电喷漆工艺，在许多国家申请了专利，并取得了专利权。由于这项技术可节省近一半的油漆，而且产品着漆均匀，光洁漂亮，经报刊宣传后，各国纷纷仿造。兰斯伯格以专利法为武器，在美国和其他许多国家提出专利侵权诉讼，追究侵权者的法律责任。由于有法律保护，他均获胜诉，击败了美国福特汽车公司、通用汽车公司等大企业。他在美国获得400万美金赔偿费，在日本，有400家企业排长队来交赔偿费。

2. 地域性

地域性，即空间限制，指一个国家所赋予的权利只在本国国内有效，如要取得某国的保护，必须要得到该国的授权。

3. 时间性

时间性是指知识产权都有一定的保护期限，保护期一旦失去，即进入公有领域。

【世界知识产权日】

2001年起，每年的4月26日是世界知识产权日。该主题日由世界知识产权组织设立。1970年4月26日，《建立世界知识产权组织公约》生效，世界知识产权组织正式成立。2000年10月，在该组织召开的第35届成员大会上，中国和阿尔及利亚提出了关于建立“世界知识产权日”的提案，获大会通过，世界知识产权日由此设立。目的是在世界范围内树立尊重知识、崇尚科学和保护知识产权的意识，营造鼓励知识创新和保护知识产权的法律环境。

7.3 专利的概念

7.3.1 什么是专利

专利，一般有三种含义：(1)专利权；(2)取得专利权的发明创造；(3)专利文献。

从法律角度说，“专利”通常指的是专利权。所谓专利权，就是专利权(专利申请人)在法律规定的有效期限内，对其发明创造享有独占权。

专利权不是在完成发明创造时自动产生的，需要申请人按照法律规定向专利局提出申请。专利局在进行审查后，对符合专利法规定的申请，才授予专利权。专利权是一种无形财产权，具有排他性质，受国家法律的保护。任何人想要实施专利，除法律另有规定的以外，必须事先取得其专利权人的许可并支付一定的费用，否则就是侵权，要负法律责任。

专利是一种知识产权，是一种无形财产。专利在有效期限内，与有形财产一样，可以交换、继承和转让。

7.3.2 专利的种类

我国专利法规定专利分三类：发明专利、实用新型专利和外观设计专利。

1. 发明专利

发明专利是指利用自然规律做出较高水平的新技术发明，即对产品、方法或者改进所提出的新的技术方案。

发明专利可以分两大类：

(1) 产品发明，例如，机器、仪器、设备和用具等；

(2) 方法发明，例如，制造方法、测量方法及特定用途的方法发明等。

2. 实用新型专利

实用新型专利是指对产品的形状、构造或其结构提出的适于实用的新方案。

实用新型专利只保护具备一定形状的物品发明。方法发明以及没有一定形状的粉末、液体、材料等类的产品发明不属于实用新型专利的保护范围。

例 7-5 水处理剂的实用新型专利

日本甲阳化成株式会社于 1973 年 4 月 24 日向日本特许厅提出一件有关水处理剂的实用新型专利申请,经审查后于 1980 年 11 月 14 日被驳回。理由是,该申请案所述的水处理剂本身没有一定的形状,因而不具备取得实用新型专利所必须的条件。

3. 外观设计专利

外观设计专利是指对产品的形状、图案、色彩或其结合做出的富于美感并适于工业上应用的新设计。

概括地说,外观设计专利的保护对象是产品的装饰性或艺术性外表设计。这种设计可以是平面图案,也可以是立体造型,更常见的是这两者的结合。

一件外观设计专利只适用于一类产品,若有人将其用于另一类产品上,不视为侵犯外观设计专利权。

例 7-6 地毯图案的外观设计

地毯上图案的设计,专利权只适用于地毯类的外观设计。如果有人将相同的图案用于衣料上,不视为侵犯外观设计专利权。

外观设计专利保护对象中所述的产品,既可以是整体或整机,也可以是某种整体或整机的可以拆装的、具有独立存在功能的零部件等。

例 7-7 "笔卡"的外观设计专利

1971 年 7 月 28 日,日本特尔株式会社提出"笔卡"的外观设计专利申请,经审查后被驳回。理由是笔卡一般是附属于笔的,是笔不可分割的组成部分。申请人对驳回不服,向专利局提出复审请求。复审结果,同意授予外观设计专利权。其理由是笔卡虽是笔的一个组成部分,但笔卡本身是一个完整的结构,可以单独制造,单独销售,可在笔帽和笔身上自由拆装,它能以笔的附件独立存在。

7.3.3 授予专利权的条件

一项发明不是自然而然成为专利的,它必须具备下列三个条件才有可能获得专利权。

(1) 向专利局提出专利申请;

(2) 符合新颖性、创造性和实用性的要求;

(3) 不属于不授予专利权的范围。

其中,具备新颖性、创造性和实用性是取得专利权的实质条件。新颖性、创造性和实用性通常称为专利的三性,或称为专利性。

1. 新颖性

新颖性是指一项发明是前所未有的。我国专利法规定:"新颖性,是指在申请日以前没有同样的发明或者实用新型在国内外出版物上公开发表过,在国内公开使用过或者以其他方式为公众所知,也没有同样的发明或者实用新型由他人向专利局提出过申请,并且记载在申请日以后公布的专利申请文件中。"

从公开的日期来看,就同样内容的发明创造而言,必须是在专利申请日或优先权日之前已公开的,才有破坏专利申请新颖性的效力。

从公开的地域来看，在出版物上发表，不单指国内，在国外出版物上已公布过同样内容的发明创造，亦可破坏相同内容的专利申请的新颖性。只要在国内公开使用过，则没有这种破坏专利申请新颖性的效力。

从公开的方式来看，可以是书面的，如出版物；也可以是口头的，如各种报告；或是公开地使用。这里讲"使用"，是指介绍、销售过同样的产品，在制造中利用了同样的方法。

专利法中所指的为公众所知的"其他方式"包括除上述出版和公开使用以外的任何方式，例如，电视、录像、展览、从国外购进等。

"公众"是指没有确定范围的任何人，它没有数量上的限制，即使只有一个人知道了发明创造专利申请的内容，也算向公众公开了。因此，要非常注意保密。外面一项发明创造的内容，如果在保密的条件下仅限于一定范围的人知道，尽管可能人数很多，也不算作公开，因而不丧失新颖性。

2. 创造性

创造性也称为先进性或非显而易见性。我国专利法规定："创造性，是指同申请日以前已有的技术相比，该发明有突出的实质性特点和显著的进步。"

这里，"已有的技术"必须是专利申请日或优先权日以前公开的技术。同"已有的技术相比"的方式是将发明或实用性新型与整个与其相关的已有技术相比，也就是说，可以将其与在专利申请日或优先权日以前的所有同类或相近似的已有技术进行比较。所谓"实质性特点"，是指申请专利保护的发明或实用新型对已有技术具有新的本质性的技术突破；"进步"则是指在技术上前进了一步，克服了已有技术中存在的缺点和不足。

下面几种类型的发明，人们认为具备创造性：

(1) 首创性发明，指提出一种全新的技术解决方案，开辟了一个新的技术领域。例如，电灯、电话的发明；

(2) 解决了长期以来人们解决不了的技术难题；

(3) 发明创造具有人们料想不到的技术效果；

(4) 克服了技术偏见的发明。

3. 实用性

实用性是指发明能在工农业等各种产业中应用。凡不能在产业上应用的发明，就不具备实用性。因此，抽象的理论、原理和科学发现，不能授予专利权。

我国专利法规定"实用性，是指该发明或者实用新型能够制造或者使用，并且能够产生积极效果。"

这里，所谓"制造或者使用"是指如果发明是一种产品，必须以工业方式加以制造。这就是发明的可实施性和再现性。例如，一种新的桥梁设计方案，由于它受桥梁地点的限制，不可能原封不动地应用于任何地点的桥梁建筑上，因而不能获得专利权。而桥梁的构件能普遍应用在桥梁建筑上，在生产中能重复制造，符合再现性要求，具备实用性。所谓"产生积极效果"是指发明创造实施之后，在经济、技术和社会效果方面，表现出的有益结果。这就是发明的有益性。因此，凡是脱离社会需要的发明，严重浪费能源和资源的发明，降低产品性能或效益的发明，均可视为无实用性，不能获得专利权。

7.4 专利的申请

1. 专利申请文件的内容

申请发明专利的，申请文件应当包括发明专利请求书、说明书（必要时应当有附图）、权利要求书、摘要及其附图，各一式两份。

申请实用新型专利的，申请文件应当包括实用新型专利请求书、说明书摘要、摘要附图、权利要求书，各一式两份。

申请外观设计专利的，申请文件应当包括外观设计专利请求书、图片或照片、简要说明，各一式两份。要求保护色彩的，还应当提交彩色图片或者照片一式两份。提交图片的，两份均应为图片，提交照片的，两份均应为照片，不得将图片或照片混用。如对图片或照片需要说明的，应当提交外观设计简要说明，一式两份。

2. 受理专利申请的部门

申请人申请专利时，应当将申请文件直接提交或寄交到国家知识产权局专利局受理处（以下简称专利局受理处），也可以提交或寄交到国家知识产权局设立的专利代办处，目前在北京、沈阳、济南、长沙、成都、南京、上海、广州、西安、武汉、郑州、天津、石家庄、哈尔滨以及长春设立国家知识产权局专利代办处；国防专利分局专门受理国防专利申请。

3. 如何办理专利申请？

办理专利申请应当提交必要的申请文件，并按规定缴纳费用。专利申请必须采用书面形式或者电子申请的形式办理。不能用口头说明或者提供样品或模型的方法，来代替或省略书面申请文件。在专利审批程序中只有书面文件才具有法律效力。各种手续文件都应当按规定签章，签章应当与请求书中填写的姓名或者名称完全一致。签章不得复印。涉及权利转移的手续，应当有全体申请人签章，其他手续可以由申请人的代表人签章办理，委托专利代理机构的，应当由专利代理机构签章办理。办理的手续要附具证明文件或者附件的，证明文件与附件应当使用原件或者副本，不得使用复印件。如原件只有一份的，可以使用复印件，但同时需要附有公证机关出具的复印件与原件一致的证明。

4. 专利审批程序及维持

（1）专利审批程序

依据我国专利法，发明专利申请的审批程序包括受理、初审、公布、实审以及授权五个阶段。

实用新型或者外观设计专利申请在审批中不进行早期公布和实质审查，只有受理、初审和授权三个阶段。

（2）专利权的维持

专利申请被授予专利权后，专利权人应于每一年度期满前一个月预缴下一年度的年费。期满未缴纳或缴足，专利局将发出缴费通知书通知专利权人自应当缴纳年费期满之日起六个月内补缴，同时缴纳滞纳金。滞纳金的金额按照每超过规定的缴费时间一个月，加收当年全额年费的5%计算；期满未缴纳的，专利权自应缴纳年费期满之日起终止。

（3）专利登记簿的法律效力

专利登记簿就是专利局专门用来登记这些专利手续和专利法律状态变更的法律文件。

专利申请被授予专利权之后，任何人都可以向专利局请求出具该专利的专利登记簿副本。请求出具专利登记簿副本的应当缴纳费用(按每件专利收费)。专利登记簿副本可以在同专利有关的经济或法律事务活动中作为证明专利法律状态的凭证。

本章小结

1. 知识产权是指受法律保护的人类智力活动的一切成果。一般将其分为两大类：一是工业产权，二是著作权(又称版权)。

知识产权有三大特性：专有性、地域性和时间性。

2. 专利是知识产权的一种。所谓专利，就是专利权(专利申请人)在法律规定的有效期限内，对其发明创造享有独占权。

我国专利法规定专利分三类：发明专利、实用新型专利和外观设计专利。

申请专利的发明必须具备专利性，就是许多人常常提及的“三性”，即新颖性、创新性和实用性。如果发明不具备专利性，就不必提出专利申请。否则，为申请专利所花的大量精力、财力都将付之东流，一无所获。所以，不管是单位、公司还是个人，至少在申请专利之前应该对其发明作必要的文献检索，以判定发明是否具备专利性，是否有必要提出专利申请。在现实生活中，作为一个企业、一所大专院校或者研究院所，在确定科研课题或者确定新产品开发项目之前，就应该做出命题文献检索，防止不必要的大量的人力、物力、财力的投入。其实作为一个个人发明家，为了避免盲目地选定发明创新的方向，亦应在确定个人发明选题之前作必要的检索。

第7章测试题

(满分100分，共含四种题型)

一、单项选择题(本题满分30分，共含10道小题，每小题3分)

1. 知识产权法与创新保护息息相关，(　　)。

A. 创新保护是目的；知识产权法是利器

B. 创新保护是利器；知识产权是目的

C. 创新保护是原则；知识产权是工具

D. 创新保护是工具；知识产权是原则

2. 世界水城威尼斯在1474年，确定了专利保护的三个基本原则：(　　)。

A. 保护发明创造的原则；损失填补原则；侵权处罚原则

B. 保护发明创造的原则；专利独占原则；侵权处罚原则

C. 保护私权原则；专利独占原则；侵权处罚原则

D. 保护发明创造的原则；专利独占原则；违法必究原则

3. 下列属于知识产权的权利有(　　)。

A. 抵押权　　B. 商业秘密权　　C. 股权　　D. 植物新品种权

4. 学者吴汉东曾经说过：“一个人获得的知识产权，是对另外一个人的合法限制”。这句话描述了知识产权的(　　)特征。

A. 地域性　B. 时间性　C. 专有性　D. 垄断性

5. 世界知识产权日是每年的(　　)。

A. 5月26日　B. 4月25日　C. 5月25日　D. 4月26日

6. 知识产权的概念最早由(　　)提出。

A. 英国人约翰·洛克　B. 德国人康德

C. 德国人黑格尔　D. 法国人卡普佐夫

7. "专利制度是给智慧之火浇上利益之油"这句名言出自(　　)。

A. 丘吉尔　B. 林肯　C. 约翰　D. 康德

8. 以下对象中可获得外观设计专利权的是(　　)。

A. 一种新型饮料　B. 饮料的包装盒

C. 饮料的制造方法　D. 饮料的配方

9. 我国专利法规定的发明是指对产品、方法或者其改进所提出的(　　)。

A. 科学规律　B. 技术方案　C. 技术思想　D. 科学发现

10. 下列选项中仅属于对自然规律认识的是(　　)。

A. 科学发现　B. 外观设计　C. 方法发明　D. 实用新型

二、多项选择题(本题满分20分,共含4道小题,每小题5分)

1. 知识产权的法律特征是(　　)。

A. 客体无形性　B. 专有性　C. 地域性　D. 时间性

2. 根据专利法,下列领域中能够授予专利权的是(　　)。

A. 新创造的能够被应用的技术方案

B. 改进和完善企业的经营管理方面的措施

C. 对机器的构造提出的新方案

D. 对产品的图案做出富有美感而适合工业应用的新设计

3. 根据《专利法》的规定,下列对象中不可以被授予专利权的是(　　)。

A. 种植植物的方法　B. 一个新的动物品种

C. 科学发现　D. 智力活动的规则和方法

4. 授予专利权的发明应当具备(　　)。

A. 新颖性　B. 独创性　C. 实用性　D. 创造性

三、判断题(本题满分30分,共含10道小题,每小题3分)

1. 知识产权是财产权的一个组成部分。

A. 是　B. 否

2. 工业产权的法律保护受一定的地域性限制。

A. 是　B. 否

3. 保护私人权利、促进社会进步的二元立法原则是知识产权制度的价值目标所在。

A. 是　B. 否

4. 知识产权财产利益的真正实现依赖于其权利对象的现实利用或使用。

A. 是　B. 否

5. 知识产权制度体现了私人利益与公共利益的平衡。

A. 是　　　　B. 否

6. 知识产权的专有性是指在任何情况下未经权利人许可，任何人不得享有或擅自处置、实施或使用。

A. 是　　　　B. 否

7. 知识产权的概念最早是在17世纪由法国人卡普佐夫提出来的。

A. 是　　　　B. 否

8. 知识产权是指对智力劳动成果所享有的占有、使用、处分和收益的权利，它属于有形产权。

A. 是　　　　B. 否

9. 知识产权是一种无形财产权。

A. 是　　　　B. 否

10. 我国的专利包括发明专利、实用新型专利和外观设计专利三种类型。

A. 否　　　　B. 是

四、简答题（本题满分20分，共含2道小题，每小题10分）

肖像权属于知识产权吗？请对以下两个事件进行评论。

1. 1996年，浙江省邮票局制作、发行2000套《纪念鲁迅诞辰115周年纯金纯银邮票珍藏折》，每册售价1115元。鲁迅之子周海婴以被告侵犯“鲁迅肖像权”在全国范围内首次提起关于“死人肖像权”的诉讼。

2. 李小龙之女李香凝状告真功夫，声称对方盗用李小龙形象作为商标，并利用李小龙知名度盈利，要向对方索赔2.1亿元。而真功夫在回应声明里说，自己这个商标是合法取得的，已经用了15年。

第 8 章 高校创新通识教育工程

CHAPTER 8

8.1 创新战略，教育先行

“为什么我们的学校总是培养不出杰出人才?” 2005 年 7 月 29 日，钱学森曾向温家宝总理进言：“现在中国没有完全发展起来，一个重要原因是没有一所大学能够按照培养科学技术发明创新人才的模式去办学，没有自己独特的创新的东西，老是‘冒’不出杰出人才。这是很大的问题。”这就是著名的“钱学森之问”，“钱学森之问”是关于中国教育事业发展的一道艰深命题，需要整个教育界乃至社会各界共同破解。

目前，知识更新的速度已经从 19 世纪 30 年代的 70 年翻一番发展到今天的几乎是一年翻一番，单纯满足于学校的书本知识所培养出来的大学生已经很难适应社会的变革，而这正是我国高等教育的薄弱环节。学生从小到大，所有的学习几乎就是为了应付考试，传统的应试教育使我国大学生形成的思维定式与创新思维格格不入，无法培养学生创新精神、创新意识和创新能力，这一局面必须尽快解决。因此，要求学生在校学习期间除了掌握基础知识，专业知识和专业应用知识外，还必须树立创新意识、培养创新思维能力，这样才能够抓住知识经济带来的机遇，在竞争中取得优势。

《国家中长期人才发展规划纲要(2010—2020 年)》中明确提出：高等教育要突出培养创新型人才，这是建设创新型国家的基础和迫切需要。创新是国家的意志。

2008 年年底，当金融危机让企业面临空前的生存与竞争压力时，自主创新是抵御金融风暴的最佳途径。创新是企业的需求。现代企业更讲究用人求“实”不求“高”。即学历并非越高越好，企业更看重的是个人的综合素质。提高大学生的综合素质就必须突出创新教育，高校要注重学生的个性发展，树立学生的创新意识，唤起学生的创新冲动，鼓励学生的创新尝试。创新是高校的责任。

目前，我国高校在“立德树人”的教育理念下，不断地强化创新创业教育主题，进一步加强创新创业类课程建设，完善通识教育课程体系，将创新创业教育融入人才培养全过程，推动人格培育体系与知识培育体系一体化。

高校创新创业通识教育作为一种新的教育理念和目标是现代教育理念的更新和发展，是社会发展的必然趋势和社会需求共同作用的结果。

8.2 创新通识教育的起源、发展与内涵

8.2.1 创新通识教育的起源与发展

1. 通识教育的起源

通识教育源于19世纪，通识教育是英文“general education”的译名，它是指非专业性、非职业性的高等教育，又称“通才教育”，致力于“厚基础、宽口径”人才的培养。美国是开展通识教育最早、最完善的国家之一。哈佛大学是其中最具代表性的大学之一，这所大学一直推行通识教育课程计划，既开设人文素养方面的课程，也开设社会科学以及自然科学、工程类课程，注重学生人格品行、社会责任感、思维能力等方面的培养，并对美国的高等教育产生重要影响。

20世纪90年代以来，我国高等院校对通识教育日趋重视，2015年“大学通识教育联盟”由北大、清华、复旦大学等共同发起成立，2016年3月《中华人民共和国国民经济和社会发展第十三个五年规划纲要》中明确指出高等教育要“实行通识教育和专业教育相结合的培养制度”，标志着通识教育的地位在中国大学教育中得到了全面确立。各高校建立了“基础课程＋专业课程＋通识课程＋第二课堂”四位一体的教学结构，从而，使得通识教育成为本科教育的重要组成部分。

2. 创新创业教育的起源与发展

创新创业教育的理论研究和实践探索最早兴起于美国。1947年，哈佛大学商学院的迈赖斯·迈斯教授开设的“创新企业管理”课程，被看作创新创业教育在高校的首创。

我国的创新创业教育可分为四个阶段：

(1) 1.0启蒙期：1999—2014年为创新创业教育的启蒙期，高校学生的“勤工俭学”演变为“创业”，部分高校开设了“创新班”和培养创业精神的通识课，这个阶段叫作“1.0启蒙期”；

(2) 2.0政策期：2015年3月全国两会上，李克强总理在政府工作报告中指出要把“大众创业、万众创新”打造成推动中国经济继续前行的“双引擎”之一。教育部和地方教育主管部门出台的大量的创新创业教育政策，“大众创业、万众创新”时代正式来临，这个阶段叫做“2.0政策期”；

(3) 3.0育人期：2017年年初，创新创业教育引起了高校和社会的广泛热议，高校的创新创业教育是为了培养企业家还是为了育人？高校创新创业教育绝不是为了培养几个企业家，教育的本质是为了育人，这个阶段叫作“3.0育人期”，是创新创业教育内涵认识的回归期；

(4) 4.0育才期：2017年开始，随着“十九大”对国家“新时代”的定位，建设创新型国家成为中国强大的必由之路，创新创业型人才培养成为“十三五”期间高校的重要任务，这个阶段叫作“4.0育才期”。

创新创业教育，又称“双创教育”。创新创业教育包括创新教育和创业教育，二者是一个有机体，创新为体，创业为用，目标一致，服务创新实践人才培养，可以统一分析。创新教育注重意识层面，侧重于创新思维的开发，创业教育更注重如何实现人的自我价值，侧重于实践能力培养。创新是前提和基础，创业是结果。创业的范畴要放大，在工作岗位上开拓事

业、创办新企业、创新研究领域等都是创业。

为深入贯彻习近平总书记系列重要讲话精神，深化高等学校创新创业教育改革等一系列重要部署和要求，我国高校将创新创业教育作为落实立德树人根本任务的重要举措，纷纷将创新创业课程纳入了大学生人才培养方案，不断健全创新创业教育体系，并将其与学位、学分挂钩，把创新创业教育贯穿人才培养全过程，不断增强学生的创新精神、创业意识和创新创业能力。

3. 创新通识教育的由来

创新通识教育是将大学生通识课程教育与创新创业教育有机融合的产物，创新创业课程被纳入通识教育课程体系，创新创业课程成为通识教育的核心课程模块。实现创新创业教育与通识教育相结合的宽口径教育模式，推动人格培育体系与知识培育体系一体化。

8.2.2 创新通识教育的内涵

创新性人才从何而来呢？唯一的答案就是：创新性人才要通过创新教育来培养。由此，现代创新学与教育学相结合的一个分支——创新教育，并日益受到人们的格外重视。正是从这个意义上，有人把21世纪称为“创新世纪”，还有人将21世纪称为“创新教育世纪”。西方发达国家一项历时数年的跟踪测试报告表明，在高等教育过程中接受过创新教育培养与训练的学生在完成相关创新工作时，其成功率要比其他学生高出3倍。国内高校也在开展创新教育过程中以实际行动探索着这一问题。

1. 创新通识教育的含义

创新教育是现代创造学与教育学相互交叉结合的产物，是创新学的一个重要分支，它在20世纪40年代发端于美国。

创新教育大致包括三方面内容：一是发明创新的知识技巧和经验的教育；二是创新思维训练；三是创新性教育，即指在普通教育中以培养学生创新能力为目标而开展的各项教学活动。

一般认为，从广义上说，凡是有利于受教育者强化创新意识、树立创新志向、培养创造力、激发创新思维、增长创新才干、提高创新素质并开展创新活动而进行的教育，都可称为创新教育。

2. 创新通识教育的实施内容

工程师是创新性解决问题的人，创新性工程教育以培养具有创新精神和创新能力的工程人才为主要目标，实施内容包括：

(1) 创新人格培养

创新性人格教育可以通过“创新方法学”课程的教学来完成。人的创新人格素质的提高对于人的创新能力的提高具有直接翻番的作用。因此，创新性人格培养是创新教育的重要内容。

(2) 创新思维训练

在当前学校教育的状况下，尤其要注重创新思维的训练或练习，这样做必将有效地提高学生的创新能力。当然，学校教育也不能因此而忽视对大学生逻辑思维能力的培养。

(3) 发明教育

发明教育，即对学生教授和训练人类创新发明的技能和技巧，把创新发明的武器直接交给学生。发明教育的内容还应当包括：创新条件引导学生开展科技小发明、小制作、小论文等活动。对于高年级大学生则要求他们与本专业相结合进行一些发明创新活动，从而使学生在实践中提高创新能力，另外，发明教育的成果也可反过来鼓励大学生的创新积极性，并可引起学校各级领导对于创新教育的重视，从而进一步有力地推动创新教育的开展。

(4) 科研教育

大学生的创新能力往往一方面表现在其发明创新上，另一方面亦表现在科学研究上，创新教育实施的重要内容之一，就是对大学生进行如何开展科学研究、特别是如何结合有关专业开展科学研究的教育和训练。

8.2.3 创新通识教育与传统教育的关系

1. 传统教育与创新通识教育的比较

由于创新通识教育源于传统教育，因此，它与传统教育之间既有一定联系，又有较大区别。见表8-1。

表8-1　传统教育与创新通识教育的比较

序　号	传统教育	创新教育
1	强调教学的统一性，有统一的教学计划、统一的课程设置、统一的教学大纲、统一的教学方式、统一的实验或实习内容和统一的考核标准，是对学生进行的全面平推	强调教学的差异性，是对学生进行不同标准的选择性突破，注重“拔尖”人才的培养
2	重视强制性管理，为了达到统一的规格和要求，传统教育必须要用一系列严密而强硬的组织管理措施加以保证，遂使学生失去学习的主动性和自由度，学生被动地接受知识	注重使学生主动地获取知识，提倡学生探索众多的设想方案，需要学生进行选择与决策
3	特别重视考试分数，传统教育评价一个学生的学习好坏，主要是看其分数的高低。而学生考分的高低，主要又是由学生掌握的知识量决定的，在很大程度上它只体现学生的死记硬背能力	把学生的其他各种能力特别是创新能力计入其考核分数之内。注重学生对未来社会的应变能力
4	强调模仿与继承，传统教育十分强调学生知识的积累，知识的传授往往是单向的，即老师传输给学生。为了让学生获得更多的知识，教师常用严格的考试手段和增大的学时数，使学生负担过重	注重创新人格培养，强调应变和发展，培养“创新性”和“素质型”人才
5	注重人的思维结果，提供结论性的东西，即“结论性教育”	注重学生学习的思维过程和实践过程，即“过程性教育”

综上所述，传统教育的最大弊病就在于它限制了学生创新能力的发挥，限制了学生个性的发展，限制了“拔尖”人才的脱颖而出。把创新通识教育与传统教育进行比较，不是全部否定传统教育，而是为了区别传统教育的做法有不完善和不充分的地方。这些不完善和不充分的地方恰好需要用创新通识教育来补充和完善。显而易见，为了使学生肩负起建设“创新型国家”的重任，传统教育的改革势在必行，创新教育的实施迫在眉睫。

2. 传统教育的弊端

自从德国哲学家、心理学家和教育家赫尔巴特在19世纪初提出把教学作为教育的主要手段以来，各国教育科学逐渐形成了以课堂教学为中心，以教科书为中心的传统教育模式。

一般说来，创新教育与传统教育有如下三方面的不同。

(1) 教育目标

创新教育的目标是培养富有创新精神的学生，从而大幅度提高学生的创新能力。与传统教育相比，创新教育虽然同样重视学生对于必要知识的积累，但更强调其合理的知识结构；同样重视培养学生的各种能力，但更强调对学生创新思维的训练。创新教育不仅相信人人都有创新力，而且认为人的创新力是可以通过创新教育而被开发出来的。创新教育认为，应该根据学生的不同情况和特点把他们培养成不同层次的人才，而决不如同传统教育那样去削足适履，全部采用"一刀切"的模式，不考虑学生的具体情况和社会的需求，而一味培养相同规格的人才。

(2) 教学原则

教学原则是教学过程客观规律的反映。德国教育家第斯多惠说过，"一个不好的教师奉送真理，而一个好的教师则是教人发现真理"。他的话包含了创新教育的成分。我国高等教育学专家潘懋元曾提出过传统教育的十条教学原则：科学主导下发挥学生自觉性、创新性和独立性原则；理论联系实际原则；专业性与综合性相结合原则；教学与科研相结合原则；系统性与循序渐进原则；少而精原则；量力性原则；统一要求与因材施教相结合原则。这十条原则中虽然也提到了创造性，但在传统教育中却是难以具体做到的。

与传统教育的教学原则相比，创新教育则更强调在教学中培养学生的创新意识和创新能力。创新教育主张，在教学中教师讲的主要内容不只是告诉学生怎么做，而又要使其知道怎么想；对学生不只是传授知识，而且要训练其思维；在课堂上不仅对学生进行封闭式灌输，更要进行开放式启发；不是简单地向学生"奉送真理"，而是要教会学生自己去"发现真理"。传统教育教学质量的提高主要依靠教师在教学中的经验积累，而创新教育教学质量的提高则主要依靠教师对教学的科学性研究。创新教育不搞"题海战术""熟中生巧"，而是主张学生勤想、多问、多动手，提倡点燃学生心中好奇之火、启发和鼓励学生大胆质疑问题。创新教育亦重视学生非智力因素的培养，重视与专业相结合进行发散性思维、求异思维的训练。

(3) 评价学生

传统教育评价学生的优劣主要是根据考试分数，考分高就是好学生，否则就不是好学生。然而，从众多的科学家、发明家、艺术家的成长经历中便可发现，其中有不少原来在学校的学习成绩并不好，有的甚至还是劣等生。

创新教育评价学生学习的好坏，不仅仅看他一次考试的成绩或一张标准化试题的考卷的优劣，也不仅仅只看学生对于知识掌握的程度，同时更要看重学生利用所学知识分析问题、解决问题，特别是创新性解决问题的能力，创新能力强者，即可获得高的考分。

此外，与传统教育所不同的还有，创新教育需要有创新性的学校管理，需要有创新性的管理者、创新性的老师和富有创新性的教材。总之，创新教育只有在创新性的教育环境中才能为国家培养出创新性人才。

8.3 高校实施创新通识教育的途径

8.3.1 高校实施创新通识教育的基本条件

从某种意义上说，创新通识教育是一项专门培养学生创新能力的系统教育。因此，创新通识教育的实施需要具备相应的基本条件。这些基本条件至少包括：要有一批富有创新性的教师，要有一批富有创新性的教学管理人员，要有一系列富有创新性的教材。

1. 富有创新性的教师

教师在实施创新教育中无疑占据主导地位，因而实施创新教育的首要条件是要有创新性的教师。

（1）必须有强烈的事业心，忠诚于人民教育事业，有为振兴民族、复兴国家、为真理而奋斗的大无畏的探索和开拓精神，不迷信权威，不墨守成规，勇于坚持真理，善于修正错误。只有这样，教师才能在教学过程中有效地激发学生的创新精神。

（2）必须有较高的创新思维能力，熟悉思考问题的方法，也就是要基本了解科学的方法论、掌握创新学的基本知识，从而能够指导学生进行创新性活动。

（3）必须懂得教育科学，了解教育的规律和方法，同时在教学过程中能够把握学生的心理状态和情绪特点。

（4）要精通本专业知识。在创新教育中，教师对于具体的材料可以不讲或少讲，主要讲授的是观点、方法、概念和原理。因而教师必须能够在教学中合理精选材料，能做到用最少的知识材料讲出明确的概念、正确的方法、鲜明的观点和基本的原理。

（5）要有广泛的知识基础。创新教育的老师应当一专多能，不但是自己研究的领域的专家，而且对于相关、相近领域的科学知识也应当熟悉。

（6）要非常热爱学生，这种热爱主要体现在相信学生的创造力，相信学生能赶上并超过自己；能够正确地评价学生，决不简单地把富有创造性的学生当作是有问题的学生或"不听话"的学生来看待，而是要将创新能力提到一定高度用以评价学生。

2. 富有创新性的管理者

为了培养学生的创造性，教师必须具有创造性。由此，学校管理人员特别是有关领导必须提供能使教师发挥其创造性、向创新方向发展的有利条件。从这个意义上说，教学管理人员自身也应当富有创新性，否则，学校中的创新教育也是无法开展的。

3. 富有创新性的教材

教材在教育活动中的作用是十分重要的，传统教育过于注重让学生接受教科书中的观点，而不管其观点是否正确，因而常常压抑学生的想象能力和创造性。而创新教育对于各种教材则有自己的要求。日本的创造学家扇田博元教授，对创造性教材的建设提出了6条原则：

（1）教材应包括使人了解创新活动过程方面的内容。要学习怎样进行创新，通过了解创新性人物的创新过程可收到良好效果。

（2）教材应该包括传授有关研究的概念和技能的内容。

（3）教材应该把知识作为不完整的东西加以介绍。传统的教材，几乎都把某一领域的知识作为完整的体系进行介绍，却很少指出其不完整性。而创新教育中所使用的教材，则应该包括把知识放在不完整的前提下加以介绍并提出疑问性的内容。

（4）教材应该包括既鼓励学生细心又提倡学生独创的内容。教材应能唤起学生的好奇心，使其全力以赴地对待学习，从而培养学生独立思考的能力。

（5）教材应该包括具有灵活性的内容。在编写教材和解决问题之际，最好是能将各门学科的知识结合起来。研究证明，即使对于学习适应性较差的学生，通过这种方式也会使学生产生兴趣。

(6) 教材应该包括若干能够迁移的知识。这样可使学生从一件事物转向另一件事物，从而起到举一反三的作用。

富有创新性的教材除应对基本概念和基本推导叙述清楚以外，还应该给学生留有思考的余地，以培养学生的独立思考能力和创新精神。

8.3.2 创新通识教育的实施途径

目前看来，实施创新教育的途径主要有课堂教学、课外活动和社会活动。

1. 课堂教学

在当前和今后一段时期内，课堂教学仍然是学校教学的基本形式。目前，很多大学生之所以对课程知识的学习不感兴趣，认为课程知识学习对于培养能力不能起到任何作用，主要在于他们反感大学教师仍旧像中小学教师那样对他们进行书本知识的灌输，反感侧重"死记硬背"的课程考试。在课程的教学改革中，应大力提倡研究型教学模式。

所谓研究型教学，也称研讨式教学，是指教师以课程内容和学生的学识积累为基础，引导学生创新性地运用知识和能力，自主地发现问题、研究问题和解决问题，在研讨中积累知识、培养能力和锻炼思维的新型教学模式。

早在19世纪，德国教育家洪堡就提出了"教、学与研究三者相统一"的观点，认为大学教师的任务并非原来意义上的"教"，而应当是指导学生从事研究。学生的任务也不是原来意义上的"学"，而应该是注重独立的研究和探索。研究型教学的显著特点就是以学生为本位，将研究实践融入教学过程的教学模式，这种模式有利于激发学生的潜能，培养学生的兴趣，增强学生独立思考和创新的能力。

(1) 改革教学方法是开展研究型教学的关键

在研究型教学中，教师的职能将由"教"转变为"导"。课堂教学方面，应由传统的单向灌输转变为启发互动式，要为学生营造一个宽松、民主、和谐的课堂环境，引导学生自主探究和体验知识的发生过程，鼓励质疑批判和发表独立见解，培养大学生的创新思维能力。

研究型教学中，师生关系发生了明显的改变。教师不再是"讲台上的圣人"，而更多地起"场外教练"的作用；不仅仅传授知识，而是遵循认知规律，以学生为中心，设计教学过程、提供教学资源、提供学习建议，对整个学习过程进行控制，关键环节上对学生进行启发、激励、引导和指导，并及时对学习效果进行评价。

学生也要实现以下的角色转变：从理解和接受式的被动学习转变为探索和研究式的自主学习，从在学习过程的从属地位转变为"场上队员"，从自己"孤军奋战"到共同学习、共同研究，从接受、记忆和理解知识到训练思维能力和评价决策能力，此外还要训练交流沟通能力。

(2) 工程案例教学

工程案例教学法对学生的要求更为严格，因为案例教学的特殊性，使学生由被动接受知识变为接受知识与运用知识主动探索并举，学生将应用所学的基础理论知识和分析方法，对教学案例进行理论联系实际的思考、分析和研究。采用工程案例教学法还要求学生对知识的广度和深度有新的开拓，进行一系列积极的创新性思维活动，充分体现了学生在学习中的主体地位。因此，案例教学法是一种培养开放型、应用型人才的好方法。

(3) 引导学生充分利用现代化的手段进行研究性学习

与研究性学习相得益彰是开展研究型教学的重要环节。研究性学习是指学生在教师指导下，通过选择一定的研讨专题，以类似科学研究的方式主动地获取知识并应用知识解决问题的学习活动。教师的研究型教学与学生的研究性学习，二者有着共同的特点和追求。一方面，研究性学习离不开研究型教学，离不开教师富有启发与创新性的具体指导；另一方面，研究性学习又促使教师不得不更多地去思考教什么、怎么教，才能达到研究性学习的目的。

现代信息技术的发展，特别是网络技术的发展，使人们享有空前丰富的信息资源。

(4) 注重过程管理与考核方式的多样化

注重过程管理，课程成绩不是以期末考试一次成绩决定。平时课程成绩是以学生的参与程度(出勤、课程作业、小组贡献、学习笔记和学习总结报告)作为评价指标，期末考试采取开卷方式，所占比例为：期末考试50%，课堂讨论和作业30%，出勤20%。

主讲教师向学生明确提出：团队合作是工程师的一项基本功，因此，学生在小组的参与和表现尤为重要。课程大作业要求以调研报告的形式完成，课堂上组织学生进行小组讨论和交流观点，最后，教师要做点评和总结，以提升学生对问题的更高层次的认识。

2. 课外活动

利用课外活动开展创新教育，可以把课堂上学到的东西应用于实践，从而发展学生的兴趣和爱好，锻炼学生独立思考能力和实践动手能力。实践表明，各类“大学生创造发明协会”是课外实施创新教育的重要场所，是大学生发明创新活动的主要组织形式，它可从各方面调动大学生的积极性，激发其创新能力并取得很多创新成果。

3. 社会活动

实施创新教育不仅是学校的事，也是全社会的事。因此，创新教育希望社会提供一个良好的创新环境，同时创新教育还主张学生能够经常地走出校门，积极参与社会实践。有些学生接受创新教育以后，会产生跃跃欲试、大干一番的劲头，有的还主动利用节假日到工厂、企业或研究机构宣传创新学和推广自己的创新成果，从而有效地培养了他们的社交能力和创新精神。

8.3.3 创新通识教育融入人才培养全过程的路径

1. 大学一年级，抓住入学教育的良机，对新生进行创新意识和创新精神的培养

新生入学教育作为大学生接受大学教育的第一个环节，是进行创新意识和的创新精神引导的最佳时机，它直接影响着学生成才目标的确立和实现。向新生展示高年级学生毕业设计和学科竞赛的创新成果，激发他们创新的愿望和动机。

2. 大学二年级，开设“创新思维与创新方法”类课程，为培养学生创新思维和创新能力打下理论基础

大学阶段是人的一生中思维发展的最后一个黄金时期。在最短时间之内让学生享受直接、系统、科学的思维训练。“授人以鱼，不如授人以渔”“从校园里接触到最新的研究方法，往往比知识本身更要重要”。在创新能力培养方面，能够向学生传授并使之掌握一套相对系统科学的创新理论，对开拓学生的视野、提高创新能力会大有帮助。

可采取通识选修课等方式，让每一位对创新感兴趣的学生都能有机会较为系统地学习创新思维与创新方法等方面的基础知识。

创新已经成为当今时代的重要特征且有规律可循。当前欧美创新理论的研究热点是TRIZ理论。据统计，现有的创新技法有360多种，而绝大多数方法都面临创新效率低的致命问题，其中最为常用和典型的方法是试错法，另一种是头脑风暴法。相对于传统的创新方法，TRIZ理论具有鲜明的特点和优势，它成功地揭示了创新发明的内在规律和原理，TRIZ理论更具普遍性、实用性和可操作性，日本从1996年开始不断有杂志介绍TRIZ的理论方法及应用实例，在美国也有大学相继进行了TRIZ理论研究，不少大学生在毕业之前熟悉了创新理论，为将来的工作打下了良好的基础。很多西方大学为本科生开设了TRIZ课程，用于培养学生的创新思维。TRIZ理论可以帮助我们实现批量发明创新的夙愿，如今已在全世界广泛应用，创新出成千上万项重大发明。因此，以TRIZ理论为主对大学生进行创新教育，应是我国创新教育改革中的一条值得探索的途径。

3. 大学三年级，探索创新通识教育与专业教育相结合，在大学生学科竞赛中建立学生创新能力的评价与激励措施

大学生学科竞赛属于竞技性的学习模式，其参赛内容与人员都要求有较高的综合素质和创新性。在学科竞赛队员选拔中，尝试和探索应用TRIZ创新理论，对参加竞赛选拔的队员进行创新意识和能力测试，为竞赛队伍选拔出最优秀的队员提供系统和科学的方法和依据。

对于大学生学科竞赛中成绩突出的学生，进行表彰与奖励，并作为选拔优秀生、免试推荐研究生和颁发奖学金的重要依据。如建立"创新学分"，即学生获国家、省、校级优秀竞赛奖励、发表学术论文等，通过专家认定可以获得相应学分。对获得国家级或省(部)级创新成果的学生，以及在校内外创新实践活动中做出突出成绩的学生，可申请免修与之相关的课程学分、课程设计或毕业设计(论文)学分等。

4. 大学四年级，探索在毕业设计中建立学生创新能力的评价与激励措施

毕业设计应成为创新能力培养体系的重要组成部分。在毕业设计中探索学生创新能力的评价与激励措施，例如，设立创新基金，扶持有创意的毕业设计题目，打破经费平均分配的现状；毕业答辩评分时，在毕业设计成绩评定标准中把其中体现的创新点要占有很高的分数比例，并作为优秀成绩评价的重要依据。

四年不断线的创新通识教育实施步骤，如图8-1所示。

5. 具有学科交叉特色的创新教育通识课程教材的编写与推广

目前，我国许多高校都相继开设了创新创业通识课程，也有一些教材出版，但是还缺少具有学科交叉特色的创新创业通识课程的教材。

新兴的学科，例如，机器人技术是多学科的交叉融合，行业领域之间的交叉融合，也是自然科学和人文社会科学的交叉与融合，这正是第四次工业革命的特点。大学教育在第四次工业革命浪潮下，要引领着社会的发展，应走在社会的前面。

机器人技术具有跨机械、电子、控制、计算机等的多学科交叉的优势，本教材的特色是系统地介绍了TRIZ创新方法，收录整理了TRIZ创新方法在机器人技术中的应用实例。在创新创业通识教育的大背景下，近年来，作者尝试为本科生开设了创新创业通识选修课程，在自编讲义的基础上，结合作者对TRIZ创新方法的研究和教学实践经验，编写完成了本教材。

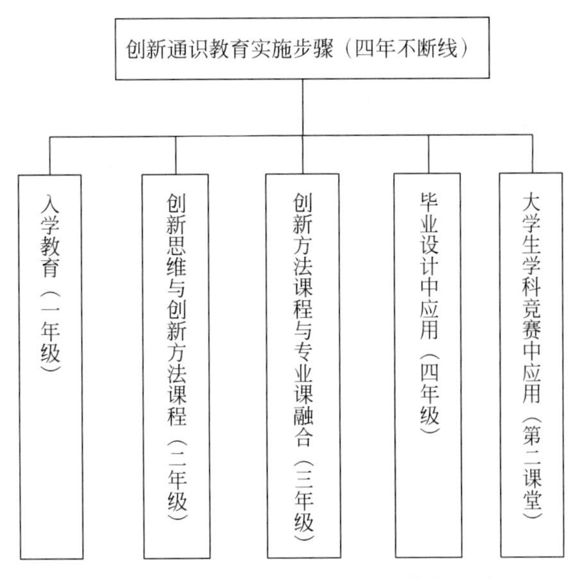

图 8-1 四年不断线的创新通识教育实施步骤

6. 建立计算机辅助创新网络化实验教学平台

现代的计算机辅助创新 CAI 软件是“创新理论＋创新技术＋IT 技术”的结晶，它将不容易记忆的 TRIZ 理论与方法学，放到了软件交互界面之中，提高了学生学习的兴趣和信心，大大降低了创新的门槛，为培养创新能力，激发创新思维提供了先进的培训工具。

国内许多高校建立了计算机辅助创新网络化实验教学平台，通过创新软件指导学生进行创新思维技法和思维方法的训练，参与各种科技竞赛及申请专利。

7. 校园文化，为创新通识教育营造文化氛围

创造良好的校园人文环境是大学通识教育的隐性教育之一，人是环境的产物，营造一个良好的校园文化氛围对于优秀人才的培养有着潜移默化的作用。通过建立创新教育的校内论坛或网站，开办创新教育系列讲座，举办校园“创新文化节”，开展创新知识竞赛活动等，打造校园创新通识教育文化氛围。鼓励和支持学生考取各种资格证书，为毕业求职和创业做好积累和准备。

本章小结

本章首先介绍了高校开展创新通识教育的意义和高校创新教育内涵与目标；然后，介绍了高校实施创新通识教育的基本条件和实施途径；最后，根据作者多年来在地方高校开展创新通识教育的实践经验，给出了创新通识教育的具体实施步骤。

附录A 全国性大学生科技竞赛简介

CHAPTER A

大学生科技竞赛活动对于培养大学生创新精神、协作精神和实践能力，促进大学生个性发展，营造创新教育氛围具有重要作用。

竞赛等级一般分为国家级、省部级和校级三个等级。

1. 国家级竞赛：由国家教育部、团中央和财政部批准的全国范围内的、高水平的学生科技竞赛。国际竞赛级别等同于国家级竞赛。

2. 省部级竞赛：与国家级比赛相应的省级竞赛或地区级竞赛。

3. 校级竞赛：与省级比赛相应的校内选拔赛，或由学校教务处牵头组织的全校范围内的学生科技竞赛。

A.1 机器人大赛

机器人大赛是各种关于机器人比赛的总称，大致包括机器人足球赛、灭火竞赛和综合竞赛。机器人的研究涉及非常广泛的领域，包括机械电子学、机器人学、传感器信息融合、智能控制、通信、计算机视觉、计算机图形学、人工智能等，吸引了世界各国的广大科学研究人员和工程技术人员的积极参与。更有意义的是，机器人大赛的组织者始终奉行研究与教育相结合的根本宗旨。比赛与学术研究的巧妙结合更激发了青年学生的强烈兴趣，通过比赛培养了青年学生严谨的科学研究态度和良好的技能。

智能足球机器人属于机器人的一个分支，顾名思义，就是制造和训练机器人代替人类或与人类进行足球比赛。据有关专家预言，智能足球机器人比赛的最终目标是实现2050年的人机大战，即智能足球机器人冠军队和当时的人类世界冠军队进行比赛，并要赢得比赛。

一、竞赛等级

机器人大赛分为国际、国家、省部和学校四个等级，是目前比较有影响力的机器人大赛项目，见表A-1。

1. 国际竞赛：国际上最具影响的机器人足球赛主要是国际机器人足球联盟(Federation of International Robot-Soccer Association，FIRA)和机器人足球世界杯RoboCup(Robot World Cup Soccer Games，RoboCup)两大世界杯机器人足球赛，这两大比赛都有严格的比赛规则，融趣味性、观赏性、科普性为一体，为更多大学生参与国际性的科技活动提供了良好的平台。

2. 国家竞赛：国内影响力最大的机器人竞赛是原中国机器人大赛暨 RoboCup 中国赛（RoboCup China Open）。

3. 省部级竞赛：以上与国家级比赛相应的省级竞赛或地区级竞赛。

4. 校级竞赛：以上与省级比赛相应的校内选拔赛。

表 A-1 机器人大赛主要项目一览表

序号	名称	主办单位	竞赛时间	主要技能要求
1	机器人足球世界杯赛 RoboCup	RoboCup 国际联合会	自 1997 年起，每年在不同的国家举行一次	分为五个组：小型组、中型组、类人组、足球仿真组和标准平台组
2	国际机器人足球赛 FIRA	国际机器人足球联盟 FIRA	自 1996 年起，每年在不同的国家举行一次	六大类比赛项目：拟人式、自主型、小型、微型、超微型、仿真机器人足球赛
3	中国机器人大赛暨 RoboCup 中国赛	中国自动化学会机器人竞赛工作委员会	自 1999 年起，每年举行一次	设置了空中机器人、救援机器人等多项符合机器人发展热点和难点的比赛项目
4	全国机器人锦标赛与国际仿人机器人奥林匹克大赛	中国人工智能学会机器人足球工作委员会	自 1999 年起，每年举行一次	三大类比赛项目：轮式机器人、仿人型机器人、小型仿人机器人的国产化创新设计
5	华北五省大学生机器人大赛	由北京、天津、河北、山西、内蒙古教委（教育厅）共同举办的机器人大赛	自 1994 年起，每年举行一次	九大类比赛项目：人工智能与机器人创意设计赛、机器人武术擂台赛（无差别组、仿人组）、类人机器人竞技体育赛（田径、点球、投篮、高尔夫）、水中机器人比赛（水球 2V2、管道检测）、空中机器人比赛（基础组、高级组）、小型组机器人足球赛、舞蹈机器人比赛、智能物流机器人挑战赛、机器人实物展

二、机器人大赛项目简介

1. 机器人足球世界杯赛 RoboCup

机器人世界杯 RoboCup 是世界机器人竞赛领域影响力非常大、综合技术水平高、参与范围广的专业机器人竞赛，由加拿大大不列颠哥伦比亚大学教授 Alan Mackworth 在 1992 年首次提出的。其目的是通过机器人足球比赛，为人工智能和智能机器人学科的发展提供一个具有标志性和挑战性的课题，为相关领域的研究提供一个动态对抗的标准化环境。从 1997 年开始进行比赛，分别在日本、法国、瑞典、澳大利亚、美国、德国、韩国、意大利、葡萄牙、中国、奥地利、新加坡、土耳其、墨西哥、荷兰、巴西等十余个国家和地区进行了比赛。RoboCup 足球赛分为五个组：小型组（小型足球机器人 F180）、中型组（自主足球机器人 F2000）、类人组（拟人足球机器人）、足球仿真组（电脑仿真足球机器人）和标准平台组（使用的标准平台是 Aldebaran 机器人公司开发的 NAO）。

浙江大学 ZJUNlict 队曾获得机器人足球赛小型组冠军；中国科学技术大学蓝鹰队曾夺得家庭服务机器人组的冠军；南京邮电大学 Apollo3D 曾夺得 3D 仿真组冠军；北京信息

科技大学足球机器人 Water 队分别于 2010 年(新加坡)、2011 年(土耳其·伊斯坦布尔)、2013 年(荷兰·埃因霍温)、2015 年(中国·合肥)、2017 年(日本·名古屋)五次夺得中型组冠军。

2. 国际机器人足球赛 FIRA

FIRA 机器人足球比赛最早由韩国高等技术研究院的金钟焕教授于 1995 年提出,并于 1996 年在韩国大田举办了第一届国际比赛。1997 年 6 月,第二届微机器人足球比赛在 KAIST 举行期间,国际机器人足球联盟 FIRA 宣告成立。此后 FIRA 在全球范围内每年举行一次机器人世界杯比赛(FIRA Cup),同时举办学术会议(FIRA Congress),供参赛者交流他们在机器人足球研究方面的经验和技术。比赛项目主要包括:拟人式机器人足球赛(HuroSot)、自主机器人足球赛(KheperaSot)、微型机器人足球赛(MiroSot)、超微型机器人足球赛(NaroSot)、小型机器人足球赛(RoboSot)、仿真机器人足球赛(SimuroSot)等六项。

机器人足球世界杯赛 RoboCup 和国际机器人足球赛 FIRA 的区别:采用了不同的技术规范,集中控制和分布式控制方式。机器人足球世界杯赛 RoboCup 要求必须采用分布式控制方式,相当于每个队员都有自己的大脑,因而是一个独立的"主体";国际机器人足球赛 FIRA 允许一支球队采用传统的集中控制方式,相当于一支球队的全部队员受一个大脑控制。

3. 中国机器人大赛暨 RoboCup 中国赛

RoboCup 机器人世界杯中国赛(RoboCup China Open)是 RoboCup 机器人世界杯的正式地区性赛事,该项赛事从 1999 年开始到 2015 年,一共举办了 17 届。从 2016 年开始,根据中国自动化学会对机器人竞赛管理工作的要求,原中国机器人大赛暨 RoboCup 中国公开赛中 RoboCup 比赛项目和 RoboCup 青少年比赛项目合并在一起,举办 RoboCup 机器人世界杯中国赛。设置了空中机器人、救援机器人等多项符合机器人发展热点和难点的比赛项目。

4. 全国机器人锦标赛与国际仿人机器人奥林匹克大赛

中国人工智能学会机器人足球工作委员会主办的全国机器人锦标赛与国际仿人机器人奥林匹克大赛是国内规模最大、影响力最强、水平最高的一年一度全国智能机器人技术比武大赛。

它的宗旨是一方面为青年大学生科学精神与创新能力的培养提供理想平台,另一方面为研究智能机器人关键技术提供环境条件,尤其以小型仿人机器人为主体的社会服务机器人技术开发及机器人文化艺术的发展开辟新的研究领域。

比赛种类:第一大类,基于轮式机器人的比赛项目;第二大类,基于仿人型机器人的比赛项目;第三大类,小型仿人机器人的国产化创新设计比赛项目。

5. 华北五省大学生机器人大赛

华北五省(市、自治区)大学生机器人大赛由北京市教育委员会联合天津市教育委员会、河北省教育厅、山西省教育厅、内蒙古自治区教育厅共同主办。2013 年,北京市教委设立了华北五省(市、自治区)大学生机器人大赛,2014 年 11 月 15 日在北京信息科技大学开赛。共有九大类比赛项目,除了 RoboCup 机器人足球赛、水下机器人等传统项目,2014 年还首次把在大学生中盛行的 Dota (基于魔兽争霸 3 的多人对抗在线游戏) 引入机器人比赛项目中,将大学生从虚拟空间带到实验室进行机器人创新实践。

北京信息科技大学已连续7年承办华北五省机器人大赛。北京信息科技大学一直致力于以机器人等项目培养学生科技创新能力，学生可以用学科竞赛中的获奖换取学分，还可以凭奖申请奖学金。

A.2 “互联网+”大学生创新创业大赛

中国“互联网+”大学生创新创业大赛，以“互联网+成就梦想，创新创业开辟未来”为主题，由教育部主办。自2015年开始，每年举办一届。大赛旨在深化高等教育综合改革，激发大学生的创造力，培养造就“大众创业、万众创新”的生力军；推动赛事成果转化，促进“互联网+”新业态形成，服务经济提质增效升级；以创新引领创业、创业带动就业，推动高校毕业生更高质量创业就业。

一、比赛赛制

大赛采用校级初赛(4—5月)、省级复赛(6—8月)、全国总决赛(9月以后)三级赛制。设有金奖、银奖、铜奖。查询地址：全国大学生创业服务网(cy. ncss. cn)；微信公众号名称为：“全国大学生创业服务网”或“中国互联网+大学生创新创业大赛”

二、比赛类别

1. 高教主赛道，简称主赛道，分四个组别和五个类别。

四个组别：创意组、初创组、成长组、师生共创组；

五个类别：

(1)“互联网+”现代农业，包括农林牧渔等；

(2)“互联网+”制造业，包括先进制造、智能硬件、工业自动化、生物医药、节能环保、新材料、军工等；

(3)“互联网+”信息技术服务，包括人工智能技术、物联网技术、网络空间安全技术、大数据、云计算、工具软件、社交网络、媒体门户、企业服务、下一代通信技术等；

(4)“互联网+”文化创意服务，包括广播影视、设计服务文化艺术、旅游休闲、艺术品交易、广告会展、动漫娱乐、体育竞技等；

(5)“互联网+”社会服务，包括电子商务、消费生活、金融、财经法务、房产家居、高效物流、教育培训、医疗健康、交通、人力资源服务等。

2. 青年红色筑梦之旅赛道，简称红旅赛道，两个组别：公益组、商业组；

3. 职教赛道，职教赛道的类别与高教主赛道一致，但只分两个组别：创意组和创业组；

4. 国际赛道，三个组别：商业企业组、社会企业组、命题组。

5. 萌芽版块，普通高级中学在校学生可参加萌芽版块有关活动，鼓励学生以团队为单位参加，允许跨校组建团队。

A.3 TRIZ创新方法大赛

TRIZ创新方法大赛分为中国“TRIZ”杯大学生创新方法大赛和全国大学生创新方法应用大赛，见表A-2。

表 A-2 TRIZ 创新方法竞赛主要项目一览表

序号	名称	主办单位	竞赛时间	参赛作品分类
1	中国"TRIZ"杯大学生创新方法大赛	科学技术部、中国科学技术协会	自2010年起，每年举行一次	学生组：发明制作类、创新设计类、工艺改进类、生活创意类、创业类 教师组：推广及应用类
2	全国大学生创新方法应用大赛	教育部创新方法教学指导分委员会	自2016年起，每年举行一次	技术创新组、非技术创新组

一、中国"TRIZ"杯大学生创新方法大赛

中国"TRIZ"杯大学生创新方法大赛(原全国"TRIZ"杯大学生创新方法大赛)是由科学技术部、中国科学技术协会联合主办的一项运用TRIZ创新方法进行创新创业的全国竞赛活动，2010年开始举办的国赛。大赛旨在通过开展竞赛活动，激发大学生创新创业活力，提升大学生创新创业综合能力，营造大学生创新创业良好环境，吸引、鼓励大学生掌握创新方法，踊跃参加创新创业活动。

1. 大赛主题：创新创业 方法先行

2. 参赛作品分类

(1) 学生组：发明制作类、创新设计类、工艺改进类、生活创意类、创业类。

(2) 教师组：推广及应用类。

3. 参赛作品要求

(1) 发明制作类、工艺改进类、创新设计类和生活创意类作品要求。

参赛作品所提供的技术方案应构思巧妙，具有较强创新性、新颖性，原创性；参赛作品对促进本领域的技术进步与创新有突出的作用，有较高的学术价值；参赛作品应具备一定的实用性，能够在社会生产实践中应用，有望取得较好的经济、社会效益。

(2) 创业类作品要求。

参赛团队应结合团队自身经营的项目或产品情况，运用TRIZ理论工具进行技术革新或发明创造；参赛作品应具备良好的用户体验，具有较强的实用性；参赛作品应能够在社会生产实践中应用，并具备较好的经济和社会效益。

(3) 教师组推广及应用类项目要求。

参赛教师应在教学和科研工作中开展过创新方法的推广应用，并产生相关教学和科研成果(如论文、论著、专利、教改项目等)、教学PPT制作展示、案例应用于教学情况、创新方法教学改革项目的参与情况。参赛教师需指导过大学生应用创新方法开展创新创业活动。

4. 大赛流程

(1) 申报阶段。

各高校开始进行参赛准备工作，确定联络员人选，并将大赛联络员信息表盖章后邮寄到大赛组委会，同时将电子版发送至大赛指定邮箱。

(2) 初评阶段。

大赛评委对参赛项目进行函评盲审后，评选出晋级决赛的作品，并在大赛网站进行公布。

（3）网上展示阶段。

网上展示作品简介，进行成果转化推介。

（4）决赛阶段。

进入决赛的作品进行现场答辩，评选出优秀作品，现场颁奖，并在大赛网站公布。

二、全国大学生创新方法应用大赛

由全国大学生创新方法应用大赛由教育部创新方法教学指导分委员会主办，大赛旨在"以赛促学以赛促教以赛促创"，培养科转科创新人才，探索课程教学新模式，搭建校企合作新平台，特别强调参赛项目要来源于企业的实际技术和工程问题，应用创新方法予以解决。目前大赛已经举办三届，期间涌现出大量贴合实际生产需求的优秀获奖项目，体现了创新驱动发展战略。

1. 技术创新组：参赛项目是企业的实际技术和工程问题也包括基础性的研发项目成果，成果必须真正利用创新方法产生。

2. 非技术创新组：参赛项目是充分挖掘企业现有资源优势，通过商业模式创新、产品创新、管理创新（含业务流程再造工艺创新）等创新理念和方法，解决企业实际的转型升级问题，成果必须有可实施的运营方案。鼓励优势学科的社会服务及横向课题产品化、商业化。

A.4 TRIZ 创新工程师认证证书

国际 TRIZ 协会：俄文缩写为 MATRIZ（The International TRIZ Association），它是世界上最有影响力，最为权威的 TRIZ 机构，其性质为非营利机构，成立时的总部设在俄罗斯西北部城市 Petrozavodsk。

国际 TRIZ 协会认证是目前世界上最权威的 TRIZ 应用能力认证，由 MATRIZ 协会于 1998 年推出，认证级别由易到难共分五级。这五个级别包括两个类别：使用者（一级～三级）和 专家（四级～五级）。一级到三级认证主要评估申请者对于 TRIZ 理论知识的掌握和理解程度。四级和五级主要评估申请者在 TRIZ 领域的实际应用能力和贡献度。

TRIZ 认证考试，考试时间：一级 1 小时；认证考试形式：开卷，考试试题为中英文试题，中文回答；通过考试，可获得 MATRIZ 相应证书。

一级认证考试内容为 TRIZ 创新方法论：TRIZ 概述、创新思维、技术矛盾、物理矛盾、S 曲线、技术进化、系统分析、物场分析。

A.5 2020 全国普通高校大学生竞赛排行榜

2021 年 3 月 22 日，中国高等教育学会高校竞赛评估与管理体系研究工作组发布 2020 全国普通高校大学生竞赛排行榜，新增 13 项竞赛纳入 2020 普通高校大学生竞赛排行榜（榜单内已有竞赛的子赛纳入但不计算竞赛项目数）。纳入排行榜的全部竞赛项目共 57 项。见表 A-3。

表 A-3　2020 全国普通高校大学生竞赛排行榜一览表

序　号	奖项名称	备　注
1	“中国互联网＋”大学生创新创业大赛	
2	“挑战杯”全国大学生课外学术科技作品竞赛	
3	“挑战杯”中国大学生创业计划大赛	
4	ACM-ICPC 国际大学生程序设计竞赛	
5	全国大学生数学建模竞赛	
6	全国大学生电子设计竞赛	
7	全国大学生化学实验邀请赛	
8	全国高等医学院校大学生临床技能竞赛	
9	全国大学生机械创新设计大赛	
10	全国大学生结构设计竞赛	
11	全国大学生广告艺术大赛	
12	全国大学生智能汽车竞赛	
13	全国大学生交通科技大赛	
14	全国大学生电子商务“创新、创意及创业”挑战赛	
15	全国大学生节能减排社会实践与科技竞赛	
16	全国大学生工程训练综合能力竞赛	
17	全国大学生物流设计大赛	
18	“外研社”全国大学生英语系列赛——英语演讲、英语辩论、英语写作、英语阅读	
19	全国职业院校技能大赛	
20	全国大学生创新创业训练计划年会展示	
21	全国大学生机器人大赛——RoboMaster、RoboCon、RoboTac	
22	“西门子杯”中国智能制造挑战赛	
23	全国大学生化工设计竞赛	
24	全国大学生先进图技术与产品信息建模创新大赛	
25	中国大学生计算机设计大赛	
26	全国大学生市场调查与分析大赛	
27	中国大学生服务外包创新创业大赛	
28	两岸新锐设计竞赛“华灿奖”	
29	中国高校计算机大赛——大数据挑战赛、团体程序设计天梯赛、移动应用创新赛、网络技术挑战赛、人工智能创意赛	
30	世界技能大赛	
31	世界技能大赛中国选拔赛	
32	中国机器人大赛暨 RoboCup 机器人世界杯中国赛	
33	全国大学生信息安全竞赛	
34	全国周培源大学生力学竞赛	2020 年新增
35	中国大学生机械工程创新创意大赛——过程装备实践与创新赛、铸造工艺设计大赛、材料热处理创新创意赛、起重机创意赛、智能制造大赛	
36	蓝桥杯全国软件和信息技术专业人才大赛	
37	全国大学生金相技能大赛	
38	“中国软件杯”大学生软件设计大赛	

续表

序号	奖项名称	备注
39	全国大学生光电设计竞赛	
40	全国高校数字艺术设计大赛	
41	中美青年创客大赛	
42	全国大学生地质技能竞赛	
43	米兰设计周——中国高校设计学科师生优秀作品展	
44	全国大学生集成电路创新创业大赛	
45	中国机器人及人工智能大赛	2020 年新增
46	全国高校商业精英挑战赛——品牌策划竞赛、会展专业创新创业实践竞赛、国际贸易竞赛、创新创业竞赛	2020 年新增
47	中国好创意暨全国数字艺术设计大赛	2020 年新增
48	全国三维数字化创新设计大赛	2020 重新纳入
49	“学创杯”全国大学生创业综合模拟大赛	2020 年新增
50	“大唐杯”全国大学生移动通信 5G 技术大赛	2020 年新增
51	全国大学生物理实验竞赛	2020 年新增
52	全国高校 BIM 毕业设计创新大赛	2020 年新增
53	Robocom 机器人开发者大赛	2020 年新增
54	全国大学生生命科学竞赛(CULSC)——生命科学竞赛、生命创新创业大赛	2020 年新增
55	华为 ICT 大赛	2020 年新增
56	全国大学生嵌入式芯片与系统设计竞赛	2020 年新增
57	中国高校智能机器人创意大赛	2020 年新增

第四届全国高校创新方法应用大赛

项目申报书
（学生组）

项目名称：________________________

所在学校：________________________

项目负责人：________________________

联系电话：________________________

E-mail：________________________

指导教师：________________________

联系电话：________________________

E-mail：________________________

教育部创新方法教学指导分委员会

2019 年 10 月

一、项目基本情况

<table>
<tr><td>项目名称</td><td colspan="6"></td></tr>
<tr><td>团队名称</td><td colspan="6"></td></tr>
<tr><td>所在学校</td><td colspan="6"></td></tr>
<tr><td>通信地址</td><td colspan="6"></td></tr>
<tr><td rowspan="2">指导教师</td><td>姓名</td><td></td><td>职称</td><td></td><td>联系电话</td><td></td></tr>
<tr><td>性别</td><td></td><td>专业</td><td></td><td>E-mail</td><td></td></tr>
<tr><td rowspan="4">学生团队成员</td><td>姓名</td><td>性别</td><td>专业</td><td>年级</td><td>联系电话</td><td>E-mail</td></tr>
<tr><td></td><td></td><td></td><td></td><td></td><td></td></tr>
<tr><td></td><td></td><td></td><td></td><td></td><td></td></tr>
<tr><td></td><td></td><td></td><td></td><td></td><td></td></tr>
<tr><td>项目综述</td><td colspan="6">主要从学生的角度，在完成创新创业训练计划项目过程中如何学习、运用创新方法。表中可以插入图表，但要做说明；尽可能地运用多种创新方法工具解决问题；解决方案应为多种，确定最终方案应为一种最优方案。表格均可扩展。</td></tr>
</table>

二、创新方法应用情况(技术创新类)

1. 项目概述	(主要包括:项目来源、问题或需求描述、技术参数或产品概述等)
2. 问题或需求初步分析	(主要包括:技术创新类:系统的工作原理、存在主要问题、限制条件、目前解决方案、已有专利、类似产品的解决方案、仍存在问题和不足等;以产品或服务为基础的需求满足类:用户群体、痛点分析、竞品分析、价值主张等)
3. 系统分析或需求洞察	(主要包括:采用何种创新方法、创新工具,运用创新方法对系统问题进行分析、运用创新方法或工具进行需求洞察)
4. 解决的问题	(主要包括:运用创新方法解决问题或满足需求,形成不同的解决方案)
5. 技术、产品或服务方案及评价	(主要包括:通过以上分析形成不同技术方案、产品方案、服务方案或商业模式,并对其进行评价)
6. 确定最终方案及结论	(主要包括:项目的社会价值及成效)

三、创新方法应用情况(非技术创新类)

1. 商业价值	(主要包括：项目应用场景、创新的问题、原因分析、服务及产品描述、市场空间等)
2. 研究基础	(主要包括：项目资源优势、如学科建设、已形成的专利、已形成的合作基础等)
3. 项目实施方案	(主要包括：项目的竞争分析、实施方案(成本降低)、路径及解题思路)
4. 项目团队	(主要包括：团队人员创新创业课程的学习内容及相关社会实践)
5. 项目成效	(主要包括：合作协议、在审专利、社会奖励、潜在的发展和带动就业能力)

附录B 历届世博会标志性创新成果简介

CHAPTER B

一、世博会概述

世界博览会(世博会)是由一个国家政府主办,多个国家和国际组织参加的超大型国际性博览盛会,是全球最高级别的综合性展览活动,历来享有"经济、科技、文化领域的奥林匹克盛会"的美誉。自1851年在英国伦敦举办第一届世博会以来,世博会已经走过了150多年,它记载人类文明走向繁荣和进步的足迹,引领人类社会未来经济、科技和文化发展的潮流,对人类文明进步与社会发展做出了巨大贡献。

世博会举办时间不定,有时甚至时长数十年举办一次。至今,世博会已经先后举办过40多届。从历届世博会的展示成果看,创新从来都是最永恒的主题,从蒸汽机到飞机、从电报、电话到集成电路与计算机,都曾是世博会上的热宠,又都是科技创新的杰作。第一条现代意义的地铁、超大规模的电子门票系统,也都始于世博会,是科技创新的典范。现实生活中人们使用的很多物品都与世博会有着不解之缘,有很多已经成为了我们生活中不可缺少的必需品。

历届世博会的标志性创新成果见表B-1。

表B-1 历届世博会的标志性创新成果一览表

时　间	世博会名称	标志性创新成果
1851年	伦敦首届"万国博览会"	蒸汽机、起重机、纺纱机
1853年	纽约世博会	缝纫机、电梯
1855年	巴黎世博会	混凝土、铝制品、橡胶、穿越大西洋的多芯金属缆线、三色印刷机
1862年	伦敦世博会	世界上第一台洗衣机、人造染料
1867年	巴黎世博会	电灯塔、海底电缆、水力升降机、滚珠轴承
1873年	维也纳博览会	电动机、蒸汽脱粒机、煤气灯
1876年	费城世博会	贝尔发明的电话
1878年	巴黎世博会	爱迪生发明的用钨丝制作的白炽电灯和留声机
1889年	巴黎世博会	第一辆奔驰制造的汽油发动的汽车
1893年	芝加哥世博会	柯达胶卷、天文望远镜
1900年	巴黎世博会	地铁、大型发电机和无线电收发报机
1904年	圣路易斯世博会	飞机、无线电

续表

时　间	世博会名称	标志性创新成果
1915 年	旧金山世博会	中国茅台酒获金奖
1933 年	芝加哥世博会	冷冻箱、吊篮气球
1939 年	纽约世博会	电视机、新材料尼龙袜、机器人
1958 年	布鲁塞尔世博会	人造地球卫星的模型
1962 年	西雅图世博会	航天器
1970 年	大阪世博会	可视电话
1975 年	冲绳世博会	开发海洋资源的先进技术
2000 年	汉诺威世博会	综合业务数字网 ISDN、720°的环形全景式电影
2005 年	爱知世博会	超级无缝屏幕
2010 年	上海世博会	低碳、节能技术
2012 年	韩国丽水世博会	认识海洋的价值，实现和谐共存的未来
2015 年	意大利米兰世博会	滋养地球，为生命加油
2017 年	哈萨克斯坦阿斯塔纳世博会	未来的能源
2020 年	迪拜世博会	沟通思想，创造未来

二、历届世博会的标志性创新成果简介

1. 1851 年，英国伦敦首届“万国博览会”

主题：蒸汽机、冶金机械、大机器生产等代表了第一次工业革命的成就。

1851 年 5 月 1 日至 10 月 15 日，第一届“世界工业产品博览会”在英国伦敦举办。英国在海德公园专门为世博会建造了“水晶宫”。“水晶宫”是最早使用玻璃和钢铁建造的超大型建筑。25 个国家和 20 个英国殖民地的 1.4 万个参展者展示了他们在第一次工业革命中的技术创新成就。展出品种达六大类 30 种，包括重达 630 吨的 700 马力的 4 缸船用蒸汽机、蒸汽火车头（如图 B-1 所示）、水压机、纺织机、高速气轮船、起重机、天文望远镜、能够每小时制成 2700 个信封的机器、美国人发明的联合收割机、电报机以及先进的炼钢法、隧道、桥梁等大型模型。

图 B-1　1851 年，伦敦世博会展出的蒸汽机

2. 1853 年，美国纽约世博会

主题：联合收割机、奥的斯安全电梯、摩尔斯电报机、洗衣缸和皮革的化学鞣制法。

1853 年，美国纽约世博会上最出风头的是美国人利沙·奥的斯发明的自动楼梯。奥的斯用“戏剧化”的方式展示了他发明的自动楼梯。他站在载有木箱、大桶和其他货物的升降机平台上，当平台升至大家都能看到的高度后，他命令砍断绳缆。观众有的屏住了呼吸，有的蒙上了眼睛，有的默默为他祈祷。这时奥的斯设计的安全制动装置启动了，平台安全地停在原地，纹丝不动。然后，奥的斯启动自动装置，楼梯可以不停地自动上下。此时，全场观众给予了他最热烈的掌声。从此，电梯促使摩天大楼拔地而起，加速现代城市发展。这种自动楼梯还不能称为电梯，因为它是由蒸汽机提供动力的。如图 B-2 所示。

图 B-2 1853 年纽约世博会上安全电梯展示

3. 1855 年，法国巴黎“世界工农业与艺术博览会”

主题：混凝土、铝制品和橡胶。

1855 年 5 月 15 日至 11 月 15 日法国在巴黎塞纳河畔举办了世博会。工业宫位于香榭丽舍大街和塞纳河之间，它是伦敦水晶宫的仿制品。各国的展品被分成 27 类，包括矿业、金属、林业、纺织、食品、科学仪器、化学品、医药、玻璃和陶器、乐器等，每一类展品设有 3 个等级的奖项。在工业宫内，展出了当时新发明的混凝土、铝制品和橡胶等材料。这些材料对以后世界的影响极其深远，混凝土的发明使高楼大厦成为了可能。

4. 1862 年，英国伦敦“国际工业与艺术博览会”

主题：世界第一台洗衣机、人造染料。

1862 年，在伦敦世博会上，展出了世界第一台洗衣机（如图 B-3 所示），虽然当时还只是手动的，但已经让每个参观的人激动不已。另外，还展出了德国人发明的用于色染布匹的人造染料，能使纤维和其他材料着色的有机物质，人造染料的展出让人们看到了今后五彩缤纷的世界。

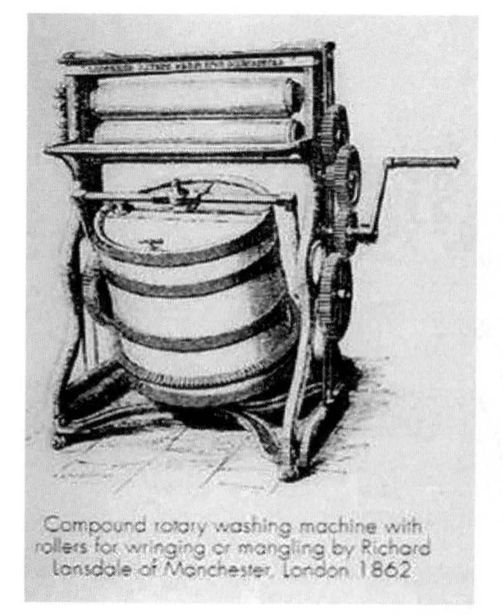

图 B-3 1862 年，伦敦世博会展出的第一台洗衣机

1862 年，在伦敦世博会上，展出了数学家巴贝奇的机器计算工具——解析机，也有人称为“世界上第一台计算机”，如图 B-4 所示。解析机采用的一些计算思想沿用至今，它包括的存储和碾磨，就非常类似于今天电脑中采用的内存和处理器。巴贝奇将解析机制造成了由黄铜配件组成，用蒸汽驱动的机器。解析机的出现在当时并没有带来石破天惊的震撼，也没有被广泛接受。解析机犹如一个新生的婴儿，人们还不能预测其将来是否将成为伟人。今天，巴贝奇和他的解析机被认为是电脑领域超越时代的奇迹。

图 B-4 1862 年,伦敦世博会展出的机械数码计算机

5. 1867 年,法国巴黎世界博览会

主题:电灯塔、海底电缆、水力升降机和滚珠轴承。

1867 年,法国巴黎世博会展出了电灯塔、海底电缆、水力升降机、滚珠轴承等工业新产品。钢筋混凝土最早被世人所知也是在巴黎世界博览会上。这种新材料的发明者是法国一位普通花匠,他叫约瑟夫·莫尼埃。他想让花盆变得坚固一些,就试验了很多方法。他先用细钢筋编成花盆的形状,然后在钢筋里外两面都涂抹上水泥砂浆。干燥后,花盆十分坚固。在一些知名建筑学家的推荐下,钢筋混凝土迅速成为现代建筑的重要材料。

6. 1873 年,奥匈帝国维也纳世博会

主题:电动马达、蒸汽脱粒机、煤气灯。

1873 年,在维也纳世博会上,一个错误所引起的发明拉开了电气时代的序幕。那是比利时的齐纳布·格拉姆送展的环状电枢自激直流发电机。在布展中,他偶然接错了线,即把别的发电机发的电,接在自己发电机的电流输出端。这时,他惊奇地发现,第一台发电机发出的电流进入第二台发电机电枢线圈里,使得这台发电机迅速转动起来,发电机变成了电动机。在场的工程师、发明家们欣喜若狂,多年来追寻的廉价电能发现却是如此简单,但又令人难以置信,它意味着人类使用伏打电池的瓶颈终于突破。这批工程师们在欣喜之余,立即设计了一个新的表演区,即用一个小型的人工瀑布来驱动水力发电机,发电机的电流带动一个新近发明的电动机运转,电动机又带动水泵来喷射水柱泉水。这一事件,直接促进了实用电动机的问世,更预示着一个崭新的电气化时代取代蒸汽机时代拉开了序幕。如图 B-5 所示。

本届世博会上还展出了经过改良的、具有更强照明与动力功能的煤气灯,使之进一步为大众所接受。同时期的上海,煤气灯也出现在南京路等租界区繁华路段,成为夜上海一道独特的风景线。

7. 1876 年,美国费城世博会

主题:贝尔发明的电话。

1876 年,美国费城世博会上最引人瞩目的是由美国工程师考立斯设计的巨大蒸汽机,

图 B-5　1873 年维也纳世博会展出的电动机

它高 13m、重 56t、有 1400hp，通过总长有 23km 的电缆向所有的机械设备提供动力。展出了锅炉、蒸汽带动的发电机、印刷机、锻造机、起重机、蒸汽灭火机等第一次工业革命的成果。还展出了第二次工业革命的众多成就，例如，内燃机、大卡车、机械冷却机、农用移动式发电机、直流发电机、缝纫机、打字机、切角机、带锯等，其中，最大的奇迹是贝尔发明的电话，如图 B-6 所示。

8. 1878 年，法国巴黎世博会

主题：爱迪生发明的白炽灯和留声机。

1878 年，法国巴黎世博会上，蒸汽机和装饰艺术仍然占主导地位，展出了世界上第一台制冰机，爱迪生因为他发明的留声机和白炽灯受到欧洲民众，特别是法国民众的崇拜。如图 B-7 所示。

图 B-6　1876 年，贝尔发明的电话

图 B-7　1878 年，巴黎世博会上展出爱迪生发明的白炽灯

9. 1889 年，法国巴黎世界博览会

主题：第一辆奔驰制造的汽油发动机的汽车、埃菲尔铁塔和梅塞德斯四轮汽车。

1889 年，巴黎世博会上，本茨和戴姆勒展出的汽车与发动机引起了法国工程师潘哈德与勒瓦索的极大兴趣，他们从戴姆勒那里购买了发动机，回国后创立了法国第一个汽车制造厂，他们生产的汽车结构已经是发动机前置，后轮驱动的布置方式，奠定了汽车传动装置布置方式的基础，并装有动力经离合器、变速器、差速器和后桥半轴，从此，汽车形成自己的独特形式，而不再是装有发动机的马车了。汽车的发明到潘哈德与勒瓦索才算真正完成。如图 B-8 所示。

图 B-8 1889 年，巴黎世博会上奔驰制造的第一辆汽车

10. 1893 年，美国芝加哥世博会

主题：柯达胶卷、天文望远镜、摄影机、世界首台轧棉机和费略斯大转轮。

1893 年，在芝加哥世博会上，身穿黄色广告服的柯达小姐与柯达胶卷，成为世博会最亮丽的一道风景线。由老板乔治·伊士曼设计的广告语也由此传遍世界："你只要按下快门，剩下的由我们来做。"在此之前，人们想拍张照片，要装一马车的摄影器材。如图 B-9 所示。

图 B-9 1893 年，芝加哥世博会展出的柯达照相机

本届世博会最吸引人还有爱迪生新发明的摄影机、世界第一台轧棉机和费略斯大转轮。具有与埃菲尔铁塔同样雄伟壮观的费略斯大转轮，一次能把 36 个座箱中的 1440 名观众送上 264 英尺的高空俯瞰世博园全景，转轮轴重 46 吨，是美国锻造的最大最重的钢轴。如图 B-10 所示。

11. 1900 年，法国巴黎世博会

主题：地铁，大型发电机，无线电收发报机。

1900 年，巴黎举办"世纪回眸"世博会，介绍地铁、展示 19 世纪的科技成就，并展出了大型发电机和无线电收发报机；地铁发明者比耶维涅那时梦想着将来人们不出 400m 的距离

图 B-10 1893 年，芝加哥世博会上的费略斯大转轮

就能在巴黎市中心区找到一个地铁站。一百多年过去了，地铁成为世界各大城市最常见的交通工具。另外，法国吕米埃兄弟制作的电影在全世界面前展示，成为了最受瞩目的焦点之一。

12. 1904 年，美国圣路易斯世博会

主题：飞机、无线电。

本届世博会的最神奇展品是飞机。1903 年 12 月 17 日，美国莱特兄弟实现了人类历史上第一次驾机进行动力飞行。1904 年，在圣路易斯世博会上即向世人展出了这项伟大发明"飞机"，1904 年世博会的展示宣告人类进入了航空时代。如图 B-11 所示。

图 B-11 1904 年，圣路易斯世博会上展出的飞机

13. 1915 年，美国旧金山巴拿马太平洋世博会

1915 年，旧金山为庆祝巴拿马运河的建成举办了巴拿马太平洋世博会，展示了第一条铺设在大西洋海底的洲际电话线以及每小时能印刷 72 万份报纸的彩色印刷机，还展出了世界上最大的打字机。本届世博会中首次使用了间接照明，并且在探照灯上更换颜色滤片来变换颜色。中国的茶叶和酒参展，茅台酒获得金奖。

14. 1933 年，美国芝加哥世博会

主题：冷冻箱，吊篮气球。

1933 年，芝加哥世博会，最为瞩目的展品是航空研究的成就——奥古斯特·皮卡德教授的吊篮气球，如图 B-12 所示。它曾升到 48 万英尺的高空。通用汽车、克莱斯勒首创企业馆，展示了在全球汽车行业领先的汽车与发动机，成为这届世博会最大的亮点。正是因为人们对汽车生活的极大兴趣，1935年的布鲁塞尔世博会催生了全球的第一个汽车博物馆。

15. 1939年，美国纽约世博会

主题：尼龙、录音机、塑料、磁带、电视机和机器人。

1939年，第二次世界大战前的最后一次博览会在纽约举办，这是人类的第20届世界博览会。这次博览会规模超过历届，展示了机器人、尼龙、录音机、塑料、磁带、电视机等。如图B-13所示。

图B-12　1933年，芝加哥世博会展出的吊篮气球

图B-13　1939年，纽约世博会展出机器人

16. 1958年比利时布鲁塞尔世博会

主题：原子塔、人造地球卫星模型。

1958年，比利时布鲁塞尔世博会的标志性建筑是原子塔，设计者安德·沃特凯恩发挥充分的想象力，提出了以原子为主题的设计思想，并设计出放大了1600亿倍的铁分子原子构架的原子塔，总高334ft，总重量为2200t，由9个直径59ft的铝质大圆球组成，每个圆球代表一个原子，正巧当时欧共体成员国有9个，比利时也共有9个省。因此，原子塔的9个球体成为比利时国内团结和西欧联合的象征，如图B-14所示。圆球内举办科学展览，球与球之间用自动扶梯连接。原子模型塔底部接待大厅首先展示的就是比利时的核能工厂。原子塔的设计表现了人类对金属和钢铁工业的尊崇和对原子能和平利用的期望。

图B-14　1958年，比利时布鲁塞尔世博会的标志性建筑原子塔

苏联展馆内还展出了第一颗人造卫星模型(如图 B-15 所示)、世界上第一座核电站的模型和一艘核动力破冰船的模型。

17. 1962 年,美国西雅图世博会

主题:太空针、单轨电车、国际喷泉和航天器。

1962 年,美国西雅图举办了一次规模不大的专业性的博览会"太空时代的人类"。首次展出了航天器,表明人类已经能够借助高科技的威力进入宇宙。这届世博会的标志性建筑是太空针,造型就像是一个飞碟立在细细长长的金属上面,如图 B-16 所示。

图 B-15 1958 年,布鲁塞尔世博会展示人造地球卫星的模型

图 B-16 1962 年,美国西雅图世博会"太空针"

18. 1970 年,日本大阪世博会

主题:可视电话,太阳塔与月亮石。

1970 年,日本大阪举办世博会,是亚洲第一个举办世博会的城市。日本在各方面的发展和成就,得益于这次博览会,日本在以后 10 年的经济发展中,一直保持强劲的势头。日本大阪的世界博览会的主题是"人类的进步与和谐"。这个主题在更为广阔的太空背景中得以表现,提示了我们所处的这个世纪的另一个突破。在大阪世博会上,最受关注的作品莫过于日本现代艺术大师冈本太郎设计的太阳塔和美国馆中由阿波罗登月带回的月亮石。

这届世博会展出了便携式传呼机、无线电话、可视电话(如图 B-17 所示)、电动汽车、磁悬浮列车、自动楼梯、360 度球体影视、移动式穹顶体育馆、区域性网络、原子精确钟表以及罐头饮料、快速食品、低价位家庭式饭馆、便利商店等尖端技术、用品和服务,此后迅速商业化和普及化,风靡日本。

19. 1975 年,日本冲绳世博会

1975 年,日本冲绳举办国际海洋博览会。人们对博览会所建造的"海上都市""海洋牧场"表现出浓厚的兴趣。博览会展示了各种开发海洋资源的先进技术与产品。

20. 2000 年,德国汉诺威世博会

主题:综合业务数字网 ISDN 网络,720°唤醒全景式电影。

2000 年,汉诺威世博会,汉诺威市进行了综合业务数字 ISDN 网络建设,使其成为信息

图 B-17　1970 年，日本大阪世博会的可视电话

流和快速交通流的交汇点。另外德国馆第二展厅“未来之桥”是大型多媒体展示区，720°的环形全景式电影厅共架设了三层步行桥。展会期间共有 540 万观众进行了影视观摩。

21. 2005 年，日本爱知世博会

主题：超级无缝屏幕。

2005 年，日本爱知世博会的高 10m、宽 50m、2005in 超级无缝大屏幕动感逼人，通过最尖端的 IT 技术展现美丽地球的身姿。而机器人乐队奏响了人类智慧的最美的乐章。

22. 2010 年，中国上海世博会

主题：新能源汽车、太阳能屋面、半导体照明技术。

2010 年，上海世博会在“低碳、和谐、可持续发展城市”这三大主题下，低碳理念已经渗透到上海世博会的每一个细节。在世博园里，太阳能、节能 LED 光源、电动汽车以及先进的固体废弃物处理技术，都得到了广泛的应用。例如，在上海世博会最佳实践区马德里案例馆外的空地上，一个被称为“空气树”的直径为 12 米的十边形钢结构建筑。它看上去一点不像树，表面蒙着黑色的幕布，可根据光照变化调整开启角度以遮阳，头顶上还有几架转来转去的橙色小风车。在它的里面，悬挂着一个巨大的风扇，则用于“生产”电能，如图 B-18 所示。

图 B-18　游客在“空气树”下乘凉

23. 2012 年，韩国丽水世博会

理念：认识海洋的价值，实现和谐共存的未来。

2012 年，韩国丽水世博会在“生机勃勃的海洋及海岸：资源多样性与可持续发展”这一主题下，世界各国欢聚一堂讨论在全球气候变暖和海平面上升情况下解决持续发展问题的方案。

主题馆是世界首个建于海上的展馆，站在海边看，它就如位于沿岸的岛屿，站在陆地上看，它又如一条浮出水面的抹香鲸，如图 B-19 所示。

图 B-19 世界首个建于海上的展馆

24. 2015 年，意大利米兰世博会

主题：滋养地球，为生命加油。

2015 年，意大利米兰世博会是世博会史上首次以食物为主题，展出来自不同国家的美食，并谋求 2050 年为全球多达 90 亿人口解决食物需要。

米兰世博会水果娃吉祥物名字为："福蒂(Foody)"，如图 B-20 所示，由迪士尼意大利公司设计，以文艺复兴艺术大师阿尔钦博托 Arcimboldo 的画作为灵感，由各种各样的水果和蔬菜组合而成。这个名字中不仅包含世博会的价值观，而且充分尊重这些价值观特性：它充分表达了社区的意义和多样性，并把这样的多样性传递给世界各地的参观者，时时记得多样化的食品是生命和能量之源。

25. 2017 年，哈萨克斯坦阿斯塔纳世博会

主题：未来的能源。

2017 年，哈萨克斯坦阿斯塔纳世博会是首次由中亚国家举办的世博会，主题为"未来的能源"。本届世博会设置了三个副主题，分别为"减少二氧化碳排放量""日常能源的效率"和"能源，为了全人类"。

各场馆合起来是一个水滴的形状，体现"清洁可循环"的主题，场馆中心的玻璃球形建筑为哈萨克斯坦馆，四周则是供 100 多个参展国布展的国际馆及主题馆，企业馆等。中心的哈萨克斯坦馆十分醒目，这是当今世界最大的玻璃球形建筑，如图 B-21 所示。

图 B-20 米兰世博会水果娃吉祥物 Foody

26. 2020 年，迪拜世博会

主题：沟通思想，创造未来。

2020 年，迪拜世博会是首次在中东地区举办的世博会。由于新冠肺炎疫情在全球范围内的蔓延和传播，4 月 21 日，国际展览局(BIE)执行委员会宣布同意将 2020 年迪拜世博会推迟一年举行，并保留"2020 年迪拜世博会"的正式名称。

图 B-21　阿斯塔纳世博会场馆

“大海星”状的园区规划，中心是 Al Wasl 广场。“Al Wasl”一词在阿拉伯语中是“连通性”的意思，“沟通思想，创造未来”也正是迪拜世博会的主题，如图 B-22 所示。

图 B-22　园区规划效果图

附录 C

CHAPTER C

1901—2021 年历届诺贝尔奖获奖情况汇总

C.1 诺贝尔奖的来历

诺贝尔奖是以瑞典著名化学家、工业家、硝化甘油炸药发明人阿尔弗雷德·贝恩哈德·诺贝尔(1833—1896 年)的部分遗产作为基金创立的。诺贝尔奖包括金质奖章、证书和奖金。

诺贝尔生于瑞典的斯德哥尔摩。他一生致力于炸药的研究,在硝化甘油的研究方面取得了重大成就。他不仅从事理论研究,而且进行工业实践。他一生共获得技术发明专利 355 项,并在欧美等五大洲 20 个国家开设了约 100 家公司和工厂,积累了巨额财富。

1896 年 12 月 10 日,诺贝尔在意大利逝世。逝世的前一年,他留下了遗嘱。在遗嘱中他提出,将部分遗产(3100 万瑞典克朗,当时合 920 万美元)作为基金,基金放于低风险的投资,以其每年的利润和利息分设物理、化学、生理或医学、文学、和平五个奖项授予世界各国在这些领域对人类做出重大贡献的人或组织。诺贝尔奖于 1901 年第一次颁奖,每年的 12 月 10 日颁发,瑞典银行在 1968 年增设经济学奖。

诺贝尔奖的奖金数额视基金会的收入而定,奖金的面值,最初约为 3 万多美元,20 世纪 60 年代为 7.5 万美元,80 年代达 22 万多美元,逐年有所提高。金质奖章约重半磅,内含黄金 23K,奖章直径约为 6.5 厘米,正面是诺贝尔的浮雕像,不同奖项、奖章的背面饰物不同。每份获奖证书的设计也各具风采。颁奖仪式隆重而简朴,每年出席的人数在 1500 人至 1800 人之间,其中男士要穿燕尾服或民族服装,女士要穿严肃的晚礼服,仪式中的所用白花和黄花必须从圣莫雷空运来,这意味着对知识的尊重。

1901—2021 年世界主要国家获诺贝尔奖的情况见表 C-1。

表 C-1　1901—2021 年度世界主要国家获诺贝尔奖情况一览表

序号	国家名称	物理学	化学	生理学或医学	文学	和平	经济学	合计
1	美国	97	69	101	12	20	57	356
2	英国	24	25	30	7	13	5	104
3	德国	24	28	16	10	5	1	84
4	法国	13	8	11	16	8	2	58
5	瑞典	6	4	9	8	5	2	34

续表

序号	国家名称	物理学	化学	生理学或医学	文学	和平	经济学	合计
6	俄罗斯	12	1	2	5	3	1	24
7	瑞士	3	6	6	2	3		20
8	日本	7	7	4	3	1		22
9	荷兰	8	3	2		1	1	15
10	意大利	4	1	3	6	1		15
11	丹麦	3	1	5	3	1		13
12	奥地利	3	2	4	1	2		12
13	加拿大	4	3	3	1	2	1	14
14	挪威		1		3	4	3	11
15	比利时	1	1	3	1	3		9
16	南非			1	2	4		7
17	澳大利亚			5	1			6
18	以色列		4			2		6
19	西班牙			1	5			6
20	爱尔兰	1		1	3	1		6
21	波兰				5	1		6
22	阿根廷		1	1		2		4
23	印度	1			1		1	3
24	匈牙利		1	1	1			3
25	芬兰		1		1	1		3
26	中国			1	1			2
27	捷克		1		1			2
28	葡萄牙			1	1			2
29	智利				2			2
30	巴基斯坦	1						1
31	冰岛				1			1

C.2　历届诺贝尔奖获奖情况简介

1. 1901 年，第一届诺贝尔奖颁发

德国科学家伦琴发现 X 射线，获诺贝尔物理学奖。

荷兰科学家范托霍夫创立化学动力学和渗透压定律，获诺贝尔化学奖。

德国科学家贝林发明血清疗法防治白喉、破伤风，获诺贝尔生理学或医学奖。

法国作家苏利・普吕多姆因创作诗歌《命运》，散文《幸福》《眼睛》；著作《论艺术》《诗句的断想》等，获诺贝尔文学奖。

瑞士人桂南创立国际红十字会，法国人帕西创立国际和平联盟和各国议会联盟而共同获诺贝尔和平奖。

2. 1902 年，第二届诺贝尔奖颁发

荷兰科学家洛伦兹创立电子理论，荷兰科学家塞曼发现磁力对光的塞曼效应而共同获得诺贝尔物理学奖。

德国科学家费雪合成嘌呤及其衍生物多肽，获诺贝尔化学奖。

英国科学家罗斯发现疟原虫通过疟蚊传入人体的途径，获诺贝尔生理学或医学奖。

瑞士人戈巴特因创建国际和平局，桂科蒙宣传和平、反对战争而共同获得诺贝尔和平奖。

德国历史学家塞道尔·蒙森获诺贝尔文学奖。

3. 1903 年，第三届诺贝尔奖颁发

法国科学家贝克勒尔发现天然放射性现象，居里夫妇发现放射性元素镭而共同获得诺贝尔物理学奖。

瑞典科学家阿伦纽斯创立电解质溶液电离解理论，获诺贝尔化学奖。

丹麦科学家芬森发明光辐射疗法治疗皮肤病，获诺贝尔生理学或医学奖。

挪威作家比昂松创作《罗马史》、《罗马国家法》等，获诺贝尔文学奖。

英国人克里默仲裁国际争端，推动国际和平运动，领导国际工人协会，获诺贝尔和平奖。

4. 1904 年，第四届诺贝尔奖颁发

英国科学家瑞利发现氩，获得诺贝尔物理学奖。

英国科学家拉姆赛发现六种惰性所体，并确定它们在元素周期表中的位置，获诺贝尔化学奖。

俄国科学家巴甫洛夫对消化生理学研究的贡献巨大，获诺贝尔生理学或医学奖。

西班牙作家埃切加莱·埃萨吉雷创作剧作《在剑柄上》《最后的夜晚》《怀疑》，法国作家米斯特拉尔创作诗歌《米海耶》《仁那皇后》而共同获得诺贝尔文学奖。

1873 年成立的国际法协会促进国际和平与合作，获诺贝尔和平奖。

5. 1905 年，第五届诺贝尔奖颁发

德国科学家勒纳研究阴极射线，获诺贝尔物理学奖。

德国科学家拜耳研究有机染料及芳香剂等有机化合物，获诺贝尔化学奖。

德国科学家科赫发展细菌学，获诺贝尔生理学或医学奖。

波兰作家显克微支创作了小说《三部曲》《你往何处去》等，获诺贝尔文学奖。

奥地利女强人苏纳特积极促进世界和平，获诺贝尔和平奖。

6. 1906 年，第六届诺贝尔奖颁发

英国科学家汤姆逊研究气体的电导率，获诺贝尔物理学奖。

法国科学家穆瓦桑分离元素氟，发明穆瓦桑熔炉，获诺贝尔化学奖。

意大利科学家戈尔吉和西班牙科学家拉蒙·卡哈尔研究神经系统的结构而共同获得诺贝尔生理学或医学奖。

意大利作家卡杜齐诗歌《撒旦颂》，著作《早期意大利文学研究》，获诺贝尔文学奖。

美国总统罗斯福成功调解日俄冲突，获诺贝尔和平奖。

7. 1907 年，第七届诺贝尔奖颁发

美国科学家迈克尔逊测量光速，获诺贝尔物理学奖。

德国科学家毕希纳发现无细胞发酵，获诺贝尔化学奖。

法国科学家发现疟原虫在致病中的作用，获诺贝尔生理学或医学奖。

英国作家鲁德耶德·吉卜林创作诗歌《营房歌曲》，小说《吉姆》，获诺贝尔文学奖。

意大利人莫内塔坚持不懈地宣传和平思想，法国人雷诺为解决国际争端树立了典范而共同获得诺贝尔和平奖。

8. 1908 年，第八届诺贝尔奖颁发

法国科学家李普曼发明彩色照片的复制，获诺贝尔物理学奖。

英国科学家卢瑟福研究元素的蜕变和放射化学，获诺贝尔化学奖。

德国科学家埃尔利希发明“606”，俄国科学家梅奇尼科夫研究免疫性而共同获得诺贝尔生理学或医学奖。

德国作家欧肯创作《伟大思想家的人生观》，获诺贝尔文学奖。

瑞典人阿诺德森为和平解散挪威-瑞典联盟尽力奔波，丹麦人巴耶积极从事国际和平运动而共同获得诺贝尔和平奖。

9. 1909 年，第九届诺贝尔奖颁发

意大利科学家马可尼、德国科学家布劳恩发明无线电报技术而共同获得诺贝尔物理学奖。

德国科学家奥斯特瓦尔德在催化、化学平衡和反应速度方面的开创性工作，获诺贝尔化学奖。

瑞士科学家柯赫尔对甲状腺生理、病理及外科手术的研究，获诺贝尔生理学或医学奖。

瑞典作家拉格洛夫创作小说《古斯泰·贝林的故事》，获诺贝尔文学奖。

比利时人贝尔纳特调解国际争端、争取限制军备，法国人德康斯坦促进法美和解而共同获得诺贝尔和平奖。

10. 1910 年，第十届诺贝尔奖颁发

荷兰科学家范德瓦尔斯研究气体和液体状态工程，获诺贝尔物理学奖。

德国科学家瓦拉赫在脂环族化合作用方面的开创性工作，获诺贝尔化学奖。

俄国科学家科塞尔研究细胞化学蛋白质及核质，获诺贝尔生理学或医学奖。

德国作家海泽创作小说《傲子女》《天地之爱》，获诺贝尔文学奖。

1891 年成立的国际和平局维护世界和平、促进国际合作，获诺贝尔和平奖。

11. 1911 年，第十一届诺贝尔奖颁发

德国科学家维恩发现热辐射定律，获诺贝尔物理学奖。

法国科学家玛丽·居里发现镭和钋，并分离出镭，获诺贝尔化学奖。

瑞典科学家古尔斯特兰研究眼的屈光学，获诺贝尔生理学或医学奖。

比利时作家梅特林克创作剧本《青鸟》《莫娜娃娜》，获诺贝尔文学奖。

荷兰人托比亚斯·阿赛尔，国际法庭创建人；奥地利人弗里德因创建宣传和平的刊物，并创建国际新闻协会，获诺贝尔和平奖。

12. 1912 年，第十二届诺贝尔奖颁发

荷兰科学家达伦发明航标灯自动调节器，获诺贝尔物理学奖。

法国科学家格利雅发现有机氢化物的格利雅试剂法，法国科学家萨巴蒂埃研究金属催化加氢在有机化合成中的应用，共同获得诺贝尔化学奖。

法国医生卡雷尔对血管缝合和器官移植的贡献，获诺贝尔生理学或医学奖。

德国作家霍普特曼创作剧本《织工们》，获诺贝尔文学奖。

美国人鲁特促使 24 项双边仲裁协定的签订，获诺贝尔和平奖。

13. 1913年,第十三届诺贝尔奖颁发

荷兰科学家卡曼林欧尼斯研究物质在低温下的性质,并制出液态氦,获诺贝尔物理学奖。

瑞士科学家韦尔纳发现了分子中原子键合方面的作用,获诺贝尔化学奖。

法国科学家里歇特对过敏性的研究,获诺贝尔生理学或医学奖。

印度诗人泰戈尔创作诗歌《新月集》《吉檀迦利》,获诺贝尔文学奖。

比利时外交官拉方丹促使日内瓦和平会议通过阻止空战决议,获诺贝尔和平奖。

14. 1914年,第十四届诺贝尔奖颁发

德国科学家劳厄发现晶体的X射线衍射,获诺贝尔物理学奖。

美国科学家理查兹精确测定若干种元素的原子量,获诺贝尔化学奖。

奥地利科学家巴拉尼前庭器官方面的研究,获诺贝尔生理学或医学奖。

15. 1915年,第十五届诺贝尔奖颁发

英国科学家威廉·亨利·布拉格和威康·劳伦斯·布拉格父子用X射线分析晶体结构,获诺贝尔物理学奖。

德国科学家威尔泰特对叶绿素化学结构的研究,获诺贝尔化学奖。

法国作家罗曼·罗兰创作小说《约翰·克利斯朵夫》,获诺贝尔文学奖。

16. 1916年,第十六届诺贝尔奖颁发

瑞典作家海登斯坦创作诗歌《朝圣与漂泊的年代》,获诺贝尔文学奖。

17. 1917年,第十七届诺贝尔奖颁发

英国科学家巴克拉发现X射线对元素的特征发射,获诺贝尔物理学奖。

丹麦作家吉勒鲁普创作小说《日耳曼人的徒工》,丹麦作家彭托皮丹创作小说《希望之乡》《幸运的彼得》《冥国》,共同获得诺贝尔文学奖。

1863年成立的国际红十字委员会在建立战俘与家属通信方面做了大量的工作,获诺贝尔和平奖。

18. 1918年,第十八届诺贝尔奖颁发

德国科学家普朗克创立量子论、发现基本量子,获诺贝尔物理学奖。

德国科学家哈伯研究氨的合成,获诺贝尔化学奖。

19. 1919年,第十九届诺贝尔奖颁发

德国科学家斯塔克发现正离子射线的多普勒的效应和光线在电场中的分裂,获诺贝尔物理学奖。

比利时科学家博尔德发现免疫力,建立新的免疫学诊断法,获诺贝尔生理学或医学奖。

瑞士作家斯皮特勒创作史诗《奥林匹亚的春天》,获诺贝尔文学奖。

美国总统威尔逊倡议创立国际联盟,获诺贝尔和平奖。

20. 1920年,第二十届诺贝尔奖颁发

瑞士科学家纪尧姆因发现合金中的反常性质,获诺贝尔物理学奖。

德国科学家能斯脱发现热力学第三定律,获诺贝尔化学奖。(1921年补发)

丹麦科学家克罗格发现毛细血管的调节机理,获诺贝尔生理学或医学奖。

挪威作家汉姆生创作了小说《土地的成长》《维克多利亚》,获诺贝尔文学奖。

法国人布尔茨瓦因在创立国际联盟中做了大量工作,获诺贝尔和平奖。

21. 1921 年，第二十一届诺贝尔奖颁发

美籍德裔科学家爱因斯坦阐明光电效应原理，获诺贝尔物理学奖。

英国科学家索迪研究放射化学、同位素的存在和性质，获诺贝尔化学奖。

法国作家法朗士创作了小说《现代史话》，获诺贝尔文学奖。

瑞典人布兰延、挪威人兰格倡导国际和平而共同获得诺贝尔和平奖。

22. 1922 年，第二十二届诺贝尔奖颁发

丹麦科学家玻尔研究原子结构及其辐射，获诺贝尔物理学奖。

英国科学家阿斯顿用质谱仪发现多种同位素并发现原子，获诺贝尔化学奖。

英国科学家希尔发现肌肉生热，德国科学家迈尔霍夫研究肌肉中氧的消耗和乳酸代谢而共同获得诺贝尔生理学或医学奖。

西班牙作家贝纳文特·马丁内斯创作剧本《利害关系》、《星期六晚上》，获诺贝尔文学奖。

挪威人南森领导国际赈济饥荒工作，获诺贝尔和平奖。

23. 1923 年，第二十三届诺贝尔奖颁发

美国科学家密立根测量电子电荷并研究光电效应，获诺贝尔物理学奖。

奥地利科学家普雷格尔提出有机物的微量分析法，获诺贝尔化学奖。

加拿大科学家班廷、麦克劳德发现胰岛素而共同获得诺贝尔生理学或医学奖。

爱尔兰作家叶芝创作诗剧《胡里痕的凯瑟琳》，获诺贝尔文学奖。

24. 1924 年，第二十四届诺贝尔奖颁发

瑞典科学家西格班研究 X 射线光谱学，获诺贝尔物理学奖。

荷兰科学家埃因托芬发现心电图机制，获诺贝尔生理学或医学奖。

波兰作家莱蒙特创作小说《农民》，获诺贝尔文学奖。

25. 1925 年，第二十五届诺贝尔奖颁发

德国科学家弗兰克、赫兹阐明原子受电子碰撞的能量转换定律而共同获得获诺贝尔物理学奖。

奥地利科学家席格蒙迪阐明胶体溶液的复相性质，获诺贝尔化学奖。

爱尔兰作家萧伯纳创作剧本《圣女贞德》，获诺贝尔文学奖。

英国首相张伯伦策划签订《洛迦诺公约》，美国人道威斯制定道威斯计划而共同获得诺贝尔和平奖。

26. 1926 年，第二十六届诺贝尔奖颁发

法国科学家佩林研究物质结构的不连续性及测定原子量，获诺贝尔物理学奖。

瑞典科学家斯韦德堡发明高速离心机并用于高分散胶体物质的研究，获诺贝尔化学奖。

丹麦医生菲比格对癌症的研究，获诺贝尔生理学或医学奖。

意大利作家黛莱达创作小说《离婚之后》《灰烬》《母亲》，获诺贝尔文学奖。

法国人白里安促进《洛迦诺和约》的签订，德国人施特莱斯曼对欧洲各国的谅解做出贡献而共同获得诺贝尔和平奖。

27. 1927 年，第二十七届诺贝尔奖颁发

美国科学家康普顿发现散射 X 射线的波长变化，英国科学家威尔逊发明可以看见带电粒子轨迹的云雾室而共同获得诺贝尔物理学奖。

德国科学家维兰德发现胆酸及其化学结构，获诺贝尔化学奖。

奥地利医生尧雷格研究精神病学、治疗麻痹性痴呆，获诺贝尔生理学或医学奖。

法国哲学家柏格森创作哲学著作《创造进化论》，获诺贝尔文学奖。

法国人比松多方谋求和平与法德和好，德国人奎德反对非法军事训练而共同获得诺贝尔和平奖。

28. 1928 年，第二十八届诺贝尔奖颁发

英国科学家理查森发现电子发射与温度关系的基本定律，获诺贝尔物理学奖。

德国科学家温道斯研究丙醇及其维生素的关系，获诺贝尔化学奖。

法国科学家尼科尔对斑疹伤寒的研究，获诺贝尔生理学或医学奖。

挪威女作家温塞特创作小说《克里斯门·拉夫朗的女儿》，获诺贝尔文学奖。

29. 1929 年，第二十九届诺贝尔奖颁发

法国科学家德布罗意提出粒子具有波粒二项性，获诺贝尔物理学奖。

英国科学家哈登、瑞典科学家奥伊勒歇尔平研究有关糖的发酵和酶在发酵中作用而共同获得诺贝尔化学奖。

荷兰科学家艾克曼发现防治脚气病的维生素 B1，英国科学家霍普金斯发现促进生命生长的维生素而共同获得诺贝尔生理学或医学奖。

德国作家曼创作了小说《布登勃洛克一家》，获诺贝尔文学奖。

美国人凯洛格对签订《凯洛格·白里安公约》的贡献，获诺贝尔和平奖。

30. 1930 年，第三十届诺贝尔奖颁发

印度科学家拉曼研究光的散射，发现拉曼效应，获诺贝尔物理学奖。

德国科学家费歇尔研究血红素和叶绿素，合成血红素，获诺贝尔化学奖。

奥地利裔美国科学家兰斯坦纳研究人体血型分类并发现四种主要血型，获诺贝尔生理学或医学奖。

美国作家刘易斯创作小说《大街》《巴比特》，获诺贝尔文学奖。

瑞典人瑟德布洛姆努力谋求世界和平，获诺贝尔和平奖。

31. 1931 年，第三十一届诺贝尔奖颁发

德国科学家博施、伯吉龙斯发明高压上应用的高压方法而共同获得诺贝尔化学奖。

德国科学家瓦尔堡发现呼吸酶的性质的作用，获诺贝尔生理学或医学奖。

瑞典作家卡尔费尔特创作诗集《荒原和爱情之歌》，获诺贝尔文学奖。

美国人亚当斯争取妇女、黑人移居的权利，美国人巴特勒促进国际相互了解而共同获得诺贝尔和平奖。

32. 1932 年，第三十二届诺贝尔奖颁发

德国科学家海森堡提出量子力学中的测不准原理，获诺贝尔物理学奖。

美国科学家朗缪尔提出并研究表面化学，获诺贝尔化学奖。

英国科学家艾德里安发现神经元的功能，英国科学家谢灵顿发现中枢神经反射活动的规律而共同获得诺贝尔生理学或医学奖。

英国作家高尔斯华绥创作长篇小说《福尔赛世家》，获诺贝尔文学奖。

33. 1933 年，第三十三届诺贝尔奖颁发

英国科学家狄拉克、奥地利科学家薛定谔建立了量子力学中的波动方程，获诺贝尔物理学奖。

美国科学家摩尔根创立染色体遗传理论，获诺贝尔生理学或医学奖。

苏联作家蒲宁创作小说《旧金山来的绅士》，获诺贝尔文学奖。

英国人安吉尔论证战争会给国家带来利益的荒谬性，获诺贝尔和平奖。

34. 1934 年，第三十四届诺贝尔奖颁发

美国科学家尤里发现重氢，获诺贝尔化学奖。

美国科学家迈诺特、墨菲、惠普尔发现治疗贫血的肝制剂而共同获得诺贝尔生理学或医学奖。

意大利作家皮兰德娄创作了剧本《六个寻找作者的剧中人》，获诺贝尔文学奖。

英国人亨德森热心裁减军备工作，获诺贝尔和平奖。

35. 1935 年，第三十五届诺贝尔奖颁发

英国科学家查德威克发现中子，获诺贝尔物理学奖。

法国科学家约里奥·居里和伊伦·居里合成人工放射性元素，共同获诺贝尔化学奖。

德国科学家斯佩曼发现胚胎的组织效应，获诺贝尔生理学或医学奖。

德国人奥西茨基揭露德国秘密重整军备，获诺贝尔和平奖。

36. 1936 年，第三十六届诺贝尔奖颁发

奥地利科学家赫斯发现宇宙辐射，美国科学家安德林发现正电子而共同获诺贝尔物理学奖。

荷兰科学家德拜对 X 射线的偶极矩和衍射及气体中的电子方面的研究，获诺贝尔化学奖。

英国科学家戴尔，美籍德国科学家勒维发现神经脉冲的化学传递而共同获诺贝尔生理学或医学奖。

美国作家奥尼尔创作剧本《天边外》、《在榆树下的欲望》，获诺贝尔文学奖。

阿根廷人拉马斯对结束玻利维亚和巴拉圭战争做出贡献，获诺贝尔和平奖。

37. 1937 年，第三十七届诺贝尔奖颁发

美国科学家戴维森、英国科学家汤姆逊发现电子在晶体中的衍射现象而共获诺贝尔物理学奖。

英国科学家霍沃恩研究碳水化合物和维生素 C，瑞士科学家卡勒研究胡萝卜素、黄素和维生素 B2，获诺贝尔化学奖。

匈牙利科学家森特·哲尔吉发现生物氧化过程，尤其是维生素 C 和丁烯二酸的催化作用，获得诺贝尔生理学或医学奖。

法国作家马丁·杜加尔创作小说《若望·巴鲁瓦》，获诺贝尔文学奖。

英国人塞西尔维护国际和平，获诺贝尔和平奖。

38. 1938 年，第三十八届诺贝尔奖颁发

意大利科学家费米发现用中子辐射产生人工放射性元素，获诺贝尔物理学奖。

德国科学家库恩研究类胡萝卜素和维生素，获诺贝尔化学奖。但因纳粹的阻挠而被迫放弃领奖。

比利时科学家海曼斯发现了呼吸调节中颈动脉窦和主动脉窦的作用，获诺贝尔生理学或医学奖。

美国女作家赛珍珠创作小说《大地》，获诺贝尔文学奖。

1931 年成立的高森国际难民办公室获诺贝尔和平奖。

39. 1939 年，第三十九届诺贝尔奖颁发

美国科学家劳伦斯发明回旋加速器，获诺贝尔物理学奖。

德国科学家布特南特在性激素方面的研究工作，瑞士科学家卢齐卡在聚甲烯和性激素方面的研究工作而共同获得诺贝尔化学奖。布特南特因纳粹的阻挠而被迫放弃领奖。

德国科学家多马克发现磺胺的抗菌作用，获诺贝尔生理学或医学奖，但因纳粹的阻挠而放弃。

芬兰作家西伦佩创作小说《夏夜的人们》，获诺贝尔文学奖。

1940—1942 年的第 40 届、第 41 届和第 42 届诺贝尔奖因第二次世界大战爆发而中断。

40. 1943 年，第四十三届诺贝尔奖颁发

美国科学家斯特恩发明质子磁矩，获诺贝尔物理学奖。

匈牙利科学家赫维西在化学研究中用同位素作示踪物，获诺贝尔化学奖。

丹麦科学家达姆发现维生素 K，美国科学家多伊西研究维生素 K 的化学性质而共同获得诺贝尔生理学或医学奖。

41. 1944 年，第四十四届诺贝尔奖颁发

美国科学家拉比，获诺贝尔物理学奖。

德国科学家哈恩发现重原子核的裂变，获诺贝尔化学奖。

美国科学家厄兰格、加塞发现单一神经纤维的高度机能分化而共获诺贝尔生理学或医学奖。

丹麦作家延森创作历史小说《漫长的旅程》，获诺贝尔文学奖。

为资助国际红十字会的工作而给予国际红十字委员会诺贝尔和平奖。

42. 1945 年，第四十五届诺贝尔奖颁发

奥地利科学家泡利因发现量子的不相容原理，获诺贝尔物理学奖。

芬兰科学家维尔塔宁发明酸化法贮存鲜饲料，获诺贝尔化学奖。

英国科学家弗莱明、弗洛里(澳大利亚裔)、钱恩发现青霉素及其临床效用而共同获得诺贝尔生理学或医学奖。

智利作家米斯特拉尔在西班牙语诗歌创作上的成就，获诺贝尔文学奖。

美国人赫尔促进联合国的诞生，获诺贝尔和平奖。

43. 1946 年，第四十六届诺贝尔奖颁发

美国科学家布里奇曼高压物理学的一系列发现，获诺贝尔物理学奖。

美国科学家萨姆纳发现酶结晶，美国科学家诺思罗普、斯坦利制出酶和病毒蛋白质纯结晶而共同获得诺贝尔化学奖。

美国科学家马勒发现 X 射线辐照引起变异，获诺贝尔生理学或医学奖。

瑞士作家海塞创作小说《玻璃球游戏》，获诺贝尔文学奖。

美国人巴尔奇参加创立美国工会妇女同盟、妇女争取和平和自由国际同盟，美国人莫特创建世界范围的基督教组织而共同获得诺贝尔和平奖。

44. 1947 年，第四十七届诺贝尔奖颁发

英国科学家阿普尔顿发现高空无线电短波电离层，获诺贝尔物理学奖。

英国科学家罗宾逊研究生物碱和其他植物制品，获诺贝尔化学奖。

美国科学家科里夫妇发现糖代谢过程中垂体激素对糖原的催化作用，阿根廷科学家何塞研究脑下垂体激素对动物新陈代谢作用而共同获得获诺贝尔生理学或医学奖。

法国作家纪德创作小说《蔑视道德的人》《田园交响曲》，获诺贝尔文学奖。

1927年成立的英国教友会救济各国难民，在世界各地建立活动中心，1917年成立的美国教友会救济各国难民，特别是妇女和儿童而共同获得诺贝尔和平奖。

45. 1948年，第四十八届诺贝尔奖颁发

英国科学家布莱克特在核物理和宇宙辐射领域的一些发现，获诺贝尔物理学奖。

瑞典科学家蒂塞利乌斯研究电泳和吸附分析血清蛋白，获诺贝尔化学奖。

瑞士科学家米勒合成高效有机杀虫剂DDT，获诺贝尔生理学或医学奖。

英国籍美国作家艾略特创作长诗《四支四重奏》，获诺贝尔文学奖。

46. 1949年，第四十九届诺贝尔奖颁发

日本科学家汤川秀树发现介子，获诺贝尔物理学奖。

美国科学家吉奥克研究超低温下的物质性能，获诺贝尔化学奖。

瑞士赫斯发现中脑有调节内脏活动的功能，葡萄牙科学家莫尼兹发现脑白质切除治疗精神病的功效而共同获得诺贝尔生理学或医学奖。

美国科学家福克纳对当代美国小说做出的贡献，获诺贝尔文学奖。

英国人博尹德·奥尔，获诺贝尔和平奖。

47. 1950年，第五十届诺贝尔奖颁发

英国科学家鲍威尔研究原子核摄影技术、发现介子，获诺贝尔物理学奖。

德国科学家狄尔斯、阿尔德发现并发展了双稀合成法而共同获得诺贝尔化学奖。

美国科学家亨奇发现可的松治疗风湿性关节炎，美国科学家肯德尔、瑞士科学家莱希斯坦研究肾上腺皮质激素及其结构和生物效应而共同获得诺贝尔生理学或医学奖。

英国作家罗素，获诺贝尔文学奖。

美国人本奇参加调解阿以战争，主持签订停战协定，获诺贝尔和平奖。

48. 1951年，第五十一届诺贝尔奖颁发

英国科学家科克劳夫特、爱尔兰科学家沃尔顿对加速粒子使原子核嬗变的研究而共同获诺贝尔物理学奖。

美国科学家麦克米伦、西博格发现超轴元素镎而共同获得诺贝尔化学奖。

南非医生蒂勒研究黄热病及其防治方法，获诺贝尔生理学或医学奖。

瑞典作家拉格尔克维斯特创作小说《刽子手》，诗歌《在信仰的地位上》，获诺贝尔文学奖。

法国人茹奥积极参加反战斗争、工人运动，获诺贝尔和平奖。

49. 1952年，第五十二届诺贝尔奖颁发

美国科学家布洛赫、珀赛尔创立核子感应理论、核子磁力测量法而共同获得诺贝尔物理学奖。

英国科学家马丁、辛格发明分红色谱法而共同获得诺贝尔化学奖。

美国科学家瓦克斯曼发现链霉素，获诺贝尔生理学或医学奖。

法国作家莫里亚克创作小说《给麻风病人的亲吻》，获诺贝尔文学奖。

德国人施韦泽在为非洲人民服务中表现出自我牺牲的精神，获诺贝尔和平奖。

50. 1953年，第五十三届诺贝尔奖颁发

荷兰科学家塞尔尼克发明相位差显微镜，获诺贝尔物理学奖。

德国科学家施陶丁格对高分子化学的研究，获诺贝尔化学奖。

美国科学家李普曼发现辅酶A及其中间代谢作用，英国科学家克雷布斯阐明合成尿素的鸟氨酸循环和三羧循环而共同获得诺贝尔生理学或医学奖。

英国首相丘吉尔创作艺术性历史文献《第二次世界大战回忆录》，获诺贝尔文学奖。

美国人马歇尔在战后对欧洲经济所做的贡献，对促进国际和平所做的努力，获诺贝尔和平奖。

51. 1954年，第五十四届诺贝尔奖颁发

德国科学家玻恩对粒子波函数的统计解释，德国科学家博特发明符合计数法而共同获得诺贝尔物理学奖。

美国科学家鲍林研究化学键的性质和复杂分子结构，获诺贝尔化学奖。

美国科学家恩德斯、韦勒、罗宾斯培养小儿麻痹病毒成功而共同获得诺贝尔生理学或医学奖。

美国作家海明威创作小说《战地钟声》《永别了，武器》，获诺贝尔文学奖。

1951年成立的联合国难民事务高级专员署在第二次世界大战中的为难民提供国际保护，获诺贝尔和平奖。

52. 1955年，第五十五届诺贝尔奖颁发

美国科学家兰姆研究氢原子光谱的精细结构，美国科学家库什精密测量出电子磁矩而共同获得诺贝尔物理学奖。

美国科学家迪维格诺德第一次合成多肽激素，获诺贝尔化学奖。

瑞典科学家西奥雷尔发现氧化酶的性质和作用，获诺贝尔生理学或医学奖。

冰岛作家拉克斯内斯写了恢复冰岛古代史诗的艺术作品，获诺贝尔文学奖。

53. 1956年，第五十六届诺贝尔奖颁发

美国科学家肖克利、巴丁、布拉顿研究半导体、发明晶体管而共同获得诺贝尔物理学奖。

英国科学家欣谢尔伍德、苏联科学家谢苗诺夫研究化学反应动力学和链式反应而共同获得诺贝尔化学奖。

德国医生福斯曼、美国医生理查兹、库南德发明心导管插入术和循环的变化而共同获得诺贝尔生理学或医学奖。

西班牙作家希梅内斯创作长诗《一个新婚诗人的日记》，获诺贝尔文学奖。

54. 1957年，第五十七届诺贝尔奖颁发

美籍华裔科学家杨振宁、李政道发现在弱对称下宇称不守恒原理而共同获得诺贝尔物理学奖。

英国科学家托德研究核苷酸和核苷酸辅酶，获诺贝尔化学奖。

意大利科学家博韦发明抗过敏反应特效药，获诺贝尔生理学或医学奖。

法国作家加缪创作小说《陌生人》《鼠疫》，获诺贝尔文学奖。

加拿大人皮尔逊在英、法、以色列军队全部撤出埃及领土起了调解人的作用，获诺贝尔和平奖。

55. 1958 年，第五十八届诺贝尔奖颁发

苏联科学家切伦科夫、弗兰克、塔姆发现并解释切伦科夫效应而共同获得诺贝尔物理学奖。

英国科学家桑格确定胰岛素分子结构，获诺贝尔化学奖。

美国科学家比德尔、塔特姆对化学过程的遗传调节的研究，美国科学家莱德伯格在细菌的基因重组和遗传物质结构方面的发现而共同获得诺贝尔生理学或医学奖。

苏联作家帕斯捷尔克创作小说《日瓦戈医生》，获诺贝尔文学奖，但他拒绝领奖。

比利时人皮尔在许多地方组织难民救济机构，获诺贝尔和平奖。

56. 1959 年，第五十九届诺贝尔奖颁发

美国科学家塞格雷、张伯论确证反质子的存在而共同获得诺贝尔物理学奖。

捷克斯洛伐克科学家海洛夫斯基发现并发展极谱分析法，开创极谱学，获诺贝尔化学奖。

美国科学家奥乔亚、科恩伯格人工合成核酸并发现其生理作用而共同获得诺贝尔生理学或医学奖。

意大利作家夸西莫多创作诗歌《水与土》《日复一日》，获诺贝尔文学奖。

英国人诺埃尔·贝克对国际和平事业做出贡献，获诺贝尔和平奖。

57. 1960 年，第六十届诺贝尔奖颁发

美国科学家格拉雷发明气泡室，获诺贝尔物理学奖。

美国科学家利比创立放射性碳测定法，获诺贝尔化学奖。

澳大利亚科学家伯内特、英国科学家梅达沃发现并证实动物抗体的获得性免疫耐受性而共同获得诺贝尔生理学或医学奖。

法国科学家佩斯创作诗歌《幻想的形式》，获诺贝尔文学奖。

南非人卢图利持久进行反种族主义的正义斗争，获诺贝尔和平奖。

58. 1961 年，第六十一届诺贝尔奖颁发

美国科学家霍夫斯塔特确定原子核的形状与大小，德国科学家穆斯堡尔发现穆斯堡尔效应而共同获得诺贝尔物理学奖。

美国科学家卡尔文研究植物光合作用中的化学过程，获诺贝尔化学奖。

美国科学家贝凯西研究耳蜗感音的物理机制，获诺贝尔生理学或医学奖。

南斯拉夫作家安德利奇创作历史小说《德里纳河上的桥》，获诺贝尔文学奖。

瑞典人哈马舍尔德努力解决国际争端，促进国际和平，获诺贝尔和平奖。

59. 1962 年，第六十二届诺贝尔奖颁发

苏联科学家兰道发现物质凝聚和超流超导现象，获诺贝尔物理学奖。

英国科学家肯德鲁、佩鲁茨研究蛋白质的分子结构，获诺贝尔化学奖。

英国科学家克里克、威尔金斯、美国科学家沃森发现脱氧核糖核酸的分子结构而共同获得诺贝尔生理学或医学奖。

美国作家斯坦贝克创作小说《愤怒的葡萄》，获诺贝尔文学奖。

美国人鲍林联合美国及其他 49 个国家的科学家呼吁停止核武器试验，获诺贝尔和平奖。

60. 1963年,第六十三届诺贝尔奖颁发

德国科学家詹森、美国科学家梅耶创立原子核结构的壳模型理论,美国科学家维格纳发现原子核中质子和中子相互作用力的对称原理而共同获得诺贝尔物理学奖。

意大利科学家纳塔、德国科学家齐格勒合成高分子塑料而共同获得诺贝尔化学奖。

澳大利亚科学家埃克尔斯、英国科学家霍奇金、赫克斯利研究神经脉冲、神经纤维传递而共同获得诺贝尔生理学或医学奖。

希腊作家塞菲里斯创作诗集《航海日志》,获诺贝尔文学奖。

红十字国际委员会缓和国际紧张局势的有力工作,获诺贝尔和平奖。

61. 1964年,第六十四届诺贝尔奖颁发

美国科学家汤斯、苏联科学家巴索夫、普罗霍罗夫制成微波激射器和激光器而共同获得诺贝尔物理学奖。

英国科学家霍奇金采用X射线方法研究青霉素和维生素B12等的分子结构,获诺贝尔化学奖。

美国科学家布洛赫、德国科学家吕南发现胆固醇和脂肪酸的代谢而共同获得诺贝尔生理学或医学奖。

法国作家萨特的作品思想丰富,充满探求真理的精神,获诺贝尔文学奖,但他拒绝了该奖。

美国人马丁·路德·金为争取黑人权利不懈斗争,获诺贝尔和平奖。

62. 1965年,第六十五届诺贝尔奖颁发

美国科学家施温格、费曼、日本科学家朝永振一郎研究量子电动学基本原理而共同获得诺贝尔物理学奖。

美国科学家伍德沃德人工合成类固醇、叶绿素等物质,获诺贝尔化学奖。

法国科学家雅各布、利沃夫、莫洛发现体细胞的规律性活动而共同获诺贝尔生理学或医学奖。

苏联作家肖洛霍夫创作小说《静静的顿河》,获诺贝尔文学奖。

1946年成立的联合国儿童基金会,获诺贝尔和平奖。

63. 1966年,第六十六届诺贝尔奖颁发

法国科学家卡斯特勒发现、研究原子中赫兹共振的光学方法,获诺贝尔物理学奖。

美国科学家马利肯创立化学结构分子轨道学说,获诺贝尔化学奖。

美国科学家哈金斯、劳斯研究治癌原因及其治疗而共同获得诺贝尔生理学或医学奖。

以色列作家阿格农、瑞典作家萨克斯而共同获得诺贝尔文学奖。

64. 1967年,第六十七届诺贝尔奖颁发

美国科学家贝蒂发现恒星的能量来源,获诺贝尔物理学奖。

德国科学家艾根、英国科学家波特、诺里什发明快速测定化学反应的技术而共同获得诺贝尔化学奖。

美国科学家哈特兰研究视觉和视网膜的生理功能,美国科学家沃尔德研究视觉的心理特别是视色素,瑞典科学家格拉尼特发现视网膜的抑制过程而共同获得诺贝尔生理学或医学奖。

危地马拉作家阿斯图里亚斯创作小说《总统先生》《玉米人》,获诺贝尔文学奖。

65. 1968 年，第六十八届诺贝尔奖颁发

美国科学家阿尔瓦雷斯发现了氢泡室及其分析技术，发现了共振态，获诺贝尔物理学奖。

美国科学家昂萨格创立多种热动力作用之间相互关系的理论，获诺贝尔化学奖。

美国科学家霍利、科拉纳、尼伦伯格解释遗传密码而共同获得诺贝尔生理学或医学奖。

日本作家川端康成创作小说《雪国》《古都》，获诺贝尔文学奖。

法国人卡森抗击法西斯侵略，保卫世界和平，获诺贝尔和平奖。

66. 1969 年，第六十九届诺贝尔奖颁发

美国科学家盖尔曼发现亚原子粒子及其相互作用分类法，获诺贝尔物理学奖。

英国科学家巴顿、挪威科学家哈赛尔因在测定有机化合物的三维构相方面的贡献而共同获得诺贝尔化学奖。

美国科学家德尔布吕克、赫尔希、卢里亚研究并发现病毒和病毒病而共同获得诺贝尔生理学或医学奖。

法国作家贝克特对荒诞派戏剧的贡献，获诺贝尔文学奖，但他拒绝了该奖。

1919 年成立的国际劳工组织在半个世纪中为反对失业和贫困所做出的贡献，获诺贝尔和平奖。

挪威经济学家弗里希、荷兰经济学家丁柏根创立计量经济学，运用动态模型分析经济活动而共同获得首次设立颁发的诺贝尔经济学奖。

67. 1970 年，第七十届诺贝尔奖颁发

瑞典科学家阿尔文在磁流体动力学中的发现，法国科学家奈尔发现反铁磁性的亚铁磁性而共同获得诺贝尔物理学奖。

阿根廷科学家莱格伊尔发现糖核甙酸及在碳水化合的生物合成中的作用，获诺贝尔化学奖。

美国科学家阿克塞尔罗德、英国科学家卡茨、瑞典科学家奥伊勒发现神经传递的化学基础而共同获得诺贝尔生理学或医学奖。

苏联作家亚历山大·索尔仁尼琴因创作小说《癌病房》，获诺贝尔文学奖。

美国人博劳格对第三世界粮食增产做出贡献，获诺贝尔和平奖。

美国经济学家塞缪尔森对经济理论的科学分析，获诺贝尔经济学奖。

68. 1971 年，第七十一届诺贝尔奖颁发

英国科学家加博尔发明全息照相技术，获诺贝尔物理学奖。

加拿大科学家赫茨伯格研究分子结构，获得诺贝尔化学奖。

美国科学家萨瑟兰在分子水平上阐明激素的作用机理，获诺贝尔生理学或医学奖。

智利作家聂鲁达创作诗歌《复苏了一个大陆的命运和梦想》，获诺贝尔文学奖。

德国总理(前西德)勃兰特因缓和二次大战后欧洲紧张局势，获诺贝尔和平奖。

美国经济学家库兹涅茨对国民生产总值和经济增长的开创性研究，获诺贝尔经济学奖。

69. 1972 年，第七十二届诺贝尔奖颁发

美国科学家巴丁、库珀、施里弗创立超导理论而共同获得诺贝尔物理学奖。

美国科学家安芬森、穆尔、斯坦因研究核糖核酸梅的分子结构而共同获得诺贝尔化学奖。

美国科学家埃德尔曼、英国科学家波特对抗体化学结构的研究而共同获诺贝尔生理学或医学奖。

德国作家伯尔对复兴德国文学做出了贡献，获诺贝尔文学奖。

美国经济学家希克斯、阿罗创立一般经济平衡理论和福利理论而共同获得诺贝尔经济学奖。

70. 1973 年，第七十三届诺贝尔奖颁发

日本科学家江崎岭于奈发现了半导体中的隧道效应并发明隧道二极管，美国科学家贾埃沃发现超导体隧道结单电子隧道效应，英国科学家约瑟夫森创立超导电流通过的势垒的约瑟夫森效应而共同获得诺贝尔物理学奖。

德国科学家费舍尔、英国科学家威尔金森对有机金属化学的广泛研究而共同获得诺贝尔化学奖。

奥地利科学家弗里施、洛伦茨、英国科学家廷伯根发现动物习性分类而共同获得诺贝尔生理学或医学奖。

澳大利亚作家怀特创作小说《暴风眼》，获诺贝尔文学奖。

美国国务卿基辛格、越南领导人黎德寿越南停火谈判成功而共同获得诺贝尔和平奖，但他拒绝领奖。

美国经济学家列昂捷夫发展了投入产出分析法，获诺贝尔经济学奖。

71. 1974 年，第七十四届诺贝尔奖颁发

英国科学家赖尔对射电天文学观技术方面的创造，英国科学家赫威斯研究射电望远镜发现脉冲星而共同获得诺贝尔物理学奖。

美国科学家弗洛里研究高分子化学及其物理性质和结构，获诺贝尔化学奖。

美国、比利时双国籍科学家克劳德研究细胞的结构和功能，比利时科学家德·迪夫发现溶酶体，美国科学家帕拉德发现核糖核蛋白质而共同获得诺贝尔生理学或医学奖。

瑞典作家约翰松创作小说《克里隆三部曲》，瑞典作家马丁松的作品《透过一滴露珠》反映了整个世界而共同获得诺贝尔文学奖。

日本人佐藤荣作因推行稳定太平洋地区的和解政策，爱尔兰人麦克布赖解决国际棘手问题而共同获得诺贝尔和平奖。

瑞典经济学家米达尔、英国经济学家海克在货币理论和经济周期理论方面的首创性研究而共同获得诺贝尔经济学奖。

72. 1975 年，第七十五届诺贝尔奖颁发

丹麦科学家玻尔、莫特尔森、美国科学家雷恩沃特创立原子结构新理论而共同获得诺贝尔物理学奖。

英国科学家康福思研究有机分子和酶催化反应的立体化学，瑞士科学家普雷洛洛研究有机分子及其反应的立体化学而共同获得诺贝尔化学奖。

美国科学家杜尔贝科、特明、巴尔的摩研究肿瘤病毒与遗传物质相互关系而共同获得诺贝尔生理学或医学奖。

意大利诗人蒙塔莱获诺贝尔文学奖。

苏联人萨哈罗夫获诺贝尔和平奖。

苏联经济学家康托罗维奇、美国经济学家库普曼斯创立资源最优利用理论而共同获得诺贝尔经济学奖。

73. 1976年，第七十六届诺贝尔奖颁发

美国科学家里克特、美籍华裔科学家丁肇中发现新的基本粒子，美国科学家安德林在磁学和无序体系物质理论方面的成就而共同获得诺贝尔物理学奖。

美国科学家利普斯科姆研究硼烷的结构，获诺贝尔化学奖。

美国科学家布卢姆伯格、盖达塞克研究传染病的起因和传染而共获诺贝尔生理学或医学奖。

美国作家贝洛创作小说《洪堡的礼物》，获诺贝尔文学奖。

英国人科里根、威廉斯在北爱尔兰进行反恐怖主义的和平运动而共同获得诺贝尔和平奖。

美国经济学家弗里德曼创立货币理论和经济稳定性分析，获诺贝尔经济学奖。

74. 1977年，第七十七届诺贝尔奖颁发

英国科学家莫特对磁性非晶态固体中电子性状的研究，美国科学家范弗莱克对磁学的巨大贡献而共同获得诺贝尔物理学奖。

比利时科学家普里戈金提出热力学理论中的耗散结构，获诺贝尔化学奖。

美国科学家耶洛建立放射免疫分析法，美国科学家吉耶曼、沙利合成下丘脑释放因素而共同获得诺贝尔生理学或医学奖。

西班牙作家亚莱克桑德雷创作诗集《毁灭或实情》，获诺贝尔文学奖。

大赦国际对由于宗教、政治等原因被监禁的人给予人道主义的支持而获诺贝尔和平奖。

瑞典经济学家奥林创立国际贸易理论体系，英国经济学家米德创立国际贸易和国际资本移动理论而共同获得诺贝尔经济学奖。

75. 1978年，第七十八届诺贝尔奖颁发

苏联科学家卡皮察发明并利用氦的液化器，美国科学家彭齐亚斯、威尔逊发现宇宙微波背景辐射而共同获得诺贝尔物理学奖。

英国科学家米切尔发现生物系统中的能量转移过程，获诺贝尔化学奖。

瑞士科学家阿尔伯、美国科学家史密斯、内森斯发现并应用脱氧核糖核酸的限制酶而共同获得诺贝尔生理学或医学奖。

美国作家辛格获诺贝尔文学奖。

以色列总理贝京、埃及总统萨达特签订关于中东问题的戴维营协定而共同获得诺贝尔和平奖。

美国经济学家西蒙研究国际经济组织中的决断过程，获诺贝尔经济学奖。

76. 1979年，第七十九届诺贝尔奖颁发

美国科学家格拉肖、温伯格、巴基斯坦科学家萨拉姆提出亚原子粒子的弱作用的电磁作用的统一理论而共同获得诺贝尔物理学奖。

美国科学家布朗因、德国科学家维蒂希在有机物合成中引入硼和磷而共同获得诺贝尔化学奖。

美国科学家科马克、英国科学家豪斯费尔德发明CT扫描而共同获得诺贝尔生理学或医学奖。

希腊作家埃利蒂斯创立长篇叙事诗《俊杰》，获诺贝尔文学奖。

阿尔巴尼亚的特里萨修女在许多国家办慈善事业，获诺贝尔和平奖。

美国经济学家刘易斯创立经济增长理论特别是发展中国家经济增长理论，美国经济学家舒尔茨创立发展中国家的经济、农业经济理论而共同获得诺贝尔经济学奖。

77. 1980年，第八十届诺贝尔奖颁发

美国科学家克罗宁、菲奇发现K介子衰变时电荷共轭宇称不守恒现象而共同获诺贝尔物理学奖。

美国科学家伯格研究操纵基因重组DNA分子，美国科学家吉尔伯特、英国科学家桑格创立DNA结构的化学和生物分析法而共同获得诺贝尔化学奖。

美国科学家贝纳塞拉夫、斯内尔创立移植免疫学和免疫遗传学，法国科学家多塞研究抗原抗体在输血及组织器官移植中的作用而共同获得诺贝尔生理学或医学奖。

波兰作家米洛什创作小说《篡夺者》，获诺贝尔文学奖。

阿根廷人埃斯基维尔通过非暴力形式捍卫人权，获诺贝尔和平奖。

美国经济学家克莱对商业波动经验模式的发展分析，获诺贝尔经济学奖。

78. 1981年，第八十一届诺贝尔奖颁发

瑞典科学家西格班发明用于化学分析的电子能谱术，美国科学家布洛姆伯根、肖洛因在光谱术中应用激光器而共同获得诺贝尔物理学奖。

日本科学家福井谦一提出了化学反应边缘机道理论，美国科学家霍夫曼提出分子轨道对称守恒原理而共同获得诺贝尔化学奖。

美国科学家斯佩里研究大脑半球的功能，瑞典科学家维厄瑟尔、美国科学家休伯尔研究大脑视神经皮层的功能结构而共同获得诺贝尔生理学或医学奖。

英国作家康内蒂的作品视野宽阔，思想丰富，创造性强，获诺贝尔文学奖。

1951年成立的联合国难民事务专员署进行大规模的难民的援助和安置工作，获诺贝尔和平奖。

美国经济学家托宾分析金融市场及其对企业和家庭消费的影响，获诺贝尔经济学奖。

79. 1982年，第八十二届诺贝尔奖颁发

美国科学家威尔逊提出关于相变的临界现象理论，获诺贝尔物理学奖。

英国科学家克卢格用晶体电子显微镜和X射线衍射技术研究核酸蛋白复合体，获诺贝尔化学奖。

瑞典科学家伯格斯特龙、萨米尔松、英国科学家范恩对前列腺的化学与生物学研究而共同获得诺贝尔生理学或医学奖。

哥伦比亚作家加西亚·马尔萨斯创作小说《百年孤独》，获诺贝尔文学奖。

墨西哥人阿方索·加西亚·罗夫莱斯、瑞典人米达尔为北欧建立无核区而奋斗，获诺贝尔和平奖。

美国经济学家斯蒂格勒对政府干预经济的影响研究，获诺贝尔经济学奖。

80. 1983年，第八十三届诺贝尔奖颁发

美国科学家昌德拉塞卡对恒星结构方面的杰出贡献，美国科学家福勒提出与元素有关的核电应方面的重要实验和理论而共同获得诺贝尔物理学奖。

美国科学家陶布对金属配位化合物电子能移机理的研究，获诺贝尔化学奖。

美国科学家麦克林托克因研究玉米的传座因子，获诺贝尔生理学或医学奖。

英国作家戈尔丁的小说具有明晰的现实主义的叙述技巧和虚构故事的多面性和普遍性，获诺贝尔文学奖。

波兰总统瓦文萨在世界裁军运动中发挥了重要作用，获诺贝尔和平奖。

美国经济学家德布勒对供求理论的数学证明，获诺贝尔经济学奖。

81. 1984年，第八十四届诺贝尔奖颁发

意大利科学家鲁比亚、荷兰科学家范德梅尔发现W±和Z0粒子而共获诺贝尔物理学奖。

美国科学家梅里菲尔德对发展新药物和遗传工程的重大贡献，获诺贝尔化学奖。

丹麦科学家杰尼、德国科学家科勒、阿根廷、美国双国籍科学家米尔斯坦发现生产单克隆抗体的原理而共同获得诺贝尔生理学或医学奖。

捷克斯洛伐克作家塞费尔特创作小说《孤岛上的音乐会》《瘟疫纵队》《莫扎特在布拉格》，获诺贝尔文学奖。

南非大主教图图努力为南非的和平解放做了巨大贡献，获诺贝尔和平奖。

英国经济学家斯通创立了计算国民收入的统一会计制度，获诺贝尔经济学奖。

82. 1985年，第八十五届诺贝尔奖颁发

德国科学家冯克利津发现量子霍尔效应，获诺贝尔物理学奖。

美国科学家豪普特曼、卡尔勒发展了直接测定晶体结构的方法而共同获得诺贝尔化学奖。

美国科学家布朗、戈尔茨坦在胆固醇新陈代谢方面的贡献而共同获得诺贝尔生理学或医学奖。

法国作家西蒙创作小说《佛兰德公路》，获诺贝尔文学奖。

世界卫生反对核战争组织，获诺贝尔和平奖。

美国经济学家莫迪利亚尼在储蓄和金融市场的开拓性研究，获诺贝尔经济学奖。

83. 1986年，第八十六届诺贝尔奖颁发

德国科学家鲁斯卡、比尼格、瑞士科学家罗勒研制出扫描式隧道效应显微镜而共同获得诺贝尔物理学奖。

美国科学家赫希巴赫、美籍华裔科学家李远哲发现交叉分子束方法，德国科学家波拉尼发明红外线化学研究方法而共同获得诺贝尔化学奖。

美国科学家科恩发现了说明细胞发育和分裂过程如何进行的表皮生长因子，意大利科学家利瓦伊·蒙塔尔奇尼发现神经生长因子而共同获得诺贝尔生理学或医学奖。

尼日利亚作家索英卡创作剧本《森林的舞蹈》，获诺贝尔文学奖。

美国人韦塞尔在1958年发表的小说《夜》中叙述了他在希特勒集中营的经历，获诺贝尔和平奖。

美国经济学家布坎南在公共选择理论研究中领先，获诺贝尔经济学奖。

84. 1987年，第八十七届诺贝尔奖颁发

瑞士科学家米勒、德国科学家柏诺兹发现新型超导材料而共同获得诺贝尔物理学奖。

美国科学家克拉姆合成分子量低和性能特殊的有机化合物，法国科学家莱恩、美国科学家佩德森在分子的研究和应用方面的新贡献而共同获得诺贝尔化学奖。

日本科学家利根川进阐明人体怎样产生抗体抵御疾病，获诺贝尔生理学或医学奖。

美国作家布罗茨基的作品的主题异乎寻常的丰富，视野极其开阔，获诺贝尔文学奖。

哥斯达黎加人阿里亚斯·桑切斯在达成中美洲和平协议的努力，获诺贝尔和平奖。

美国经济学家索洛分析经济增长和福利增加的因素，获诺贝尔经济学奖。

85. 1988年，第八十八届诺贝尔奖颁发

美国科学家施瓦茨、莱德曼、施泰因利用粒子加速器制出中微子而共获诺贝尔物理学奖。

德国科学家戴森霍费尔、胡贝尔、米歇尔第一次阐明由膜束的蛋白质形成的全部细节而共同获得诺贝尔化学奖。

英国科学家布莱克制成治疗冠心病的β-受体阻滞剂——盐酸普萘洛尔，美国科学家埃利肖、希琴斯研制出不损害人的正常细胞的抗癌药物而共同获得诺贝尔生理学或医学奖。

埃及作家马赫福兹发展了阿拉伯文学，获诺贝尔文学奖。

联合国维持和平部队在欧、亚、非、近东发生的冲突中执行14次任务，获诺贝尔和平奖。

法国经济学家阿兰创立市场理论和高效利用资源，获诺贝尔经济学奖。

86. 1989年，第八十九届诺贝尔奖颁发

美国科学家拉姆齐发明观测原子辐射和计量原子辐射频率的精确方法，美国科学家德默尔特创造冷却捕集电子的方法，德国科学家保罗在50年代发明的“保罗捕集法”而共同获得诺贝尔物理学奖。

美国科学家切赫、加拿大科学家奥尔特曼发现核糖核酸催化功能而共同获得诺贝尔化学奖。

美国科学家毕晓普、瓦穆斯发现致癌基因是遗传物质，而不是病毒而共同获得诺贝尔生理学或医学奖。

西班牙作家塞拉创作风格融合了旷达的笔法和激情，获诺贝尔文学奖。

中国的达赖喇嘛，获诺贝尔和平奖。

挪威经济学家霍韦尔莫提出验证经济理论的方法，获诺贝尔经济学奖。

87. 1990年，第九十届诺贝尔奖颁发

美国科学家弗里德曼、肯德尔、加拿大科学家泰勒发现夸克的第一个证据而共同获得诺贝尔物理学奖。

美国科学家科里创立关于有机合成的理论和方法，获诺贝尔化学奖。

美国医生默里成功地完成第一例肾移植手术，美国医生托马斯开创骨髓移植而共同获得诺贝尔生理学或医学奖。

墨西哥作家帕斯的作品体现了一种完整的人道主义，获诺贝尔文学奖。

苏联总统戈尔巴乔夫，获诺贝尔和平奖。

美国经济学家马克威茨发展了有价证券理论，美国经济学家米勒对公司财政理论的贡献，美国经济学家夏普提出资本资产定价模式而共同获得诺贝尔经济学奖。

88. 1991年，第九十一届诺贝尔奖颁发

法国科学家热纳把研究简单系统有序现象的方法应用到更为复杂物质、液晶和聚合体的组合上，获诺贝尔物理学奖。

瑞士科学家恩斯特发展核磁共振光谱高分辨方法，获诺贝尔化学奖。

德国科学家内尔、扎克曼发现细胞中单离子道功能，发展出一种能记录极微弱电流通过单离子道的技术而共同获得诺贝尔生理学或医学奖。

南非女作家戈迪默创作小说《贵宾》《七月一家人》《自然资源保护论者》，获诺贝尔文学奖。

缅甸反对党全国民主联盟领导人昆山素季，获诺贝尔和平奖。

美国经济学家科斯揭示交易价值在经济组织结构的产权和功能中的重要性，获诺贝尔经济学奖。

89. 1992年，第九十二届诺贝尔奖颁发

法国科学家夏帕克发明多线路正比探测器，推动粒子探测器发展，获诺贝尔物理学奖。

美国科学家马库斯对化学系统中的电子转移反应理论做出贡献，获诺贝尔化学奖。

美国科学家费希尔、克雷布斯在逆转蛋白磷酸化作为生物调节机制的发现中做出巨大贡献而共同获得诺贝尔生理学或医学奖。

圣卢西亚作家沃尔科特以其植根于多种文化的历史想象力而创作出了光辉的诗作，获诺贝尔文学奖。

危地马拉女政治家门楚冲破不同种族、文化和社会疆界所做出的努力，获诺贝尔和平奖。

美国经济学家贝克尔对把微观经济学的研究领域延伸到人类行为及其相互关系方面的贡献，获诺贝尔经济学奖。

90. 1993年，第九十三届诺贝尔奖颁发

美国科学家赫尔斯、泰勒发现一对脉冲双星，即两颗靠引力结合在一起的星，这是对爱因斯坦相对论的一项重要验证而共同获得诺贝尔物理学奖。

美国科学家穆利斯发明聚合酶链式反应法，在遗传领域研究中取得突破性成就；加拿大籍英裔科学家史密斯开创寡聚核甙酸基定点诱变方法而共同获得诺贝尔化学奖。

英国科学家罗伯茨、美国科学家夏普发现断裂基因而共同获得诺贝尔生理学或医学奖。

美国黑人女作家莫里森在富有想象力和诗意的小说中，对美国黑人生活进行了生动的描述，获诺贝尔文学奖。

南非黑人领袖曼德拉、南非总统德克勒克在废除南非种族歧视政策所做出的巨大贡献而共同获得诺贝尔和平奖。

美国经济学家福格尔通过使用经济理论和定量方法解释经济与机构的变化，更新了经济历史的研究，获诺贝尔经济学奖。

91. 1994年，第九十四届诺贝尔奖颁发

加拿大科学家布罗克豪斯和美国科学家沙尔在凝聚态物质的研究中发展了中子散射技术而共同获得诺贝尔物理学奖。

美国科学家欧拉在碳氢化合物即烃类研究领域做出了杰出贡献而获得诺贝尔化学奖。

美国科学家吉尔曼、罗德贝尔发现G蛋白及其在细胞中转导信息的作用而共同获得诺贝尔生理学或医学奖。

日本人大江健三郎创作小说《个人的体验》和《万延元年的足球队》，获诺贝尔文学奖。

巴勒斯坦领导人阿拉法特、以色列外长希蒙·佩雷斯、以色列总理拉宾三人共同推进巴勒斯坦的和平独立进程，获得诺贝尔和平奖。

美国数学家约翰·纳什、约翰·海萨尼、莱因哈德·泽尔腾在非合作博弈均衡分析理论方面做出了开创性贡献，从而对博弈论和经济学产生了重大影响而共同获得诺贝尔经济学奖。

92. 1995年，第九十五届诺贝尔奖颁发

美国科学家佩尔、莱因斯发现了自然界中的亚原子粒子：Y轻子、中微子，共同获得诺贝尔物理学奖。

荷兰科学家克鲁岑、美国科学家莫利纳、罗兰阐述了对臭氧层产生影响的化学机理，证明了人造化学物质对臭氧层构成破坏作用，共同获得诺贝尔化学奖。

美国科学家刘易斯、维绍斯、德国科学家福尔哈德发现了控制早期胚胎发育的重要遗传机理并利用果蝇作为实验系统发现了同样适用于高等有机体(包括人)的遗传机理，共同获得诺贝尔生理学或医学奖。

爱尔兰诗人希尼创作诗集《一位自由主义者之死》等，获诺贝尔文学奖。

英国核物理学家约瑟夫·罗特布拉特，帕格沃什科学和世界事务会议(加拿大)在国际上消减核武器的努力，获得诺贝尔和平奖。

美国科学家罗伯特·卢卡斯倡导和发展了理性预期与宏观经济学研究的运用理论，深化了人们对经济政策的理解并对经济周期理论提出了独到的见解，获得诺贝尔经济学奖。

93. 1996年，第九十六届诺贝尔奖颁发

美国科学家D·M·李、奥谢罗夫、理查森发现在低温状态下可以无摩擦流动的氦-3，而共同获得诺贝尔物理学奖。

美国科学家柯尔、斯莫利、英国科学家克罗托发现了碳元素的新形式——富勒氏球(也称布基球)C-60，获得诺贝尔化学奖。

澳大利亚科学家多尔蒂、瑞士科学家青克纳格尔发现细胞的中介免疫保护特征，共同获得诺贝尔生理学或医学奖。

波兰女诗人希姆博尔斯卡创作诗集《呼唤雪人》等，获诺贝尔文学奖。

卡洛斯·菲利普·西门内斯·贝洛和何塞·拉莫斯·霍塔和平化解东帝汶冲突，获得诺贝尔和平奖。

英国科学家詹姆斯·莫里斯在信息经济学理论领域做出了重大贡献，尤其是不对称信息条件下的经济激励理论；威廉·维克瑞在信息经济学、激励理论、博弈论等方面做出的重大贡献，共同获得诺贝尔经济学奖。

94. 1997年，第九十七届诺贝尔奖颁发

美籍华裔科学家朱棣文、美国科学家菲利普斯、法国科学家科昂·塔努吉发明了用激光冷却和俘获原子的方法，共同获得诺贝尔物理学奖。

美国科学家博耶、英国科学家沃克尔、丹麦科学家斯科发现人体细胞内负责储藏转移能量的离子传输酶，共同获得诺贝尔化学奖。

美国科学家普鲁西纳发现了一种全新的蛋白致病因子——朊蛋白并在其致病机理的研究方面做出了杰出贡献，获得诺贝尔生理学或医学奖。

意大利讽刺剧作家达里奥·福创作《我们不能也不愿意付钱》，获诺贝尔文学奖。

国际反地雷组织及其领导人乔迪·威廉姆斯(美国)在禁制和消除地雷方面的努力，获得诺贝尔和平奖。

美国科学家迈伦·斯科尔斯给出了著名的布莱克-斯科尔斯期权定价公式；罗伯特·

默顿因对布莱克-斯科尔斯公式所依赖的假设条件做了进一步减弱并在许多方面对其做了推广，共同获得诺贝尔经济学奖。

95. 1998年，第九十八届诺贝尔奖颁发

美国科学家劳克林、斯特默、美籍华裔科学家崔琦发现了分数量子霍尔效应，共同获得诺贝尔物理学奖。

美国人约翰·包普尔提出波函数方法，瓦尔特·科恩提出密度函数，共同获得诺贝尔化学奖。

美国人罗伯·佛契哥特、路伊格纳洛、费瑞·慕拉德发现一氧化氮在心脏血管中的信号传递功能，获得诺贝尔生理学或医学奖。

葡萄牙作家若泽·萨拉马戈创作《修道院纪事》，获诺贝尔文学奖。

北爱尔兰约翰·休姆、英国大卫·特林布尔在寻求和平解放北爱尔兰冲突上的努力，获得诺贝尔和平奖。

印度的阿马蒂亚·森对福利经济学中的几个重大问题做出贡献，获得诺贝尔经济学奖。

96. 1999年，第九十九届诺贝尔奖颁发

荷兰科学家霍夫特、韦尔特曼阐明了物理中电镀弱交互作用的定量结构，共同获得诺贝尔物理学奖。

埃及人艾哈迈德·泽维尔应用超短激光闪光成照技术观看分子中原子在化学反应中的运动，为化学和相关科学带来一场革命，获得诺贝尔化学奖。

美国人布洛伯尔发现蛋白质具有内在信号物质控制，获得诺贝尔生理学或医学奖。

德国作家君特·格拉斯创作小说《铁皮鼓》，获诺贝尔文学奖。

“无国界医生”组织，在许多地区率先开展人道救援工作，获得诺贝尔和平奖。

加拿大人罗伯特·门德尔对不同汇率体制下货币与财政政策，以及最适宜的货币流通区域所做的分析，获得诺贝尔经济学奖。

97. 2000年，第一百届诺贝尔奖颁发

俄罗斯科学家阿尔费罗夫、美国科学家基尔比、克雷默奠定了资讯技术的基础，共同获得诺贝尔物理奖。

美国科学家黑格、麦克迪尔米德、日本科学家白川秀树发现能够导电的塑料，共同获得诺贝尔化学奖。

瑞典科学家阿尔维德·卡尔松、美国科学家保罗·格林加德、美籍奥地利裔科学家埃里克·坎德尔在人类脑神经细胞间信号的相互传递方面获得的重要发现，共同获得诺贝尔生理学或医学奖。

法籍华人高行健创作小说《灵山》，获诺贝尔文学奖。

韩国总统金大中促成朝鲜与韩国两方领导人会面，增进朝鲜半岛与东亚和平，获得诺贝尔和平奖。

詹姆斯· 赫克曼丹尼尔·麦克法登发展了能广泛应用于个体和家庭行为实证分析的理论和方法，共同获得诺贝尔经济学奖。

98. 2001年，第一百零一届诺贝尔奖颁发

德国科学家克特勒、美国科学家康奈尔、维曼在碱性原子稀薄气体的玻色-爱因斯坦凝聚态，以及凝聚态物质性质早期基础性研究方面取得的成就，共同获得诺贝尔物理学奖。

美国科学家威廉·诺尔斯、巴里·夏普莱斯、日本科学家野依良治在手性催化氢化反应领域取得的成就，共同获得诺贝尔化学奖。

美国科学家利兰·哈特韦尔、英国科学家蒂莫西·亨特、保罗·纳斯发现了细胞周期的关键分子调节机制，共同获得诺贝尔生理学或医学奖。

印度籍英国作家维·苏·奈保尔创作小说《抵达之谜》，获诺贝尔文学奖。

联合国及秘书长科菲·安南(加纳)为他们对更有组织与和平的世界做出的努力，获得诺贝尔和平奖。

99. 2002 年，第一百零二届诺贝尔奖颁发

美国科学家里卡尔多·贾科尼、雷蒙德·戴维斯、日本科学家小柴昌俊在探测宇宙中微子方面取得的成就，并导致中微子天文学的诞生，共同获得诺贝尔物理学奖。

美国科学家约翰·芬恩、日本科学家田中耕一、瑞士科学家库尔特·维特里希发明了对生物大分子进行确认和结构分析、质谱分析的方法，共同获得诺贝尔化学奖。

英国科学家悉尼·布雷内、约翰·苏尔斯顿、美国科学家罗伯特·霍维茨选择线虫作为新颖的实验生物模型，找到了对细胞每一个分裂和分化过程进行跟踪的细胞图谱，共同获得诺贝尔生理学或医学奖。

匈牙利作家凯尔泰斯·伊姆雷创作小说《无命运的人生》，获诺贝尔文学奖。

美国总统吉米·卡特几十年坚持不懈为国际冲突寻找和平解决方案，致力于增进民主及改善人权的努力，获得诺贝尔和平奖。

100. 2003 年，第一百零三届诺贝尔奖颁发

俄罗斯科学家阿列克谢·阿布里科索夫、维塔利·金茨堡、英国科学家安东尼·莱格特在超导体和超流体理论上做出的开创性贡献，共同获得诺贝尔物理学奖。

美国科学家彼得·阿格雷、罗德里克·麦金农在细胞膜通道方面做出的开创性贡献，共同获得诺贝尔化学奖。

美国科学家保罗·劳特布尔、英国科学家彼得·曼斯菲尔德在核磁共振成像技术领域的突破性成就，共同获得诺贝尔生理学或医学奖。

南非作家库切创作小说《耻》，获诺贝尔文学奖。

伊朗希尔琳·艾芭迪为民主和人权，特别是为妇女和儿童的权益所做出的努力，获得诺贝尔和平奖。

101. 2004 年，第一百零四届诺贝尔奖颁发

三位美国科学家戴维·格罗斯、戴维·波利策和弗兰克·维尔切克，获得诺贝尔物理学奖。

两名以色列科学家和一名美国科学家，他们发现了泛素调节的蛋白质降解，获得诺贝尔化学奖。

美国科学家理查德·阿克塞尔和琳达·巴克，由于他们在气味受体和嗅觉系统组织方式研究中做出的贡献，获得诺贝尔生理学或医学奖。

奥地利女作家埃尔弗里德·耶利内克获得诺贝尔文学奖。

肯尼亚环境保护者、副环境部长旺加里·马塔伊获得诺贝尔和平奖，以表彰她在可持续发展、民主与和平方面做出的贡献。

挪威经济学家和一名美国经济学家，由于他们在动态宏观经济学方面做出的贡献，获得诺贝尔经济学奖。

102. 2005 年，第一百零五届诺贝尔奖颁发

美国科学家约翰·霍尔、德国科学家特奥多尔·亨施和美国科学家罗伊·格劳伯，因基于激光的精密光谱学发展贡献对光学相干的量子理论的贡献，获得诺贝尔物理学奖。

法国伊夫·肖万、美国罗伯特·格拉布和理查德·施罗克，他们对有机化学的烯烃复分解反应研究，获得诺贝尔化学奖。

澳大利亚科学家巴里·马歇尔与罗宾·沃伦，发现幽门螺旋杆菌以及该细菌对消化性溃疡病的致病机理，获得诺贝尔生理学或医学奖。

英国剧作家哈罗德·品特库切创作作品《生日派对》，获诺贝尔文学奖。

国际原子能机构及其总干事穆罕默德·巴拉迪，制止核能用于军事目的并确保最安全地和平利用核能方面贡献，获得诺贝尔和平奖。

103. 2006 年，第一百零六届诺贝尔奖颁发

美国科学家约翰·马瑟和乔治·斯穆特，他们发现了宇宙微波背景辐射的黑体形式和各向异性，获得诺贝尔物理学奖。

美国科学家罗杰·科恩伯格在真核转录的分子基础研究领域所做出的贡献，获得诺贝尔化学奖。

美国科学家安德鲁·法尔和克雷格·梅洛，他们发现了核糖核酸 RNA 干扰机制，获得诺贝尔生理学或医学奖。

土耳其作家奥罕·帕慕克的作品在追求他故乡忧郁的灵魂时发现了文明之间的冲突和交错的新象征，获得诺贝尔文学奖。

孟加拉国的穆罕默德·尤努斯创建的孟加拉乡村银行，获诺贝尔和平奖。

美国哥伦比亚大学经济学家埃德蒙-菲尔普斯，对宏观经济政策中跨时贸易做出贡献，获得诺贝尔经济学奖。

104. 2007 年，第一百零七届诺贝尔奖颁发

法国科学家艾尔伯·费尔和德国科学家皮特·克鲁伯格，共同获得诺贝尔物理奖，以表彰他们发现巨磁电阻效应的贡献。

美国人马里奥·卡佩基、奥利弗·史密斯和英国人马钉埃文斯，共同获得诺贝尔生理学或医学奖，以表彰他们在改造活体内特定基因的基因靶向技术等方面做出了奠基性贡献。

英国女作家多丽丝·莱辛，获得诺贝尔文学奖。

德国科学家格哈德·埃特尔获得诺贝尔化学奖，以表彰他在固体表面化学过程研究中做出的贡献。

美国前副总统戈尔和联合国的政府间气候变化专业委员会获得诺贝尔和平奖，以表彰他们为改善全球环境与气候状况所做的不懈努力。

美国经济学家明尼苏达大学的赫维茨、芝加哥大学的马斯金和美国普林斯顿高等研究中心的罗杰·B. 迈尔森共同获得诺贝尔经济学奖，以表彰他们为机制设计理论奠定基础。

105. 2008 年，第一百零八届诺贝尔奖颁发

美国籍科学家南部阳一郎和日本科学家小林诚、益川敏英获得诺贝尔物理学奖。

日本科学家下村修、美国科学家马丁·沙尔菲和美籍华裔科学家钱永健获得诺贝尔化学奖。

德国科学家哈拉尔德·楚尔·豪森及两名法国科学家弗朗索瓦丝·巴尔-西诺西和吕克·蒙塔尼获得诺贝尔生理学或医学奖。

法国作家让·马瑞尔·古斯塔夫·勒·克莱齐奥获得诺贝尔文学奖。

芬兰前总统阿赫蒂萨里获得诺贝尔和平奖。

美国普林斯顿大学经济学家保罗·克鲁格曼获得诺贝尔经济学奖,以表彰他在分析国际贸易模式和经济活动的地域等方面所做的贡献。

106. 2009年,第一百零九届诺贝尔奖颁发

华人科学家高锟以及两名美国科学家韦拉德·博伊尔和乔治·史密斯获得诺贝尔物理学。高锟的获奖原因是:在光学通信领域光在光纤中传输方面所取得的开创性成就;两名美国科学家的获奖理由是:发明了一种成像半导体电路,即CCD(电荷耦合器件)传感器。

美国科学家万卡特拉曼·莱马克里斯南和托马斯·施泰茨和以色列科学家阿达·尤纳斯获得诺贝尔化学奖。获奖原因是:对核糖体结构和功能的研究做出突出贡献。

三位美国科学家伊丽莎白·布兰克波恩、卡罗尔·格雷德和杰克·绍斯塔克共同获得诺贝尔生理学或医学奖。

德国女作家赫塔·穆勒获诺贝尔文学奖。获奖原因是:她以特别犀利的语言描述了在独裁统治时期的生活,故事非常沉重。

美国总统奥巴马获诺贝尔和平奖。获奖原因是:他在加强国际外交及各国人民之间合作上,做出了非凡的努力。

美国经济学家艾利诺·奥斯特若姆和奥利弗·威廉姆森获得诺贝尔经济学奖。原因是:奥斯特若姆对经济治理的分析,尤其是对普通人经济治理活动的研究;威廉姆森对经济治理的分析,特别是对公司的经济治理边界的分析。

107. 2010年,第一百一十届诺贝尔奖颁发

英国曼彻斯特大学科学家安德烈·海姆和康斯坦丁·诺沃肖洛夫,获得诺贝尔物理学奖,以表彰他们在石墨烯材料方面的卓越研究。

美国科学家理查德·赫克和日本科学家根岸荣一、铃木章,获得诺贝尔化学奖。

英国生理学家罗伯特·爱德华兹在试管婴儿方面的研究,获得诺贝尔生理学或医学奖。

秘鲁作家马里奥·巴尔加斯·略萨,获得诺贝尔文学奖,以表彰他对权力结构的制图般的描绘和对个人反抗的精致描写。

中国"异见人士"刘晓波获得诺贝尔和平奖。

美国麻省理工学院的彼特·戴蒙德、伦敦政治经济学院的克里斯托弗·皮萨里季斯和美国西北大学的戴尔·莫滕森,获得诺贝尔经济学奖。

108. 2011年,第一百一十一届诺贝尔奖颁发

美国科学家索尔·珀尔马特、拥有美国和澳大利亚双重国籍的科学家布赖恩·施密特以及美国科学家亚当·里斯,获得诺贝尔物理学奖,以表彰他们在天体物理学方面的卓越研究成果。

以色列科学家达尼埃尔·谢赫特曼发现了准晶体,获得诺贝尔化学奖。

美国科学家布鲁斯·博伊特勒、法国籍科学家朱尔斯·霍夫曼和加拿大科学家拉尔夫·斯坦曼获得,诺贝尔生理学或医学奖,以表彰他们在免疫学领域取得的研究成果。

瑞典诗人托马斯·特朗斯特罗默,获得诺贝尔文学奖。

利比里亚女总统有非洲“铁娘子”之称的埃伦·约翰逊·瑟利夫，有“和平斗士”之称的利比里亚活动家莱伊曼·古博薇以及也门记者兼妇女权益活动家塔瓦库·卡曼，三人共同获得诺贝尔和平奖。

普林斯顿大学的克里斯托弗·西姆斯以及纽约大学的托马斯·萨金特，获得诺贝尔经济学奖，以表彰他们在宏观经济学中对成因及其影响的实证研究。

109. 2012年，第一百一十二届诺贝尔奖颁发

英国发育生物学家约翰·格登、日本京都大学诱导多功能干细胞研究中心主任长山中伸弥，因在细胞核重新编程研究领域的杰出贡献，获诺贝尔生理学或医学奖。

法国科学家塞尔日·阿罗什、美国科学家大卫·维因兰德，发现测量和操控单个量子系统的突破性实验方法，获诺贝尔物理学奖。

美国科学家罗伯特·勒夫科维兹、布莱恩卡·比尔卡，因在G蛋白偶联受体方面的研究，获得诺贝尔化学奖。

中国作家莫言，获诺贝尔文学奖。

欧盟在过去的60年中为促进欧洲的和平与和解、民主与人权做出贡献，获得诺贝尔和平奖。

美国经济学家，哈佛商学院经济与商业管理教授艾文·罗斯，获诺贝尔经济科学奖。

110. 2013年，第一百一十三届诺贝尔奖颁发

美国科学家詹姆斯·罗斯曼、兰迪·谢克曼和德国科学家托马斯·苏德霍夫因，获诺贝尔生理学或医学奖。

比利时理论物理学家弗朗索瓦·恩格勒、英国理论物理学家彼得·希格斯，提出希格斯玻色子的理论预言，获诺贝尔物理学奖。

美国科学家马丁·卡普拉斯、迈克尔·莱维特和阿里耶·瓦谢勒，开发了多尺度复杂化学系统模型，获诺贝尔化学奖。

加拿大作家爱丽丝·门罗，获诺贝尔文学奖。

挪威诺奖委员会宣布禁止化学武器组织，获诺贝尔和平奖。

美国经济学家尤金·法马、彼得·汉森和罗伯特·希勒，因资产价格实证研究方面的成就，获诺贝尔经济学奖。

111. 2014年，第一百一十四届诺贝尔奖颁发

瑞典约翰·欧基夫、梅-布里特·莫泽、爱德华·莫索尔，获诺贝尔生理学或医学奖。

赤崎勇、天野浩、中村修二发明高亮度蓝色发光二极管，获诺贝尔物理学奖。

美国霍华德休斯医学研究所科研小组负责人埃里克·白兹格、美国斯坦福大学化学教授威廉姆·艾斯科·莫尔纳尔和马克斯普朗克生物物理化学研究所斯特凡·W·赫尔，获诺贝尔化学奖，以表彰在超分辨率荧光显微技术领域取得的成就。

法国作家帕特里克·莫迪亚诺，获诺贝尔文学奖。

挪威凯拉什·萨蒂亚尔希和马拉拉·优素福·扎伊，获诺贝尔和平奖，获奖理由是为儿童和年轻人受教育的权利而进行斗争。

法国图卢兹经济学院教授，美国麻省理工学院兼职教授和法国经济学家让·梯若尔，获诺贝尔经济学奖，获奖理由是对市场力量和管制的研究分析。

112. 2015年,第一百一十五届诺贝尔奖颁发

爱尔兰威廉·C·坎贝尔、日本大村智和中国屠呦呦,获诺贝尔生理学或医学奖,因发现治疗蛔虫寄生虫新疗法。

日本梶田隆章、加拿大阿瑟·麦克唐纳,获诺贝尔物理学奖,因发现中微子振荡现象,该发现表明中微子拥有质量。

瑞典托马斯·林达尔、美国保罗·莫德里奇和土耳其阿齐兹·桑贾尔,获诺贝尔化学奖,因在DNA修复的细胞机制方面的研究。

白俄罗斯斯韦特兰娜·亚历山德罗夫娜·阿列克谢耶维奇,获诺贝尔文学奖,因对这个时代苦难与勇气的写作。

突尼斯全国对话大会,获诺贝尔和平奖,因创造了灵活而和平的政治议程,使得突尼斯有充分的时间建立宪政政府,从而保证所有国民的基本权益。

美国安格斯·迪顿,获诺贝尔经济学奖,因对于消费、贫穷和福利的研究。

113. 2016年,第一百一十六届诺贝尔奖颁发

日本科学家大隅良典,获诺贝尔生理学或医学奖。

美国科学家:戴维·索利斯、邓肯·霍尔丹和迈克尔·科斯特利茨,获诺贝尔物理学奖。

让·皮埃尔·索维奇、弗雷泽·斯托达特、伯纳德·费林加,三位科学家,获诺贝尔化学奖。

哥伦比亚总统桑托斯,获诺贝尔和平奖。

奥利弗·哈特、本特·霍姆斯特罗姆,获诺贝尔经济学奖。

美国民谣艺术家鲍勃·迪伦,获诺贝尔文学奖。

114. 2017年,第一百一十七届诺贝尔奖颁发

美国科学家杰弗里·霍尔、迈克尔·罗斯巴什和迈克尔·扬,获诺贝尔生理学或医学奖,获奖理由为"奖励他们在有关生物钟分子机制方面的发现"。

美国科学家雷纳·韦斯、巴里·巴里什和基普·索恩,获诺贝尔物理学奖,以表彰他们"在LIGO探测器和引力波观测方面做出的决定性贡献"。

雅克·杜波切特、阿希姆·弗兰克和理查德·亨德森获诺贝尔化学奖,表彰他们发展了冷冻电子显微镜技术,以很高的分辨率确定了溶液里的生物分子的结构。

日裔英国作家石黑一雄,获诺贝尔文学奖。

非政府组织"国际废除核武器运动",获诺贝尔和平奖。

芝加哥大学教授理查德·塞勒,因在行为经济学研究领域做出的突出贡献,获诺贝尔经济学奖。

115. 2018年,第一百一十八届诺贝尔奖颁发

美国科学家詹姆斯·艾利森和日本科学家本庶佑,获得生理学或医学奖,以表彰他们"发现负性免疫调节治疗癌症的疗法方面的贡献"。

美国科学家阿瑟·阿什金、法国科学家热拉尔·穆鲁和加拿大科学家唐娜·斯特里克兰,获诺贝尔物理学奖,以表彰他们在激光物理学领域的突破性贡献。

美国科学家弗朗西斯·阿诺德、乔治·史密斯和英国科学家格雷戈里·温特,获诺贝尔化学奖,以表彰他们在酶的定向演化以及用于多肽和抗体的噬菌体展示技术方面取得的成果。

刚果医生德尼·慕克维格和伊拉克雅兹迪族女士纳迪亚·穆拉德，获诺贝尔和平奖，以表彰他们为终止将性暴力用作战争和武装冲突的武器方面做出的努力。

保罗·罗默和威廉·诺德豪斯，获诺贝尔经济学奖，以表彰二人在创新、气候和经济增长方面研究的杰出贡献。

波兰作家奥尔加·托卡尔丘克，获诺贝尔文学奖。

116. 2019年，第一百一十九届诺贝尔奖颁发

美国科学家威廉·凯林、格雷格·塞门扎和英国科学家彼得·拉特克利夫，获诺贝尔生理学或医学奖，以表彰他们在"发现细胞如何感知和适应氧气供应"方面所做出的贡献。

美国的詹姆斯·皮布尔斯因宇宙学相关研究；瑞士的米歇尔·马约尔和迪迪埃·奎洛兹因首次发现太阳系外行星，获诺贝尔物理学奖。

来约翰·古迪纳夫、斯坦利·惠廷厄姆和吉野彰，获诺贝尔化学奖，以表彰他们在锂离子电池研发领域做出的贡献。

彼得·汉德克，获诺贝尔文学奖。

埃塞俄比亚总理阿比·艾哈迈德·阿里，获诺贝尔和平奖，以表彰他"在实现和平和国际合作所做出的努力，尤其是在解决与邻国厄立特里亚边境冲突中的决定性作用"。

阿比吉特·班纳吉，艾丝特·杜芙若及迈克尔·克雷默，获诺贝尔经济学奖，以表彰他们"在减轻全球贫困方面的实验性做法"。

117. 2020年，第一百二十届诺贝尔奖颁发

美国科学家哈维·阿尔特、查尔斯·赖斯和英国科学家迈克尔·霍顿，获生理学或医学奖，以表彰他们在发现丙肝病毒方面的贡献。

英国科学家罗杰·彭罗斯、德国科学家赖因哈德·根策尔和美国科学家安德烈娅·盖兹，获诺贝尔物理学奖，以表彰他们在黑洞方面的贡献。

科学家埃玛纽埃勒·沙尔庞捷和珍妮弗·道德纳获诺贝尔化学奖，以表彰她们"开发出一种基因组编辑方法"。

露易丝·格丽克，获诺贝尔文学奖，获奖理由是"因为她那无可辩驳的诗意般的声音，用朴素的美使个人的存在变得普遍"。

世界粮食计划署，获诺贝尔和平奖，以表彰该组织努力消除饥饿，为改善受冲突影响地区的和平条件所做贡献，以及在防止将饥饿用作战争和冲突武器的努力中发挥的推动作用。

保罗·米尔格罗姆和罗伯特·威尔逊，获诺贝尔经济学奖，以表彰他们在"用于改进拍卖理论和新拍卖形式"方面做出的贡献。

118. 2021年，第一百二十一届诺贝尔奖颁发

2021年，由于新冠疫情，诺贝尔物理学奖、化学奖、生理学或医学奖、文学奖以及经济学奖颁奖仪式改为线上举行，诺贝尔奖颁奖晚宴被取消。

美国科学家戴维·朱利叶斯和雅顿·帕塔普蒂安，获生理学或医学奖，以表彰他们在发现温度和触觉感受器方面的贡献。

科学家真锅淑郎(美国)、克劳斯·哈塞尔曼(德国)和乔治·帕里西(意大利)，获诺贝尔物理学奖，以表彰他们对地球气候的物理建模、量化变化和可靠地预测全球变暖方面的贡献。

化学家本亚明·利斯特(德国)和戴维·麦克米伦(美国),获诺贝尔化学奖,以表彰在不对称有机催化研究方面的进展。

坦桑尼亚作家阿卜杜勒拉扎克·古尔纳,代表作有《天堂》、《沙漠》和《海边》等,获诺贝尔文学奖,获奖理由是"对殖民主义影响以及文化和大陆鸿沟中难民命运的毫不妥协和具有同情心的关注"。

玛丽亚·雷沙(菲律宾记者)和德米特里·穆拉托夫(俄罗斯《新报》总编辑),获诺贝尔和平奖,以表彰他们为捍卫民主主义和持久和平的前提—言论自由所做出的努力。

美国经济学家戴维·卡德、乔舒亚·D·安格里斯特和吉多·W·因本斯,获诺贝尔经济学奖,以表彰他们在劳动经济学与实证方法研究领域做出的突出贡献。

参 考 文 献

[1] 李云江.机器人概论[M].北京：机械工业出版社，2018.

[2] 莫宏伟.人工智能导论[M].北京：人民邮电出版社，2020.

[3] 黄志坚.工程技术思维与创新[M].北京：机械工业出版社，2006.

[4] 胡飞雪.创新思维训练与方法[M].北京：机械工业出版社，2009.

[5] 钱学森.开展思维科学的研究.关于思维科学[M].上海：上海人民出版社，1986.

[6] 赵敏，胡钰.创新的方法[M].北京：当代中国出版社，2008.

[7] 尤里·萨拉马托夫.怎样成为发明家—50小时学创造[M].王子羲，郭越红，高婷，等译.北京：北京理工大学出版社，2006.

[8] 林岳，谭培波，史晓波，等.技术创新实施方法论[M].北京：中国科学技术出版社，2009.

[9] 根里奇·阿奇舒勒.寻找创意 TRIZ 入门[M].陈淑勤，等译.北京：科学出版社，2013.

[10] 赵大庆，强燕萍.原创技术发明方法[M].北京：华夏出版社，2006.

[11] 杨清亮.发明是这样诞生的[M].北京：机械工业出版社，2006.

[12] 王亮申，孙峰华.TRIZ 创新理论与应用原理[M].北京：科学出版社，2010.

[13] 曹福全.创新思维与方法概论-TRIZ 理论与应用[M].黑龙江：黑龙江教育出版社，2009.

[14] 马洁.TRIZ 的 40 个创新原理解析[J].科技资讯，2012(03)：4-5.

[15] 石先杰，史冬岩，邓波，等.基于 TRIZ 理论的攀爬机器人创新设计[J].应用科技，2011，38(3)：61-64.

[16] 金爽，朱团，张利超.TRIZ 理论对纳米机器人的设计研究[J].产业与科技论坛，2015，4(17)：38-40.

[17] 王晶晶，张换高.基于 TRIZ 理论的扫地机器人打扫中止问题求解[J].机械工程师，2020，1，105-108.

[18] 丁俊武，韩玉启.浅析技术系统演化理论在机器人技术发展方面的应用[J].机器人技术与应用，2005，5：37-40.

[19] 庄寿强.普通创新学[M].北京：中国矿业大学出版社，2001.

[20] 马洁.自动化专业应用型人才工程教育培养途径探索[J].电气电子教学学报，2009(31)：29-32.

[21] 马洁.应用型人才培养的创新课程及教学模式的探索[J].清华大学高教研究，2010(8)：39-42.

[22] 马洁.工程技术创新导论：提高研究生创新能力的必修课 高层次人才创新能力培养的构想[M].中国铁道出版社，2010，2：190-197.

[23] 马洁.论应用型人才创新思维与创新能力的培养[J].黑龙江省高教研究，2011(11)：116-118.

[24] 马洁.理论教学和实践教学一体化模式探究[J].实验技术与管理，2013，30(11)：172-175.

[25] 马洁.中美名校自动化专业课程体系特色分析[J].黑龙江省高教研究，2014(2)：39-42.

后　记

工程师是创造性解决问题的人。为使大学生将来面对各种工程任务时，善于发现问题，并且有正确的思维方法和解决问题的途径，本教材力图向学生传授并使之掌握一套相对系统科学的创新方法-TRIZ 创新方法。

本教材获北京市教学名师项目资助，吸收采用了 TRIZ 创新方法在机器人技术中应用的精彩的创新实例，并据此解读了 TRIZ 创新理论。各章测试题部分源自国际 TRIZ 认证考试题，并配有丰富的插图，图文并茂，浅显易懂，具有时代感和趣味性。